交通システム

第2版

塚口博司・塚本直幸・日野泰雄
内田　敬・小川圭一・波床正敏
［共著］

本書籍は，国民科学社から発行されていた『交通システム』を改訂し，第2版としてオーム社から発行するものです．オーム社からの発行にあたっては，国民科学社の版数を継承して書籍に記載しています．

まえがき

交通はそれ自体が人々の行動の目的となることは少なく，人々の社会活動に伴って派生的に生じるものである．しかし，この派生的行動が人々の社会生活を維持する上で必要不可欠であることは言うまでもない．交通施設は人々の暮らしを支える重要な社会基盤であり，これに障害が生じた場合には都市活動に重大な危機が生じることは，阪神・淡路大震災後の混乱をみるまでもない．

ところで，現在このような交通施設の計画を取り巻く状況は大きく変わろうとしている．従来は，社会の現象全般がそうであったように，いわゆる右上がり傾向の社会動向を前提として，交通施設が計画・整備されてきた．しかし，近年の人口増加の鈍化・頭打ちとその高齢化，あるいは経済の安定成長などから，今後の交通需要の大幅な増加は考えにくい状況にあり，そのため，交通の量的側面に対応するというのではなく，むしろその質の向上に対する取り組みが真に求められているといえる．また，先端技術等の導入による交通面でのイノベーションが期待される反面，地球規模でみた持続的発展のために，環境・エネルギー問題が重要な制約条件となってくることは間違いない．そこでは，高速・大量輸送といった効率性よりも，安全性・快適性や環境保護・省資源といった観点が重要視されるであろうし，そのような時代にあっては，その対応の是非が一層問われることになろう．

いずれにしても，多様化・複雑化しつつある人々の価値観や社会の情勢に応じて，交通施設整備に対する考え方も変化が求められる．特に，近年のこのような状況の下では，各種交通手段の相互関係を重視し，それぞれの特徴を生かした多種類の交通施設からなるシステムとしての考え方が不可欠である．このような理由から，本書は，交通施設の計画を論述するものではあるが，そのタイトルを交通システムの計画・管理を含めた『交通システム』とすることにした．

わが国で交通工学の講義が始まってから 30 年余りになり，交通工学や交通計画に関する教科書も数多く出版されている．最近では，自動車交通あるいは公共輸送といった個別手段だけではなく，これらを総合的に併せて扱ったものも一部には見られるがまだ決して多いとはいえない．このように，交通手段を総合的見地から言及したという点も本書の特徴の1つといえる．また，交通計画は土木計画の主要な一分野であり，交通計画に関する講義は通常，土木計画等の講義に引き続いて行われる．しかしながら，初学者に対して土木計画のプロセスに対応させつつ，交通施設計画について論述した教科書は少ないと思われる．交通工学・計画に関する多くの好著がある中で，あえて本書を執筆した意図の1つもここにある．本書は交通計画を初めて学ぶ学生諸君を対象にしたものであり，できるだけ平易に記述したつもりである．また，このような学生諸君のほかに，交通計画の分野に興味を持たれる方々にも参考になれば幸いである．

本書は10章から構成されている．1章では交通システムのとらえ方について述べている．2章では交通システムを計画するに当たっての調査，3章では交通需要の推定について述べている．4～6章ではそれぞれ，道路交通システム，公共交通システム，ならびにこれらを連携させる交通結節点に関する計画について論述している．7章では交通計画に関する評価手法を整理している．8章では交通システムの管理について述べ，9章では地区レベルの交通計画に言及している．さらに，10章では近い将来の交通システム像について触れている．なお，1，4，9章は塚口，2，5，6章は塚本，3，7，8章は日野が執筆を担当し，10章は塚口の原案を基に全員で取りまとめた．

本書は交通システムの計画・管理について，上記のような意図をもって論述したが，その意図が十分に尽くされていないならば，それは執筆者らの力不足によるものであり，今後，読者の方々より種々のご指摘・ご批評を賜り，さらに充実したものにしたいと考えている．最後に筆の遅い筆者らを忍耐強く叱咤激励いただいた国民科学社の山本 仁社長なくしては本書の完成はあり得なかったことを記して，深甚なる謝意を表する次第である．また，図表の作成や写真撮影等にご協力いただいた立命館アジア太平洋大学講師 李 燕氏，大阪産業大学講師 波床正敏氏にも深謝する次第である．

1996年3月

著　　者

第２版に際して

本書の初版刊行から 20 年が経過した．この間には，交通システムの計画・運営に携わる行政組織・企業体の改変，財政・経済状況の低迷，東日本大震災と原発災害など，社会のありようを大きく変化させる事象が多数生起した．交通システムは社会を支える基盤であるから，社会のありようの変化と無縁ではない．このたび，出版社のご厚意により改訂版を執筆する機会を得て，社会の変化を反映するべく，著者に一世代若年の者たちを加え，当初は全面的な改稿を企図した．しかし，結果としては初版の構成を継承することとなった．その最大の理由は，本書の主題である「計画の考え方」は先学たちの精華であり，その重要性には何ら変化がないことにある．また，初版刊行時に萌芽し，言及した課題・技術展開，例えば地球環境問題や ITS（inteligent transportation system）が，今，現実的課題・技術となっており，初学者を対象とした教科書である本書としては，そのスコープは未だ有用と判断したからである．

本改訂版は初版に同じく 10 章から構成されており，初版の執筆者が改訂版においても同じ章の加筆・改訂を担当した．さらに改訂版より加わった 3 名は，小川が 4 章，波床が 5 章，内田が 6 章を主担当として執筆するとともに，全員で全章の見直しを行った．

今回の改訂における主たる変更点は，以下のとおりである：

- 旧版では「歩行者・自転車交通」とまとめていたものを，「4･5 歩行者」「4･6 自転車交通」と分離し，特に自転車交通に関する記述を拡充した．
- 5 章の「公共交通システムの計画」は，技術や整備状況の変化を反映するために，公共交通システムの意義ならびに計画の考え方を除き，ほぼすべてを改めた．
- 統計等のデータは，最新のものを用いて図・表，本文を改めた．また，読者が最新のデータに接することができるように，Web 公開情報の URL を明記するなど，出典情報の詳細化に努めた．

・初学者や実務者が，本書を出発点としてさらに体系的な学習を行うための一助として，古典的な文献・教科書と，近年の実用書の両者を含むべく，参考文献リストを拡充した.

最後に，初版を刊行していただいた故 山本 仁氏（国民科学社・社長）を偲び，また，今回の改訂版出版の機会を与えていただいたオーム社書籍編集局の方々に深謝する次第である.

2016 年 3 月

著　　者

目　　次

1章　交通システム概説

2章　交通の実態と調査

3章　交通需要の推定

4章　道路交通システムの計画

5章　公共交通システムの計画

6章　交通結節点の計画

7章　交通システムの評価

8章　都市の交通管理

9章　地区交通計画

10章　これからの交通システム

1
交通システム概説

1·1　交通の定義

人々はさまざまな社会活動や経済活動を行っているが，これらの活動を行うために，人々は自らが空間的な移動を行い，また物を移動させている．このような人や物の空間的移動のうち，「交通」とは，不特定多数の移動のために供用される空間内の移動であり，かつ人間の意思に基づく目的を持った移動のことをいう．したがって，住宅内やオフィス内の移動等は，不特定多数の移動のために供用される空間内の移動ではないから交通とは呼ばず，また水の流れや海流による漂着物などは，人間の意思に基づくものでないから交通とは呼ばない．なお，交通を広義にとらえると，思想や情報の伝達である通信を含めることもあるが，通常は交通と通信は区別して扱われる．また，「交通」の類似語として「運輸」，「輸送」があるが，交通が各種交通主体の移動を客観的な現象ととらえることに対して，運輸は人や物を移動させるという交通機関側の観点に立っており，輸送にはこの意味がさらに強い[1]．

多くの人々が集まって，住み，働き，学び，遊び，憩うといった生活を営み，種々の社会・経済活動を行う場合，空間的な制約からこれらの活動を同一の場所で行うことは困難である．そこで活動場所を分散させる必要が生じるから，必然的に交通が発生する．交通は，人間生活の本質的目的行為となることはほとんどなく，これらの行為の派生行為である．しかしながら，交通は人間が日常生活を行っていく上で不可欠な行為である．このように交通は派生的に生じるものであるから，一般的にいって移動量や所要時間は少ない方が望ましい．人類が長年にわたって努力してきた交通具の開発や交通路の整備は，空間的距離の克服を図るものであった．交通は派生行為であるから，国際化，情報化，技術の高度化，あるいは高齢化といったように今後の社会状況が大きく変化すれば，交通の直接的な原因となっている諸活動に変化が生じ，個々の交通行動や交通現象に当然変化が生じる．例えば，高度に情報化された社会においては，現在行われている交通の一部は不要なものとなるであろうが，他方では通信によっては実現されないフェイス・トゥ・フェイス・コンタクト（face-to-face contact）の価値が再認識されるというように，新たな交通需要が発生することも考えられる．したがって，たとえ交通量自体に大きな変化がない場合であっても，交通の質には今後大きな変化が生じることとなろう．

交通は，移動空間の範囲によって，国際交通，国土レベルの都市間交通，都市圏交通・都市交通，ならびに地区交通等に区分することができる．本書においては，主として都市圏あるいは都市レベルの交通を対象として，交通システムの計画，管理・運用手法等について論述する．また，地区レベルの交通についても，交通システムの重要な部分として取り上げている．

1･2　都市と交通

1･2･1　都市の発展と交通

都市の起源には諸説があるが，いずれにしても何らかの魅力をもった地域に人々が集まり，それがさらに新たな人々の集中を呼ぶというように都市は発展してきた．都市活動の場としての都市にはさまざまな機能があるが，これらの機能を果たすためには空間が必要であり，種々の都市活動を非常に狭い空間において処理することは困難である．したがって，人口が増加し，多様な都市活動が行われるようになると，都市域は拡大することになり，交通施設が都市にとって不可欠なものとなる．また，このような都市が各地に存在すれば，都市間の交通も都市を維持する上で重要なものとなる．このため，都市の発展に合わせて距離抵抗を改善する努力がなされた．すでにB.C. 4000年ごろには最古の車が見られるようであり，バビロンの街路は厚い石灰石のブロックで舗装され，また，現存する石舗装の街道であるアッピア街道はB.C. 300年ごろに建設されている．さらに，ポンペイの街路には重い荷馬車用の車道と共に歩道が設置された[2)]．

このように，古代から人々の生活空間が広がるにつれて，「道」ができ，これが人々の生活空間の範囲をさらに拡大してきたものと考えられる．都市が発展するようになると，都市には多くの人々が集まって来たから，古代都市遺構からもうかがえるように，それぞれの社会に応じた交通システムが存在した．そこには，政治的なあるいは軍事的な視点から何らかの計画が存在したであろう．そして，その後の馬車や舟等の時代を通して自動車社会を迎えるまでに，それぞれの社会における技術水準や経済水準を背景として，種々の交通システムが計画・整備されてきた．都市の発展と共に，交通施設の規模も拡大してきたわけである．

都市の発展にとって交通は不可欠なものではあるが，先に述べたように，交通は種々の都市活動に伴って派生的に生じるものであり，移動距離や移動時間は短い方が望ましい．すなわち，都市活動が行われる地域間の距離は，都市活動にとって大きな抵抗であり，種々の交通機関の発展はそもそも空間距離の克服を動機とするものであったから，一部の移動自体を目的とするトリップ（散歩やドライブ等）を別にすれば，トリップは本来短い方がよく，また交通量は少ない方が望ましい．したがって，交通の面からみれば都市はコンパクトである方が望ましいであろう．

都市は，人口規模，都市が主として果たす機能，立地条件，歴史的条件，形態等によって分類される．また，幾つかの都市から構成される都市圏の構造をみると，中心都市への一極集中型，複数の核都市からなる分散型等種々のものがある．交通基盤施設は，このような多様な都市あるいは都市圏において整備される必要があり，それぞれの都市の実情にあった適切な交通手段ならびに運用方法が採用されてきた．交通施設の整備に伴って都市構造が大きく変化するわけであり，適切な交通施設の整備がなければ，都市の健全な発展は望めない．

1·2·2 都市交通問題

人口の都市域への集中，ならびに自動車社会の急激な進展に伴って，都市には多くの交通問題が発生してきた（**4·1**，**5·1**，**7·3** 参照）．

都市における交通問題は，以下のように大別できよう．

① 交通需要と交通施設供給との乖離（かいり）によって生じる交通混雑や駐車問題

② 交通システムにおける交通主体，交通具，交通路の関係における故障である交通事故

③ 騒音，振動，大気汚染等の交通公害

④ 道路交通システムと公共交通システムの競争の結果としての公共交通システムの衰退

⑤ 公共交通システムの未整備あるいはサービス低下に伴う交通弱者（トランスポーテーション・プア）の発生

ここで，④と⑤はモビリティ確保の問題としてまとめることができるから，交通問題は，混雑問題，交通事故，交通公害，モビリティ確保の4つに区分することができる．このうち，混雑問題は都市部に限定された交通問題と考えられるが，その他の3つの問題は，都市部以外にも重要な課題として広範に存在するものであり，特にモビリティ確保に関しては，地方部における最も大きな交通問題となっている．

1･3 交通システム

交通施設は，我々の社会活動を維持するために必要不可欠な社会基盤であり，交通はさまざまな側面を有している．空間的広がりだけをみても，グローバルな国際交通，全国レベルの交通，都市・地域交通，さらに地区交通に至るまで広範囲にわたっている．それぞれに適した交通手段の組み合わせがあると共に，例えば都市交通に関しても，都市の規模や機能に応じて幾つかの種類の交通手段が有効に組み合わされなければならない．そしてまた，さまざまな事業者，管理者が運営に当たり，利用者の意向も多様にして複雑である．このような状況において，上記のような交通問題に対処し，利用者の立場を考慮した質の高い交通施設の整備と運用を行うには，種々の利害を調整する必要がある．したがって，単一目的あるいは単一の評価基準ではなく，複雑な数多くの関係を調整して総合的見地から調和のとれた計画を立案し，施設の整備・運用を行わなければならない．このような場合には，種々の交通施設が何らかの依存関係の下で，全体として人々の社会活動を維持するための社会基盤施設（インフラストラクチャー：infrastructure）として機能することが必要である．このため，交通施設をシステムとしてとらえる立場が不可欠となる．なお，交通施設に関するインフラストラクチャーを交通インフラストラクチャー（略して，交通インフラ）と呼ぶこともある．

システムとは，何らかの相互依存関係の下で，全体としての機能を果たす幾つかの要素の集合であり

① 多数の構成要素からなる

② 要素が相互に応答関係を持つ

③ 一体として達成を目指すべき目的を有する

④ 各要素の状態がフローとして記述される

といった特徴を有している[3)]．交通システムの構成要素は大別すると，交通主

体，交通路，交通具（交通手段）となる．交通主体とは，人，物等であり，交通路とは道路，鉄道線路，海面・水面・空中等の航路である．また交通具には自動車，鉄道車両，船舶，航空機，自転車ならびに徒歩がある．

交通システムを，道路交通を例として説明すると，道路，人，車に代表される多くの構成要素が相互に密接に関係しながらバランスよく機能して道路交通システムを構成し，交通を安全・円滑に処理すると共に，これが社会活動や経済活動を支える基盤となるわけである．もっとも，交通基盤施設は道路だけでなく，鉄道，港湾，空港といった各施設が相互に補完しながら全体として社会基盤を構成している．すなわち，道路交通システムは交通システムの１つのサブシステムであり，全体としての交通システムは，道路交通システム，鉄道輸送システム，航空輸送システム，海上輸送システムといった幾つかのサブシステムから構成される．したがって，交通計画には個別の交通機関ごとの計画だけでなく，総合的な視点からの計画が必要不可欠である．

次に，都市交通に関して考えてみると，都市交通システムはまず都市活動を支えるモビリティの高いシステムでなければならず，さらに環境負荷の小さいシステムであることが求められる．すなわち，安全性，迅速性，快適性，信頼性，防災性が高く，経済性，公平性が満たされ，しかも，環境負荷の小さいシステムでなければならない．一般に，図1·1に示すように，モビリティの向上と環境水準の向上は予算面においてトレードオフの関係にあり[4]，同一投資水準の下において両者を両立させることは容易でない．もっとも，環境に対して配慮する姿勢を明確にし，無駄を極力小さくした理にかなったシステムを目指すという立場から，両者をバランスさせることは可能と考えられる．このような視点から交通システムのあり方を考えると，例えば都市圏内に分散した都市核を合理的な手段で連絡する基幹システムと，個々の都市核内あるいは個々の地域において細部にまでサービスするローカルシステムが必要となると考えられる．上記の視点を有する都市交通システムはこのようなサブシステムが一体として機能する全体システムとイメー

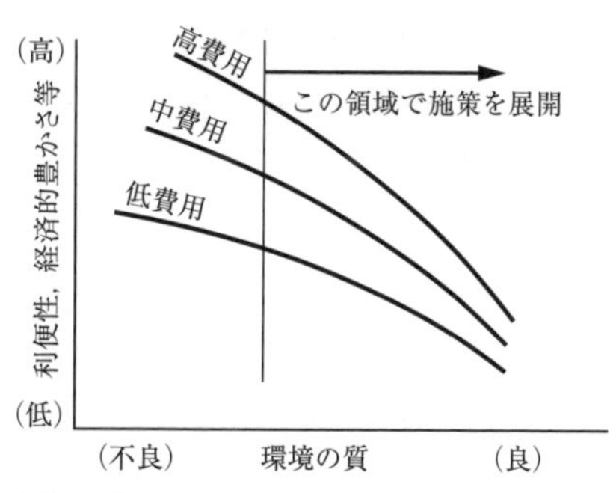

(注) 両者はトレードオフの関係にある（同一投資水準において）

図1·1　環境とモビリティの関係

ジされる.

なお，交通システムは上記のような機能を果たし，我々の生活に大きな効用を与えているが，逆に交通システムの存在によって非効用が生じることがある．これらについてもシステムの問題として扱うべきであり，本書では7章で述べることにする.

1·4 交通システムの計画プロセス

現在の交通システムは，大都市における慢性的な交通混雑，交通事故，交通公害等，数多くの交通問題を抱えている．このような多岐にわたる課題を克服し，先に述べたような望ましい交通システムを構築するためには，利害関係が絡んだ非常に複雑な条件の下でバランスのとれた計画を立案しなければならない.

計画は現時点における不確実性の高い将来に対する意思決定であるから，もともとリスクを伴うものであり，最適案を見い出すことは容易なことではない．交通システムの計画は上記のように多岐にわたる検討を要するものであり，特にこのような傾向が強い.

一般に，計画を科学的に立案していく場合には，システムズ・アナリシスが有効であると考えられている．交通計画も基本的にはシステムズ・アナリシスの手法に基づいて作成される.

そこで，まずシステムズ・アナリシスについて簡単に説明する[5]．システムズ・アナリシスは，「複雑な問題を解決するために意思決定者の目的を的確に定義し，代替案を体系的に比較評価し，もし必要あれば新しく代替案を開発することによって，意思決定者が最善の代替案を選択するための助けとなるように設計された体系的な方法である」と定義されている．システムズ・アナリシスは，以下のような循環的手順を有するものである．すなわち

① 問題を広い視野から正確にとらえ，目的を明確にして分析の枠組みを定める問題の明確化の過程.

② 分析のためのデータを整える調査の過程.

③ 代替案を開発するための現象分析や代替案の費用および効果を客観的に評価検討する分析の過程.

④ 計量できない要因や不確実性を考慮して総合的な結論を導く解釈と評価の過程.

を持ち，意思決定者と密接な関係を保ちつつ，満足な結果が得られるまでこれら

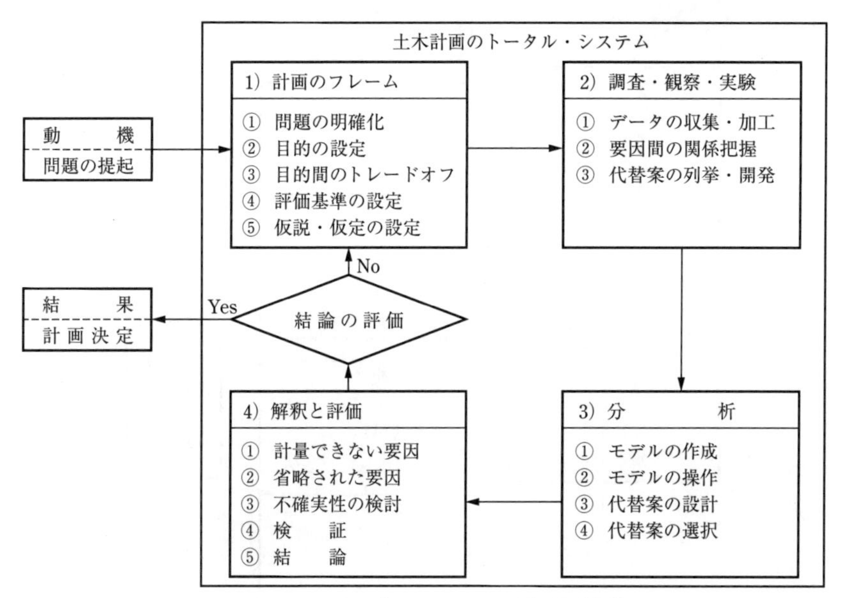

図 1・2 システムズ・アナリシスの循環的手順[5)]

の過程を繰り返す．これを図示すれば，図 1・2 のように表せる．

交通計画を立案するためのプロセスは，計画を立案していくために必要となる作業を行っていく過程という面と，計画の内容の詳細さを詰めていくという側面からみることができる[1)]．交通計画を立案するための作業過程は必ずしも統一した形式にまとめられていないが，基本的には，目標の設定，現状分析，需要予測，代替案の作成，評価，計画の決定という作業が図 1・3 に示すような手順で進められる．

なお，従来は将来の土地利用を与件として与え，これを前提として，そこで生じる交通需要に対応した交通施設整備が議論されてきた．しかしながら，都市活動が活発になるに従い，ある土地利用から発生する交通需要をすべて受け入れることが交通混雑や都市・地域レベルさらにグローバルな環境制約から困難となりつつある．このため，今後は交通需要を与件としてこれを処理するための交通施設を供給するのではなく，交通システムの面から土地利用計画を見直すことや，成長管理型の都市政策への転換等が検討される必要があろう．

一方，計画段階に関しても必ずしもすべての種類の計画で同様な区分が行われているわけではないが，基本的には，構想，基本計画，整備計画，実施計画とい

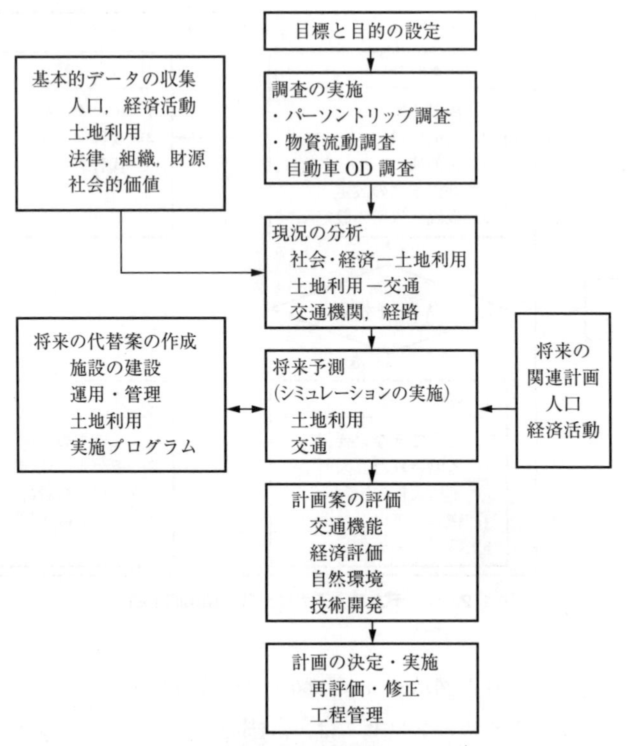

図 1·3 交通計画の標準的プロセス [1)]

う 4 つの段階に分けられる．この過程を高速道路について示せば図 1·4 のようである．なお，日本道路公団等が民営化された現在では図 1·4 のフローに基づく道路整備は存在しない．しかしながら，計画プロセスの概念が理解しやすいので敢えて掲載する．

さらに，計画は社会状況等に応じて適切に見直すことが必要である．このため，計画の事後評価を行い，この結果に基づいて計画を見直す PDCA サイクルが重要となっている．

1·5 本書の構成

自動車社会以前においても，それぞれの時代の主要交通手段を中心とした交通システムが存在していた．もっとも，交通システムに関する研究分野は現代の非常に複雑で解決の容易でない都市，地域，国土，さらにグローバルなレベルの交通問題の緩和・解決を目的とするものであり，通常はモータリゼーション以後の

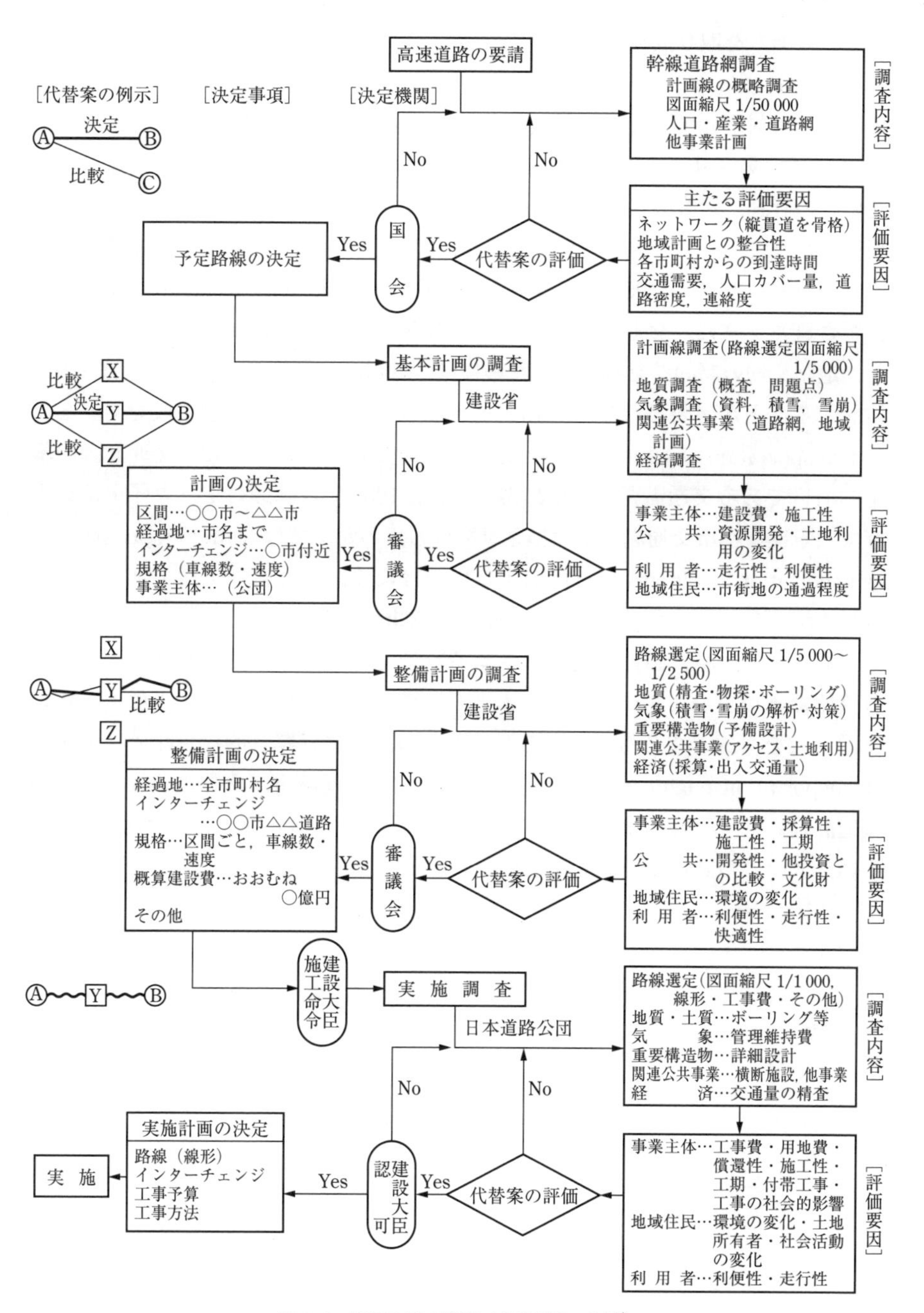

図 1・4 計画の形成段階(高速道路の例)[1]

交通システムを取り扱う．

20世紀初頭にモータリゼーションを迎えたアメリカでは，自動車交通量の急激な増加に対応して，交通工学（traffic engineering）が生まれることとなった．1930年にはアメリカの交通工学会が設立されたが，ここで交通工学とは道路交通施設の計画，建設改良，管理運用を安全に，しかも効果的に行おうとする工学技術とされている[6]．多くの交通流観測により，道路の交通容量の決定要因が明らかにされ，早くも1950年には最初のHighway Capacity Manual（HCM）が出版された．また，交通容量に関する理論研究も1950年代から始まった．しかし，道路交通の諸問題を解決するためには，鉄道，バス等の交通手段を総合的に検討することが必要となり，traffic engineeringはすべての交通手段を対象とするtransportation engineeringへと発展することとなった．また，交通計画の基本的項目である交通需要の推定に関しては，1950年代初頭にデトロイトやシカゴで大規模な都市交通調査が実施されている．わが国ではtraffic engineeringとtransportation engineeringを区別する用語はなく，ともに「交通工学」と表現されるが，今日では交通工学は通常後者を意味している．

交通システムは，道路交通システムや鉄道輸送システム等のサブシステムが有機的に結び付いて1つのシステムとして機能するものであり，当然すべての交通手段を対象とするものである．このため，本書は総合的な意味の交通工学（transportation engineering）をベースとして，交通調査，交通需要推定，道路交通計画の策定，公共輸送計画の策定，交通システムの評価，交通管理計画等の交通システムの計画について論述する．

[参考文献]

1）土木学会編：土木工学ハンドブック，技報堂出版，1989.
2）バーナード・ルドフスキー（平良敬一・岡野一宇共訳）：人間のための街路，鹿島出版会，1973.
3）飯田恭敬編著：土木計画システム分析―最適化編―，森北出版，1991.
4）David Starkie（UTP研究会訳）：高速道路とクルマ社会，学芸出版社，1991.
5）吉川和広：最新土木計画学，森北出版，1975.
6）佐佐木綱監修・飯田恭敬編著：交通工学，国民科学社，1992

2
交通の実態と調査

2･1　交通実態把握の必要性

交通システム計画プロセスのいずれの段階においても，計画の対象となる地域や路線・交通施設での交通実態を把握することは，良い計画を作るために必要不可欠である．本節では計画のプロセスと対応させながら，交通実態把握の必要性を概観する．計画の一例として，ある都市のある道路区間での渋滞対策の立案を取り上げる．図 2･1 はこの事例を模式的に表したものである．

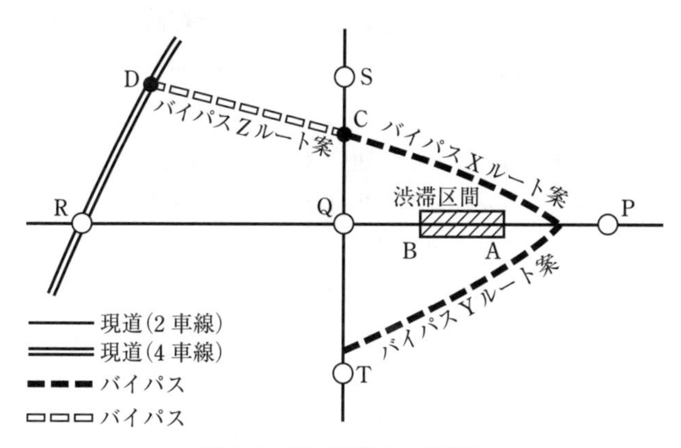

図 2･1　計画対象地域の模式図

図 2･1 の区間 A → B で恒常的に渋滞が発生しているものとする．渋滞の解消ないし緩和を目的とする交通システム計画を立案するためには，調査を行い渋滞の原因，対策方法，対策の効果等について分析・評価しなければならない．

まず調査して把握すべきことは，今問題となっている渋滞現象そのものの特徴である．発生時間帯とその時の交通量，渋滞長，渋滞の先頭位置等を調査することで，渋滞の原因が推察できる．例えば，渋滞が平日の朝夕に発生しているならば，通勤交通がその原因となっていることが考えられる．あるいは，仮に休日の昼間時間帯に発生しているとするならば，周辺に位置している観光施設または買い物施設等への交通集中がその原因であることが推察できる．いずれであるかによって，その後のさらに詳細な調査の内容や対策方法も異なってくる．

次に，調査された交通量と道路状況を関係づけて分析することで，道路交通容量以上の交通集中により渋滞が発生しているのか，あるいは交差点での交通処理の問題なのか等の把握が可能となる．前者が原因ならば，道路交通容量を増すために道路の拡幅，バイパス建設等が対策案となり得るし，後者ならば交差点の改良や信号システムの改善が解決策になり得る．

原因が明らかになると，次にその対策案の作成が必要となる．対策は幾つかのものが代替案として作成され，最も効果的・合理的な案が最終案として採択される．

この区間での渋滞原因が通勤交通による道路交通容量以上の交通集中であったと仮定する．対策の代替案としては，2車線を4車線にする現道拡幅かバイパス建設が挙げられる．周辺の土地利用を勘案してバイパス案としては，図2･1に示すXルートとYルートが考えられるものとする．すなわち，道路整備の代替案として現道拡幅，バイパスXルート，バイパスYルートの3案が検討の対象となる．

調査の結果，A→Bを通過する交通の多くがP→Q→Tという流れであったとすると，バイパスYルートは効果的な案となり得るが，Xルート案では渋滞が解消することはないであろう．またP→QあるいはP→Rが主要な流れであるとすると，バイパスを建設しても使用されることはなく，現道拡幅を実施せざるを得ない．ただし，主要流動がP→Rであって，XルートをD点まで伸ばすZルートも合わせて整備することにするならば，多少走行距離が増大しても，渋滞区間をバイパスすることで走行時間は短縮され，混雑緩和に役立つこともあり得る．Zルートが準備されると，これまでS→Q→Rと流れていた交通が，S→C→D→Rに変化して同様にZルートを使用することも考えられる．結局，計画対象区間がA→Bであったとしても，計画立案のためにはS→Qの流れについても調査せざるを得ないという状況が発生する．

以上は渋滞対策や交通流動の面からのみの検討であるが，実際に施設計画を立案するに当たっては，これら以外にも沿道や地域全体に与えるさまざまな影響を勘案する必要が生じる．例えば，計画道路を走行する自動車の車種構成や交通量によっては，大気汚染や騒音が深刻なものとなり得る．この場合，環境対策面からは，調査に基づいて計画道路を利用する大型車交通量等の予測が重要となる．

単純な例ではあるが，合理的・効果的な交通システム計画立案のために，交通実態の把握が極めて重要であることが理解できよう．交通システム計画の対象はこの例のような道路以外にも，鉄道，バス，各種ターミナル，駐車場等多岐にわたっており，これらの計画対象に応じて把握すべき交通実態もさまざまなものがある．

2・2　交通行動と交通システム

2・2・1　トリップの定義

交通の実態は多様な側面から把握することができる．本節では，交通の全体的な流れを構成する単位であるトリップを定義し，トリップやその集合である交通を分類した上で，交通の持つ多様な側面について述べる．

やや漠然とした定義であるが，人や物がある地点からある地点まで移動するときこれをトリップと呼び，トリップの起点（出発地）と終点（到着地）をトリップエンドと呼ぶ．1つの例として，ある人の1日の交通行動を図2・2に示す．

図2・2の例では，A→B，B→C，C→D，…というように人の移動が表現されている．このような1日の交通行動は空間的には連続したものであるが，連続する類似の移動をまとめて1つの単位としてトリップを定義することが多い．例

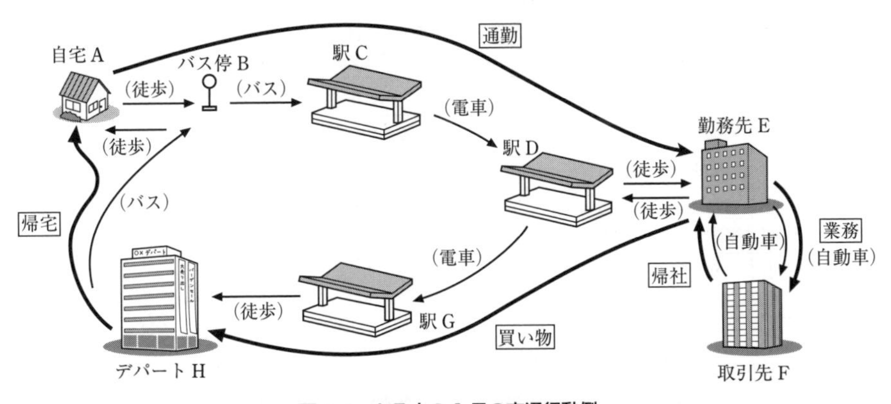

図2・2　ある人の1日の交通行動例

えば，AからEまではいずれも自宅を出て勤務先まで行くための通勤行動であるので，これらをひとまとめにして1つの通勤トリップと考える．この場合，トリップエンドはAとEになる．同様に，EからFまでは業務トリップ，FからEまでは帰社トリップ，EからHまでは買い物トリップ，HからAまでは帰宅トリップとなり1日の交通行動は5トリップから構成されることとなる．

2･2･2 トリップの特性

交通の全体的な流れを構成する単位としてのトリップの定義を行ったが，個々のトリップは社会・経済・生活等の人々の活動に付随して生じる地点間移動であり，交通を派生させた元の活動に対応してさまざまな特性を有している．これらのトリップ特性は，例えば表2･1のような指標で表される．

まず，トリップは地点間を移動する目的を持っているが，これを「トリップ目的」と呼ぶ．図2･2の例では，通勤，業務，帰社，買い物，帰宅がそれぞれのトリップの目的である．

また，個々のトリップには2つのトリップエンドがあるが，このうち出発地を起点，到着地（目的地）を終点といい，これらを合わせて「起終点」，または略して「OD（origin-destination）」ともいう．一般に起終点は地点名あるいは対象地域を適当に区分けしたゾーン名で表す．

表2･1 トリップ特性を表す指標

指標	説明	例
トリップ目的	地点間移動の目的	通勤・通学，業務，買い物・用足し，観光・社交・娯楽，帰社・帰宅
起終点	起点（出発地）・終点（到着地）	
交通手段	移動に用いた交通手段・交通機関	徒歩，自転車，オートバイ，自動車（乗用車・トラック），バス，タクシー，電車，船・航空機
経路	移動経路	
季節・曜日	移動が行われた季節・曜日	春夏秋冬，平日・休日
出発時刻	移動を開始した時刻	
トリップ長 所要時間	移動地点間の距離 移動に要した時間	
トリップ主体の属性	トリップを行う人の属性	職業，年齢，自家用車の有無
同行人数 同乗人数	一緒にトリップを行う人数 同じ車に乗車している人数	
積載物	貨物自動車に積んでいる荷物の種類	生鮮食料品，その他食料品，機械・器具，雑貨

次に，移動のためには徒歩，自転車，バス，自動車，電車等の移動手段が必要である．これらを「交通手段」と呼ぶ．なお，1つのトリップについて複数の交通手段が用いられる場合には，そのうちの特定のもので交通手段を代表させることがある．これを「代表交通手段」と呼び，その決め方には幾つかの考え方があるが，トリップ中で最も長時間あるいは長距離に用いるような交通手段を指すのが一般的である．また，そのトリップを完結させるための代表交通手段以外の交通手段を「端末交通手段」と呼ぶ．図2･2のAからEまでの通勤トリップでは，電車が代表交通手段であり，徒歩およびバスが端末交通手段である．

さらに，図2･2では明示されていないが，起終点・交通手段ともに同一であっても「経路」が異なることがある．同一地点間を自動車で移動する場合，複数の経路を取り得るのがその例である．

以上述べたトリップ目的，起終点，交通手段，経路は，トリップの特性を示す指標として最も重要なものであるが，これら以外にもトリップの行われた「季節・曜日」，「出発時刻」，「トリップ長（トリップの長さ）」，「所要時間」等の指標がある．また，交通システム計画の内容によっては上記のような指標に加えて，人の動きに着目して「トリップ主体の属性（年齢，職業等）」や「同行人数」，「同乗人数」，あるいは物の流れに着目して，「積載物の有無や種類」等のトリップ特性に関心が払われることもある．

2･2･3　交通の分類

実際に観測される交通は多種多様なトリップの集合である．そこで，ある着目する交通がどのようなトリップにより構成されているかで交通を分類することができる．トリップの特性を表す指標としては，トリップ目的，起終点，交通手段等があることは前に述べたが，これに沿って交通を分類してみる．

（1）　トリップ目的による分類

着目する交通がどのような目的を持ったトリップで構成されているのかという視点からみるものである．表2･2にトリップ目的による交通の分類を示す．

このような分類を行うのは，トリップ目的により交通全体の特性がかなり異なるからである．例えば，通勤・通学交通は平日の朝夕の短時間に集中して発生し，速達性・定時性に関する要求が強い．これに対して，観光・レジャー交通は休日に多く発生し，快適性が望まれる．このような交通特性の違いにより，通勤・通学交通に関する交通システム計画と観光・レジャー交通に関する交通システム計画とでは，整備内容が異なることが多い．

表 2·2　トリップ目的による交通の分類

分　類	内　容	例
通勤・通学交通	勤務先・学校等への通勤や通学のための交通	通勤・通学
業務交通（人の移動）	仕事のための人の移動により発生する交通	会議，営業，販売，修理
業務交通（物の移動）	物の輸送・搬送のための交通	物資輸送，宅配，配達
買い物交通	買い物やその他の日常的な生活関連の交通	買い物，通院，訪問，食事
観光・レジャー交通	観光やレジャー，レクリエーションのための交通	観光，レジャー，遊び，スポーツ，旅行，休養
帰宅交通	さまざまな交通行動からの帰宅のための交通	帰宅

表 2·3　起終点の位置による分類

計画対象地域	起終点の一方が対象地域外にある場合		起終点がともに対象地域内にある場合	
幾つかの都道府県を含む地域ブロック	広域交通 都市間交通	地域と地域，都市と都市を広域的につなぐ交通	地域交通	1つの地域ブロック内を流れる交通
都市部	都市圏交通	都市圏からその中心的な都市への交通	都市内交通 地区交通	都市内での交通．特に都市内でのある地区に限定した狭域的な交通を地区交通と呼ぶ
地方部	地方交通（その地方への交通）	都市圏から離れた地方や離島への交通	地方交通（その地方内での交通）	地方小都市や町・村での交通

（2）　起終点による分類

一般に交通システムの計画や調査は，ある地域・圏域を対象にして行われることが多い．そこで，起終点の位置がその地域や圏域にあるかどうかで分類することができる．これを表 2·3 に示す．

なお，計画の対象地域内にまったく起終点を持たず単に通過するだけの交通を通過交通，地域内に起終点を持つものを発着交通と分類することもある．

（3）　交通手段による分類

交通手段は，陸上・海上・航空の 3 つに大別できる．交通手段による分類を表 2·4 に示す．

交通手段をその特徴から幾つかにまとめることも可能である．

1つは，着目する交通手段が不特定多数の人が利用可能な公共的なものか，そうでないかによるものである．前者を公共交通といい，鉄道，乗合バス，タクシー等がこれに相当する．後者は私的交通といい，自家用車，自家用トラック，貸切バス等がある．

表2・4　交通手段による分類

		公共交通	私的交通
陸上交通	軌道系	鉄道，中量軌道，路面電車	貸切列車
	自動車	共同集配トラック，乗合バス，タクシー	自家用乗用車，自家用貨物車，貸切バス，オートバイ
	自転車 歩行者	レンタサイクル 動く歩道	自転車，歩行者
海上交通		乗合船	自家用船舶，チャーター船
航空		旅客機	自家用航空機，チャーター便

さらに，鉄道，バス，船，航空機等は一度に大量の人や物を運べるのでマス交通（マス・トランジット，略してマストラと呼ぶ），乗用車やトラック，バイク，自転車等は個別交通と呼ばれることがある．おおむねタクシーを除けば公共交通はマス交通であり，私的交通は個別交通である．

（4） その他の指標による分類

その他のトリップ特性を表す指標に基づいた交通の分類も行われる．トリップの行われた日が休日か平日かで，休日交通・平日交通に分類されることがある．休日交通は，観光地周辺での観光交通や，都心商業地区での買い物交通に関連した計画で扱われることが多い．同じ地域・路線であっても，平日と休日とでは交通量やトリップ目的構成等の交通特性が異なることが多い．

また昼夜の別に着目して，昼間交通・夜間交通に分類することがある．一般には昼間の方が交通量が圧倒的に多いので，通常の交通システム計画では昼間交通量の方が重要であるが，道路照明設備等，夜間の交通安全対策や夜間の道路交通騒音対策の計画では，夜間交通量が重要な指標となる．

人の動きに着目したトリップはパーソントリップといわれるが，この集合からなる交通を人的交通（人流），物の動きに着目したものを物的交通（物流）と呼ぶことがある．

さらにトリップの長さにより，長距離交通・中距離交通・短距離交通などと分類される場合もある．高速道路や新幹線の計画では主に長距離交通に着目して計画が進められるが，都市内街路網計画では極めて短いトリップ長のものも扱わなければならない．

以上で述べたいずれの分類を用いるかは，対象とする交通システム計画の目的にかかわっている．

2·2·4 交通システムの計画と交通特性

前項で交通の分類方法について述べたが，交通システム計画は最終的には道路・駐車場・駅舎・軌道・空港等の交通施設の整備につながる．交通施設は交通手段と対応しており，交通システム計画の観点からは交通手段による分類が最も基本的なものである．しかし，いずれの交通手段ともそれぞれの特性を有しており，トリップ特性を示す他の指標による交通の分類と密接な関係にある．

例えば，鉄道は自動車に比べて大量輸送性や高い定時性を有しており，鉄道の発達した大都市圏では，限られた時間帯に大量のトリップが発生する通勤交通に最も適した交通手段であるといえる．また，自動車は時間的・空間的に高い移動自由性を持っており，地域内での荷物の配送や営業等の個別性の求められる業務交通，自由な移動可能性が好まれる観光交通等に適している．

このような対応関係が成り立つのは，個々の交通行動が持つ迅速性・定時性・快適性等の交通に対する要求内容が，その起因となった元の社会経済活動に対応して異なっており，また一方で，交通手段ごとに提供可能な交通サービスの内容と水準が異なるからである．

表2·5 主要な交通手段と適した交通

交通手段	適した交通
新幹線・JR幹線	大量輸送性・高速性という特性より，長トリップの人的交通，例えば業務交通・観光交通等の輸送に適している．
都市鉄道	大都市における大量輸送性や定時性の高さより，特に朝夕の短時間に発生する通勤交通の輸送に適している．
乗用車	移動自由性が高く，不特定な箇所に移動しなければならない地域内での営業等の業務交通，自由な移動が好まれる観光交通に適している．また，鉄道・バス等の公共交通の整備水準が低い地域では通勤交通にも多く用いられる．
トラック	鉄道のようにダイヤにしばられない時間的な自由度の高さや個別輸送可能という面から，物的交通の大部分を占めている．
バス・路面電車	都市内交通のようなトリップ長の短い交通に適しており，通勤交通にも多く用いられる．また，中小都市や地方都市のように大量輸送の可能な鉄道のない所では，通勤交通も含めて公共交通の中心を占めている．
自転車・徒歩	地域・地区内での極めて短いトリップに用いられる．
航空機	国際間・都市間のような極めて長いトリップに適している．特に高速性が要求される業務交通・観光交通に多く用いられる．
船	国際間・都市間で特に高速性を要求されない物流に適している．また，多少の時間的余裕がある場合は快適性・安全性の面からフェリーやクルーズ船として物的交通・観光交通に適している．

表2·5は，主要な交通手段ごとに，それに適した特性を有する交通の特徴を整理したものである．

2·3 交通の実態

2·3·1 交通実態の表現方法

交通実態を表す指標は2つに大別できる．1つは，交通流動状況そのものを表現する指標である．もう1つは，これらの交通が受ける交通サービス水準を示すものであり，交通サービスを提供する各種交通施設の整備水準評価の物差しとなる．前者を交通量指標と呼び，人々の交通行動ならばトリップ数，自動車ならば台数，鉄道ならば旅客数などが代表的なものである．交通量はある時間帯，ある地域・区間を限って測られるものであり，その時間的・空間的分布や変動等により交通特性が表現される．

一方，後者を交通サービス指標と呼び，所要時間，走行速度，混雑度，事故率等が代表的なものである．交通サービス指標の値は，同じ交通量であっても交通施設の整備状況により異なる．

2·3·2 交通量の種類

（1） 発生交通量・集中交通量・分布交通量

個々のトリップの起終点を集計すると，ある起点からある終点までの総トリップ数が求められる．これをまとめて表2·6のような形式で表したものをOD表と呼ぶ．OD表は起点と終点を行列で配置して，行列のi，j成分にi，j間のトリップ数を記入したものである．パーソントリップや道路交通では，起終点名は普通ゾーン名となる．鉄道の場合には起終点は駅名が用いられ，OD表も駅間相互発着表と呼ばれることがある．

OD表の各値を行方向（横方向）に合計した値は，各ゾーンを出発したトリップの総合計を示し，そのゾーンの発生（交通）量という．列方向（縦方向）に合計した値は各ゾーンに到着したトリップの総合計を示し，そのゾーンの集中（交通）量という．鉄道で用いられる駅間相互発着表では，発生量は各駅の乗客数，集中量は降客数に相当する．

OD表はゾーン間の交通流動のパターンを表すものであり，図2·3のように地図上にゾーン間交通量を線の太さで表現すると，交通量が空間的にどのように分布しているかが明らかとなる．そのためこれを分布交通量といい，図2·3を希望線図という．

表2･6　OD表

O＼D	1	…	j	…	n	発生量
1	X_{11}	…	X_{1j}	…	X_{1n}	X_1
⋮						⋮
i	⋮	…	X_{ij}	…	⋮	X_i
⋮						⋮
n	X_{n1}	…	X_{nj}	…	X_{nn}	X_n
集中量	Y_1	…	Y_j	…	Y_n	X

（注）X_{ij}：ゾーン i からゾーン j への OD 交通量
X_i：ゾーン i の発生交通量，$X_i=\sum_j X_{ij}$
Y_j：ゾーン j の集中交通量，$Y_j=\sum_i X_{ij}$
X：生成交通量（総トリップ数），$X=\sum_i X_i=\sum_j Y_j$

図2･3　希望線図 [1)]

なお**2·4**で詳述するが，対象となるすべてのトリップを起点から終点まで追いかけることは実際的には不可能であり，外から観測するだけではOD表を得ることはできない．そのためOD表を作成するには，個々のトリップ主体から起終点名をアンケート，ヒアリング等により聞き取る必要があり，交通調査としては大規模なものになることが多い．

（2） 路線交通量・区間交通量・地点交通量

交通量という言葉は種々のものに対して用いられるが，狭義の交通量とは，ある路線のある断面を単位時間当たりに通過する車の台数や人数等を指す．この値は厳密には地点交通量ともいうべきものであるが，路線・区間の代表値を表すものと考え，路線交通量・区間交通量と呼ばれることが多い．

分布交通量と異なり，路線交通量は路側で目の前を通過する量をカウントすれば得ることができる．交通量の計測は1年を通じて行われるもの，四季ごとに行われるもの，ある特定の日を定めて行われるものなど，計測の目的との関連で各種の場合がある．また計測結果の集計単位は，通常1日あるいは1時間が用いられる．前者を日交通量，後者を時間交通量と呼ぶ．交通量の時間変動が大きな都市内での信号制御や都市高速道路での交通管制のためには，分単位で交通量が計測されることもある．表2·7は，交通量観測の時間単位と結果の利用目的を示したものである．

表2·7 交通量観測の時間単位と結果の利用目的 [2)]

	データの利用目的	データの収集・整理方法
年交通量	道路の需要の大きさを評価	年間を通しての1日当たりの平均交通量（年平均日交通量）を用いる．
月，週交通量	月や曜日による変動を把握する	平均日交通量に換算して，月変動については月平均日交通量と年平均日交通量の比較を，曜日変動に関しては各曜日の日交通量と週平均日交通量の比較を行う．
日交通量	最も基本的な交通量	通常は平日の1日を対象にするが，観光交通需要の高い道路の交通特性を調べる必要がある場合には，休日の1日が用いられる．昼間12時間（7：00～19：00）の観測を行って24時間交通量に換算することも多い．
時間交通量	1日のうちの交通需要の変動状態やピーク需要などを知る	1時間をベースとして表現される．
分単位交通量	交通需要の変動に応じたきめ細かい交通制御を検討する	1分，5分，10分，15分などの短時間をベースとして表現される．

なお，道路交通については乗用車，普通貨物車，小型貨物車，ライトバン等に車種分類を行った上で交通量観測が行われるのが一般的である．これは車種により交通の特性がかなり異なること，また道路交通容量や沿道環境対策等の道路計画の観点から，車種構成の違いによって計画内容が変わることが多いからである．

2·3·3 交通量の変動特性

交通は人々の社会・経済活動に付随して生成されるものであり，これらの活動が経年的にあるいは季節や曜日・時間帯によって大きく変動することを反映して，交通量の時間的変動も大きい．そこで静的に交通量を観察するだけではなく，動的にも見ていく必要が出てくる．なお，一般に分布交通量は前述したように調査が大規模になるため，時間的な変動特性が把握できるほどの頻度では観測されないので，ここでの議論は路線交通量・区間交通量，特に時間的にはきめ細かく観測されている道路交通量を主な対象とする．

交通システムの計画にとって交通量の変動特性が重要となるのは，1つにはこれがその交通システムの路線・区間の性格を表すからであり，2つ目には，需要量の変動を考慮して供給量すなわちその交通施設の整備水準を決めなければならないからである．特に通勤交通のように1日の間に交通量が大きく変化するものや，観光交通のように休日と平日，あるいは観光シーズンとシーズンオフとの間で交通量がかなり変動するものなど，ピークが大きなものについては，どの交通量レベルに合わせて交通施設を整備するかを決定するための重要な指標となる．時間的な変動特性は，年変動，月変動（あるいは季節変動），曜日変動，時間変動等に分類できる．

（1） 年 変 動

一般に交通量は年々変化する．多くの所では，社会や経済の発達に伴い交通量も増加する．交通システムの計画に当たってはこのような年変動を考慮しなければならない．これは交通施設はいったん整備されると，数年から数十年の長きにわたって利用されるものであり，現在の交通量で機能していたとしても将来的な交通量の増加には対応できなくなる場合があるからである．年変動を調査することにより，将来的な交通動向の把握が可能となる．

（2） 月変動（季節変動）

交通量は1年を通じて月別あるいは季節別に変動する．この変動はある交通施設・路線・区間について，比較的安定したパターンを示すことが多い．図2·4は

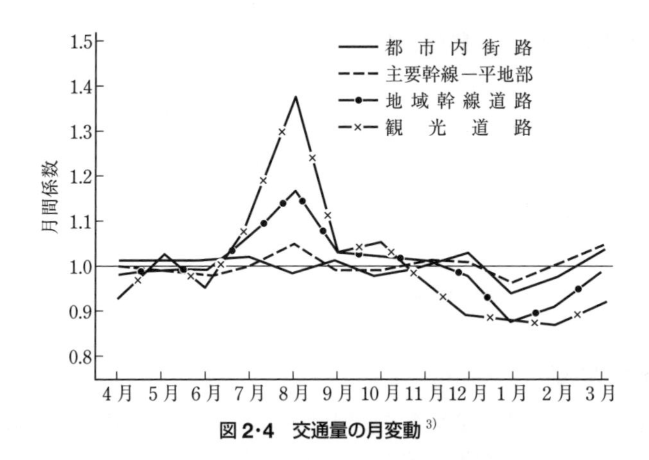

図 2･4 交通量の月変動 [3)]

道路の種類別に月変動を月間係数（各月の平均日交通量を年平均日交通量で除したもの）で表したものである．観光道路や地域幹線道路のような地方部にある路線では8月にピークが見られるが，これは人々の観光・行楽活動の活発化に伴う交通量の増大による現象である．逆に都市内街路ではこれら行楽月の交通量は減少するが，年末や年度末等の人の動きが慌ただしくなる時期には交通量の増加が見られる．また1月は正月があるため，人々の外出行動が比較的低調な時期であるので，月間係数も小さな値となっている．このように，交通量の月変動は人々の社会経済活動の活発さの度合いを反映したものとなっている．

なお，多くの路線では1年のうち10月の平日の交通量が最も年平均日交通量に近いものとされており，そのため各種の交通量観測は10月の平日に行われることが多い．

（3） 曜日変動

道路であれ鉄道であれ，平日と休日とでは交通量にかなりの差があることは容易に観察できる．これは言うまでもなく人々の活動状況が平日・休日で異なるからである．

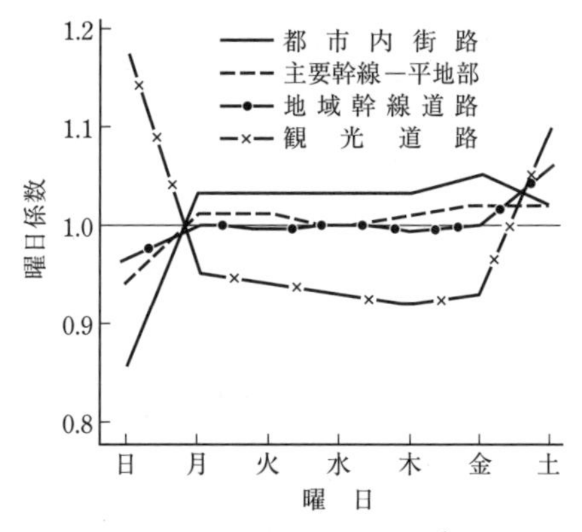

図 2･5 交通量の曜日変動 [3)]

図2･5は図2･4と同様に，道路の種類別に曜日変動を曜日係数で示したものである．曜日係数とは，各曜日の日交通量を週平均日交通量に対する比で

表したものである．特に日曜日や祝祭日の値を休日係数と呼び，その路線の性格を示す指標となる．一般に，観光都市以外の都市部では，日曜日や祝祭日の都市活動は低下するが，それに伴い交通量も減少する．すなわち，こうした路線での休日係数は1よりも小さい．逆に，観光都市や地方部の観光地周辺路線では休日交通量は増大し，結果として休日係数は1よりも大きな値を示す．

交通システム計画の観点から見れば，一般的には平日交通量が重要であるが，観光地や休日の買い物交通で交通量が増大するような所では，休日交通量が計画上の重要な値となる．

(4) 時間変動

1日の交通の動きを考えてみると，朝夕は通勤交通，昼間は業務交通，夜間は長距離トラック等の物的交通が多くを占めている．このことを反映して交通量は時間変動し，また路線・区間によってその変動パターンは毎日ほぼ一定したものとなっている．

図2･6は，1日の時間変動の様子を時間係数を用いて表したものである．時間係数とは，日交通量に占める各時間の交通量の割合をパーセントで表現したものである．1日のうちで最も大きな値を示す時関係数をピーク率ともいう．ピーク率が大きいほどある時間帯への交通の集中度が高い．図2･6では，朝夕のいわゆる通勤時間帯の交通量が多く，夜に向かって交通量が減少している．

計画の面からみれば，ピーク時間帯の交通量にどのように対応するかが大きな

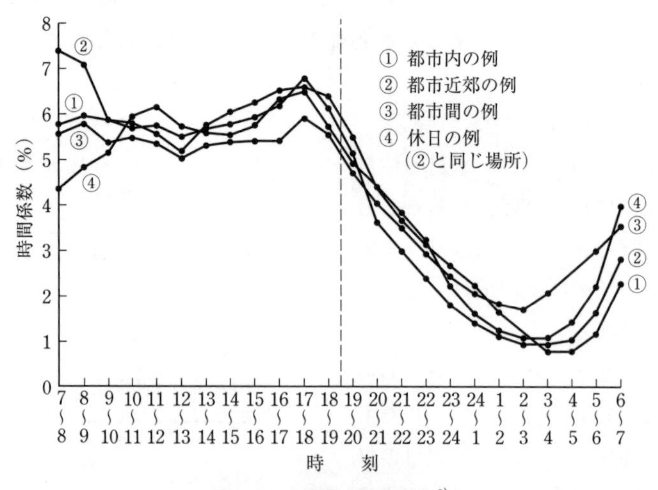

図2･6　交通量の時間変動[3)]

課題となる．すなわち，ピーク時間帯の交通もさばけるように交通施設を整備することが望ましいが，整備のための投資額が大きくなり，場合によっては他の時間帯には施設の遊休化が生じる．逆に，予算制約等から設備の整備水準を低下させると，ピーク時間帯に大きな混雑が生じる可能性がある．このように，ピーク特性の鋭い交通に対する施設の整備水準の決定には各種の困難な課題がある．

なお，1日の時間変動の様子を表す指標として，ほかにも昼夜率がある．これは1時間ごとの交通量を用いるのではなく，日交通量を昼間12時間交通量（午前7時から午後7時まで）で除したものであり，夜間交通量が多い所ほど値が大きくなる．

また，信号制御や高速道路のランプの流入制限，交通情報提供等の交通管制のためには，1時間単位ではなく分単位で交通量の時間変動を把握しなければならない場合もある．

2·3·4 サービス水準指標・整備水準指標

交通システム計画の目的は，利用者が公平に安全・円滑・快適な交通サービスを享受できるよう，合理的・効果的な交通施設の整備と管理・運用を行うことである．そのため，対象とする交通システムが供給するサービスの水準はさまざまな指標を用いて分析・評価される．また，利用者が受けるサービス水準は，交通サービスの提供者側からみれば施設の整備水準を示す指標でもある．

交通システム計画で用いられる主要なサービス水準指標を表2·8に示す．これらの指標がある基準値以上（以下）になっていないか，あるいは類似の地域・路線・交通施設の値と比較して劣っていないか等を検討することで，対象とする交

表2·8 サービス水準指標例

指 標	交通サービスの内容	定 義
所要時間	速達性・定時性	目的地までの所要時間 到着時刻の確実性・定時性を示すためにその所要時間の分布で表すこともある．
混雑度(率)	速達性・快適性	定員や交通容量に対する実際の利用者数・交通量の比
渋滞長 待ち時間	速達性・快適性	渋滞の長さ 目的とする交通手段を利用できるまでの待ち時間
運行頻度	利便性	ある単位時間当たり（1日あるいは1時間）の運行回数
着席率	快適性	鉄道やバス等における着席者数の割合
事故率	安全性	単位走行台キロや単位運行回数等のある単位当たりの交通事故発生回数

通システムの問題点が把握可能である．

所要時間は交通サービスにとって最も基本的な指標である．そのため，交通施設の整備効果を所要時間の短縮量で表現したり，交通手段間の優劣を所要時間の差や比で表したりする．また，到着時刻の正確度を示すために，所要時間の分布がよく用いられる．分布の広がっている交通手段は，到着の余裕時間をみなければならないので，結果として利用者にとっては所要時間増となり交通サービスからみて使いにくいものになる．

混雑度（率）は定員や交通容量等のある適正基準に対して，実際の利用量・交通量がどれだけこの基準を超過しているかを示す指標である．例えば，鉄道の混雑状況はパーセントで表示され，大都市部の通勤時間帯の混雑率が 200％を超えることも珍しくはない．道路交通については，交通量と道路交通容量の比で混雑度が表現される．ただし，道路の混雑度は通常 1 日ないし昼間 12 時間の合計の交通量について計算され，混雑度 1 が渋滞発生の基準点となっているわけではない．詳細については 4 章で述べる．

渋滞長や待ち時間もまた，交通施設の混雑状況を表す指標としてよく用いられる．運行頻度は，ダイヤに基づいて運行している鉄道やバス等の公共交通機関のサービス水準を表現する指標である．目的地までの所要時間が同一であっても，運行頻度の高低により利用者の利便性は異なる．着席率は鉄道等の公共交通機関での快適性を示す指標である．

事故率はその交通システムの安全性を評価する指標であり，特に道路交通について用いられることが多い．道路では，ある区間の長さと通過する交通量の積を求め，これを走行台キロと呼んでいるが，その単位走行台キロ当たりの交通事故件数で事故率を表している．

2·4 交通調査

2·4·1 交通調査の種類

交通調査は交通システム計画プロセスの一環として位置づけられるが，その目的は交通実態を把握して，問題の有無の検証，計画課題の抽出，問題の原因分析，将来動向の予測，代替案作成のための基礎資料作成，整備効果の計測・評価等を行う点にある．一般的には，人々の交通行動や交通流動，交通システムのサービス水準の評価等に関する調査を交通調査と呼ぶが，上記の目的を達成するために，交通に関係する環境調査，交通需要をもたらす社会・経済活動に関する調査，交通施設設置・建設にかかわる土地利用・地質・地形調査等が関連する調査として実施されることが多い．

交通調査は個々の計画課題に対応させて個別に行われることもあるが，本節では統計的なデータを得るために定期的・定型的・継続的に行われる調査を主に紹介する．調査対象からみれば，人々の交通行動調査，自動車の流動調査，公共交通機関の需要動向調査，物資の流動調査の4種類に分類できよう．表2·9はこれらの調査の概要を示したものである．なお，これらの調査の内容は文献3)，4)等に詳しい．

表2·9　交通調査の種類と概要

調査対象	主要な調査	概　要
人々の交通行動	・パーソントリップ調査	都市における人の動きに着目して，1日の交通行動を調査し，総合的な交通体系の整備を目的として実施される．
自動車の流動	・全国道路交通情勢調査 　一般交通量調査 　自動車起終点調査 ・常時交通量観測調査	自動車を対象として，交通量および発着地等の調査を行い，道路整備計画の基礎資料とするものである．
公共交通機関の需要動向	・大都市交通センサス ・鉄道輸送統計調査 ・航空輸送統計調査	鉄道，バス，航空機等の公共交通機関の利用状況を調査する．
物資の流動	・物資流動調査 ・全国貨物純流動調査	物流を対象として，その流動量・発着地・中継地・輸送交通手段等を調査する．

これらの調査は，交通の流れを外から観測する方法と，各交通施設の利用者に対する質問による方法とに大別され，そのいずれかあるいはその組み合わせにより実施される．観測による方法では目視による交通量のカウント，機械式あるいは電子式のカウンター装置によるものなどがある．質問による方法では，調査地域の利用者全員を対象に実施することは極めて困難である．そこで対象とする集団（母集団と呼ぶ）の中から無作為抽出により対象者を選定し，アンケート（質問紙調査）あるいはヒアリングによって回答を得る．得られた結果はサンプルデータであるので，集計結果に拡大係数と呼ばれる抽出率の逆数を乗じて，それを対象地域すべての値と見なす拡大集計の作業が必要である．

2·4·2　パーソントリップ調査

パーソントリップ調査は，図2·2に示したような1人ずつの1日の移動を計測の単位として調査するものである．この調査は，地方中核都市（県庁所在地またはこれに準ずる都市）以上の規模の都市圏域ごとに実施される．人に着目すれば人の移動が交通生成の根源であり，個人の居住地，移動の起終点，トリップ目的，利用交通手段，経路等の交通行動を明らかにし，それを積み上げることで，都市圏全体の交通流動の実態や今後の動向が把握できるという考えに基づいて行われる．

パーソントリップ調査の内容は，それぞれの都市での交通計画課題に対応して都市圏ごとに設定されるが，基本的には「誰が」「どんな目的で」「どこからどこへ」「いつ」「どんな交通手段で」移動を行ったかが調査される．

交通調査としてのパーソントリップ調査の意義は，交通手段分担を考慮した都市交通計画立案のための基礎資料の収集にある．すなわち，道路交通量，鉄道旅客数等の交通機関ごとにも交通調査は行われているが，各種交通機関が混在して成り立っている都市部での交通計画立案のためには，個別交通手段での調査だけでは不十分であり，交通生成の根源である人の動きの調査結果に基づいて，これらの交通手段相互の依存関係・競合関係も取り込んで総合的な都市交通計画を立案しようとするものである．

調査は質問方式による調査が主体である．対象都市圏に居住する人々の中からランダムに調査対象者を抽出し，家庭訪問により調査を実施する．同時に，都市圏内には居住していないが，この地域内で何らかの交通行動を行う人も把躍するために，コードンラインと呼ばれる対象地域の境界や，都市内宿泊施設等でも調査が原則として実施される．パーソントリップで用いられた調査用紙の一例を図2·7に示す．

2·4·3　道路交通量調査

道路交通のみに着目して行われる交通調査である．道路交通量調査のうち最も大規模で基本的なものは，全国道路交通情勢調査（道路交通センサスとも呼ばれる）である．全国道路交通情勢調査は，1980年までは3年ごと，それ以降はおおむね5年に1度実施されている．この調査は，全国の主要な道路をすべて対象として一斉に行われる調査であり，一般交通量調査と自動車起終点調査とに大別される．

（1）　一般交通量調査

一般交通量調査は，都道府県道以上の全路線と指定都市の主要市道を対象に全国で約3万の調査区間を設定し，原則秋季（9月～11月）の平日と休日の1日ずつ，朝7時から夜7時までの12時間（一部の主要な区間では24時間）にわたって，時間別に歩行者数および車種別交通量を観測するものである．車種はナンバープレートに基づいて，乗用車3車種（軽乗用車，乗用車，バス），貨物車5車種（軽貨物車，小型貨物車，貨客車，普通貨物車，特種・特殊車）の計8車種に分類される．

また，一般交通量調査と合わせて対象区間の道路整備状況，走行速度調査が実施され，現況道路の診断や将来の道路整備計画の基本的なデータとして利用される．

（2） 自動車起終点調査

パーソントリップ調査で得られるOD表は人の動きに関するものであるが，自動車起終点調査は自動車OD表を得ることを目的として実施される．自動車OD表は道路整備計画を立案するための重要な資料である．

調査はオーナーインタビュー調査と路側OD調査とから成っている．いずれも質問方式による調査であり，1日の運行状況について，その起終点・運行目的・積載物等が調査される．オーナーインタビュー調査は自動車保有世帯や事業所を対象として，登録自動車からランダム抽出して訪問調査を行うものである．路側OD調査は，地域ブロック境界や高速道路インターチェンジ等の路側で，通過車両を対象に同様の調査を行うものである．

調査結果は拡大集計されて，車種別OD表，運行目的別OD表が作成される．また，ゾーン別・車種別発生・集中交通量の集計もなされる．これ以外にも，自動車の走行キロの分布，トリップ長分布，トリップ回数分布などの各種集計が行われる．これらの集計結果は道路交通流動状況の分析，道路機能の分析，将来交通需要予測等に利用され，道路整備計画立案作業につながっていく．

（3） 常時交通量観測調査

道路交通センサスで実施される一般交通量調査は年間の一部の日の交通量しか観測できない．しかし，都市部の幹線道路や都市高速道路等の交通量の季節変動・曜日変動・時間変動が重要となる所ではこれでは不十分であるため，道路端または路面下に交通量自動観測装置（トラフィックカウンター）を設置し，1年365日8 760時間にわたって常時交通量観測が行われる．観測結果は集計され，例えば，図2·4，2·5，2·6に示したような変動状況の解析がなされる．

2·4·4 大量公共交通機関需要動向調査

鉄道，バス，船，航空機等の大量公共交通機関の需要動向調査には幾つかの種類があるが，特に都市交通計画に関して重要なものは大都市交通センサスである．この調査は首都圏・中京圏・京阪神圏の3大都市圏における公共交通機関の

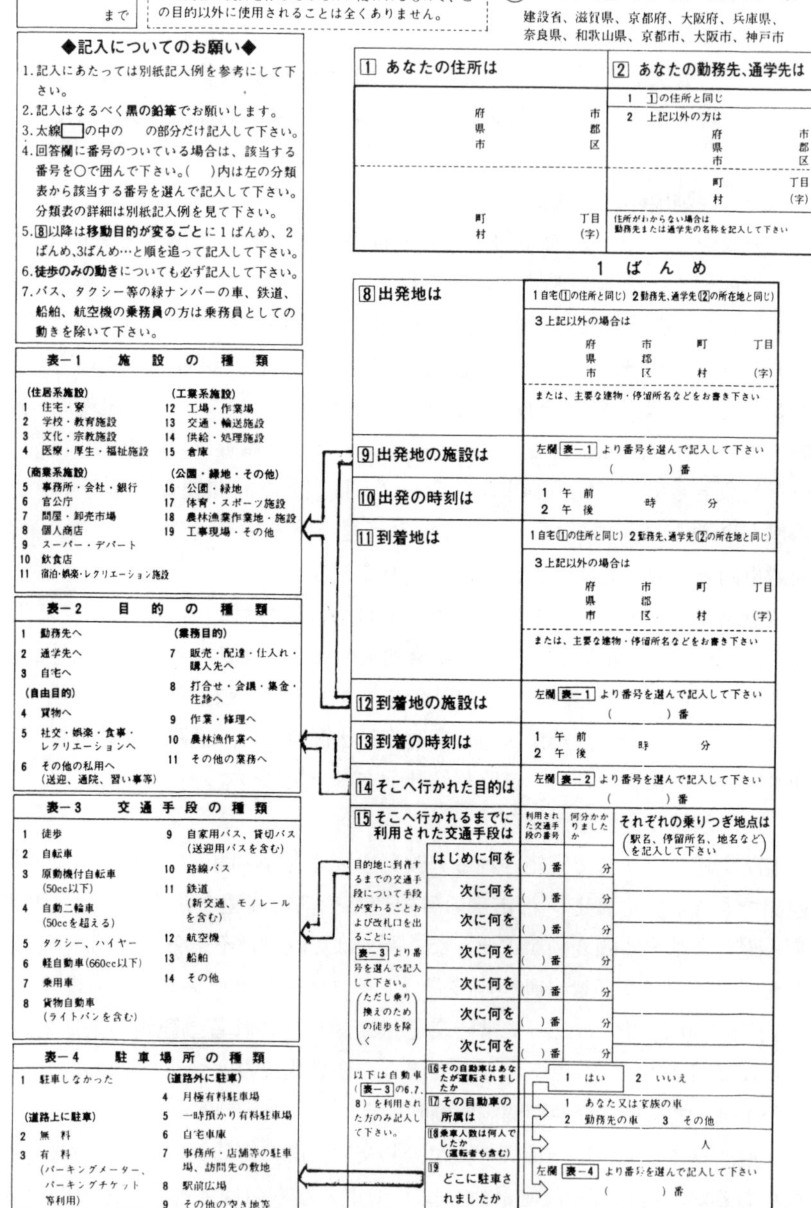

総務庁承認No.17529
平成2年12月31日
まで

この調査は総合的な交通計画立案のための基礎資料を得る目的で行なわれるものです。この調査票に記入された内容は統計を作るためだけに使われるもので、この目的以外に使用されることは全くありません。

京阪神都市圏パーソントリップ調査
㊙ 交通実態調査票
建設省、滋賀県、京都府、大阪府、兵庫県、奈良県、和歌山県、京都市、大阪市、神戸市

◆記入についてのお願い◆

1. 記入にあたっては別紙記入例を参考にして下さい。
2. 記入はなるべく**黒の鉛筆**でお願いします。
3. 太線□の中の　の部分だけ記入して下さい。
4. 回答欄に番号のついている場合は、該当する番号を○で囲んで下さい。(　)内は左の分類表から該当する番号を選んで記入して下さい。分類表の詳細は別紙記入例を見て下さい。
5. 8以降は**移動目的が変るごと**に1ばんめ、2ばんめ、3ばんめ…と順を追って記入して下さい。
6. **徒歩のみの動き**についても必ず記入して下さい。
7. バス、タクシー等の緑ナンバーの車、鉄道、船舶、航空機の**乗務員**の方は乗務員としての動きを除いて下さい。

表−1 施設の種類

(住居系施設)	(工業系施設)
1 住宅・寮	12 工場・作業場
2 学校・教育施設	13 交通・輸送施設
3 文化・宗教施設	14 供給・処理施設
4 医療・厚生・福祉施設	15 倉庫
(商業系施設)	(公園・緑地・その他)
5 事務所・会社・銀行	16 公園・緑地
6 官公庁	17 体育・スポーツ施設
7 問屋・卸売市場	18 農林漁業作業地・施設
8 個人商店	19 工事現場・その他
9 スーパー・デパート	
10 飲食店	
11 宿泊・娯楽・レクリエーション施設	

表−2 目的の種類

	(業務目的)
1 勤務先へ	7 販売・配達・仕入れ・購入先へ
2 通学先へ	8 打合せ・会議・集金・往診へ
3 自宅へ	9 作業・修理へ
(自由目的)	10 農林漁作業へ
4 買物へ	11 その他の業務へ
5 社交・娯楽・食事・レクリエーションへ	
6 その他の私用へ(送迎、通院、習い事等)	

表−3 交通手段の種類

1 徒歩	9 自家用バス、貸切バス(送迎用バスを含む)
2 自転車	10 路線バス
3 原動機付自転車(50cc以下)	11 鉄道(新交通、モノレールを含む)
4 自動二輪車(50ccを超える)	12 航空機
5 タクシー、ハイヤー	13 船舶
6 軽自動車(660cc以下)	14 その他
7 乗用車	
8 貨物自動車(ライトバンを含む)	

表−4 駐車場所の種類

	(道路外に駐車)
1 駐車しなかった	4 月極有料駐車場
(道路上に駐車)	5 一時預かり有料駐車場
2 無料	6 自宅車庫
3 有料(パーキングメーター、パーキングチケット等利用)	7 事務所・店舗等の駐車場、訪問先の敷地
	8 駅前広場
	9 その他の空き地等

1 あなたの住所は
府 県 市　市 郡 区
町 村　丁目 (字)

2 あなたの勤務先、通学先は
1 1の住所と同じ
2 上記以外の方は
府 県 市　市 郡 区
町 村　丁目 (字)
住所がわからない場合は勤務先または通学先の名称を記入して下さい

1 ばんめ

8 出発地は	1 自宅(1の住所と同じ) 2 勤務先、通学先(2の所在地と同じ) 3 上記以外の場合は 府 県 市　市 郡 区　町 村　丁目 (字) または、主要な建物・停留所名などをお書き下さい
9 出発地の施設は	左欄 表−1 より番号を選んで記入して下さい (　　)番
10 出発の時刻は	1 午前 2 午後　時　分
11 到着地は	1 自宅(1の住所と同じ) 2 勤務先、通学先(2の所在地と同じ) 3 上記以外の場合は 府 県 市　市 郡 区　町 村　丁目 (字) または、主要な建物・停留所名などをお書き下さい
12 到着地の施設は	左欄 表−1 より番号を選んで記入して下さい (　　)番
13 到着の時刻は	1 午前 2 午後　時　分
14 そこへ行かれた目的は	左欄 表−2 より番号を選んで記入して下さい (　　)番

15 そこへ行かれるまでに利用された交通手段は
目的地に到着するまでの交通手段について手段が変わるごとおよび改札口を出るごとに 表−3 より番号を選んで記入して下さい。(ただし乗り換えのための徒歩を除く)

	利用された交通手段の番号	何分かかりましたか	それぞれの乗りつぎ地点は(駅名、停留所名、地名などを記入して下さい)
はじめに何を	( )番	分	
次に何を	( )番	分	
次に何を	( )番	分	
次に何を	( )番	分	
次に何を	( )番	分	
次に何を	( )番	分	
次に何を	( )番	分	

以下は自動車(表−3の6.7.8)を利用された方のみ記入して下さい。

16 その自動車はあなたが運転されましたか	1 はい　2 いいえ
17 その自動車の所属は	1 あなた又は家族の車 2 勤務先の車　3 その他
18 乗車人数は何人でしたか(運転者も含む)	人
19 どこに駐車されましたか	左欄 表−4 より番号を選んで記入して下さい (　　)番

図2·7 パーソントリップ

あなたの調査日は
平成２年　月　日（　曜日）の
午前３時から翌日の午前３時までです。
この日のあなたの動きをすべて記入して下さい。

整理番号 (1–8)	個人番号 (9–10)	トリップ数 (14–15)	調査日 (16–19)

3 性別年令は	4 あなたの職業は	5 あなたの仕事はどの産業に属していますか	6 あなたは運転免許をお持ちですか	7 世帯でお持ちの自動車などの台数は
1 男 2 女 満　才 （平成２年10月１日現在）	（職業をお持ちの方） 1 農林漁業従事者 2 採鉱採石従事者 3 技能工·生産工程従事者 4 販売従事者 5 サービス業従事者 6 運輸・通信従事者 7 保安職業従事者 8 事務的職業従事者 9 技術的・専門的職業従事者 10 管理的職業従事者 11 わからないときは具体的に記入して下さい （職業をお持ちでない方） 12 生徒・児童・園児（中学生以下） 13 学生・生徒（高校生以上） 14 主婦（職業従事者を除く） 15 無職・その他	1 農林漁業 2 鉱業 3 建設業 4 製造業 5 卸売業 6 小売業 7 金融・保険・不動産業 8 運輸・通信業 9 電気・ガス・水道業 10 サービス業 11 公務 12 非就業（職業をお持ちでない方） 13 わからないときは具体的に記入して下さい	1 自動車運転免許（大型・二種等を含む）を持っている 2 自動二輪車運転免許を持っている 3 原動機付自転車運転免許のみ持っている 4 持っていない	軽自動車（660cc以下）　台 乗用車　台 貨物自動車　台 自動二輪車（50ccを超える）　台 原動機付自転車（50cc以下）　台 自転車　台

２ばんめ	３ばんめ	４ばんめ
出発地 （１ばんめの到着地と同じです）	出発地 （２ばんめの到着地と同じです）	出発地 （３ばんめの到着地と同じです）
（１ばんめの到着地の施設と同じです）	（２ばんめの到着地の施設と同じです）	（３ばんめの到着地の施設と同じです）
1 午前 2 午後　時　分	1 午前 2 午後　時　分	1 午前 2 午後　時　分
1 自宅（1の住所と同じ） 2 勤務先、通学先（2の所在地と同じ）	1 自宅（1の住所と同じ） 2 勤務先、通学先（2の所在地と同じ）	1 自宅（1の住所と同じ） 2 勤務先、通学先（2の所在地と同じ）
3 上記以外の場合は 府県市　市郡区　町村　丁目（字）	3 上記以外の場合は 府県市　市郡区　町村　丁目（字）	3 上記以外の場合は 府県市　市郡区　町村　丁目（字）
または、主要な建物・停留所名などをお書き下さい	または、主要な建物・停留所名などをお書き下さい	または、主要な建物・停留所名などをお書き下さい
左欄 表−1 より番号を選んで記入して下さい（　）番	左欄 表−1 より番号を選んで記入して下さい（　）番	左欄 表−1 より番号を選んで記入して下さい（　）番
1 午前 2 午後　時　分	1 午前 2 午後　時　分	1 午前 2 午後　時　分
左欄 表−2 より番号を選んで記入して下さい（　）番	左欄 表−2 より番号を選んで記入して下さい（　）番	左欄 表−2 より番号を選んで記入して下さい（　）番
利用された交通手段の番号／何分かかりましたか／それぞれの乗りつぎ地点は（駅名、停留所名、地名などを記入して下さい）	利用された交通手段の番号／何分かかりましたか／それぞれの乗りつぎ地点は（駅名、停留所名、地名などを記入して下さい）	利用された交通手段の番号／何分かかりましたか／それぞれの乗りつぎ地点は（駅名、停留所名、地名などを記入して下さい）
（　）番　分	（　）番　分	（　）番　分
（　）番　分	（　）番　分	（　）番　分
（　）番　分	（　）番　分	（　）番　分
（　）番　分	（　）番　分	（　）番　分
（　）番　分	（　）番　分	（　）番　分
（　）番　分	（　）番　分	（　）番　分
（　）番　分	（　）番　分	（　）番　分
1 はい　2 いいえ	1 はい　2 いいえ	1 はい　2 いいえ
1 あなた又は家族の車　2 勤務先の車　3 その他	1 あなた又は家族の車　2 勤務先の車　3 その他	1 あなた又は家族の車　2 勤務先の車　3 その他
人	人	人
左欄 表−4 より番号を選んで記入して下さい（　）番	左欄 表−4 より番号を選んで記入して下さい（　）番	左欄 表−4 より番号を選んで記入して下さい（　）番

５ばんめ以降は裏に記入して下さい。

調査用紙の例 [1)]

利用実態を把握し，公共交通機関整備の方向性を検討するための資料を得ることを目的としている．調査対象は鉄道・乗合バス・路面電車の利用者と事業者であり，国勢調査に合わせて5年ごとに実施される．

利用者の居住地，勤務地，定期券の種類，出発・到着時刻，乗降した鉄道駅・停留所等が調査され，駅間の旅客流動量（駅間相互発着表），居住地と通勤・通学先との間の公共交通機関利用者数等が集計される．

2·4·5 物資流動調査・全国貨物純流動調査

交通需要を発生させるものは人と物である．人の動きの実態についてはパーソントリップ調査で把握されるが，物の動きについては物資流動調査あるいは全国貨物純流動調査により把握される．

物の動き（物流）は人の動きと異なっている．人の動きは日常生活圏を単位とする一定の地域を対象とすれば，その実態のほとんどは把握できるが，物の動きの場合は一定の都市圏に限られることはなく，広域的な流れがかなりの比率を占め，また都市を中継点としての交通があるため，地域の特定が困難という特徴がある．加えて，同じ貨物がある区間では船，ある区間では鉄道，ある区間ではトラックというように，次々と交通手段を換えて輸送される．このような物流の特徴より，交通機関別ではなく貨物そのものを対象として，出発地から到着地までの動きを利用交通手段や中継地等も含めて調査することになる．

物資流動調査は，首都圏，中京圏，京阪神圏，道央，仙台，広島，北部九州の7都市圏で実施される．物流関連事業所，貨物車を対象として，発着地，輸送機関，輸送距離・時間，品目，重量，経路等の調査がなされる．

全国貨物純流動調査は，全国の事業所の1年を通じての貨物の出荷量，出荷先，利用交通機関，中継地，月別出荷波動等を調査するものである．なお，貨物総量以外にも個々の貨物の動きを把握するための3日間流動調査も同時に実施される．

[参考文献]

1) 京阪神都市圏交通計画協議会：第3回京阪神都市圏パーソントリップ調査報告書，基礎集計及び分析編，1992.
2) 佐佐木綱監修・飯田恭敬編著：交通工学，国民科学社，1992.
3) 交通工学研究会：交通工学ハンドブック，技報堂出版，1984.
4) 土木学会編：土木工学ハンドブック，技報堂出版，1989.

3
交通需要の推定

3･1　交通需要推定の考え方[1)]

3･1･1　交通計画の必要性とその推移

個人の移動の必要性によって，それぞれの交通具（手段）による交通が発生するが，その需要に対応する交通路や交通具は公共によって整備されるのが一般的である．そこで，人の移動を効率よく処理するためには，ある一定の交通政策に基づく効果的な交通計画が必要となる．従来の交通計画は，このような社会・経済的な要求に対処するための，（先決された土地利用から派生する）交通需要を満たす最適な交通システムの設計であり，交通施設の計画であったといえる．ところが，都市部を中心とした地価の高騰や自動車の急激な普及によって，派生需要としての交通を処理し得る施設の供給が困難になったため，需要過多がさまざまな交通問題*（**4･1**，**5･1**，**7･3** 参照）を顕在化させるに至り，土地利用計画**そのものを交通の面から再検討すると共に，その後の交通の運用までを考慮した実現可能な効率の良い交通計画が求められるようになってきた．そのような観点から，計画立案に際して次のような対応が図られている．

①　交通工学的方法：既定の経済活動や上位計画の下で，手段や経路の変更を

---

*　**都市交通問題**：都市においては，自動車交通の混雑・渋滞と都市機能の低下，通勤・通学難，交通事故の増加，公害，公共交通機関の機能低下と経営悪化など，極めて多様な問題が顕在化している．これらは，基本的には交通需要の集中と需給の不均衡から生じるものと考えられるが，特に，自動車交通に起因する問題が深刻となっている．

**　**交通の種類と土地利用**：都市域について限定すれば，空間を最も多く必要とする物の移動は郊外部，次に人の移動は都心周辺部，空間をほとんど必要としない貨幣および情報の移動は都心部に集中して処理できるよう，各種建築物の地域内配置を考えることもできる．

中心に，交通需要を処理しようとする方法

② 土地利用計画的方法：経済活動の維持を前提に，土地利用の変更によって交通需要を処理しようとする方法

③ 開発抑止的方法：土地利用の変更等によっても対応が難しいような場合に，計画人口や経済活動を抑えようとする考え方

④ 社会計画的方法：産業構造や社会制度にまで遡って再検討し，交通需要の少ない社会環境を創出しようとする考え方

いずれにしても，交通計画は土地利用計画，交通施設計画（4章～6章参照）および交通運用計画（8章参照）の3つのシステムから構成されることが求められている．

このように，交通計画が科学的観点から取り上げられるようになったのは，大量輸送機関を中心とした交通形態から自家用車を中心とした交通形態へ移行し，自動車交通と大量輸送機関との競合関係が強く現れるようになったためである．自動車に移行した交通は，それが個別輸送であると同時に輸送単位当たりに大きな交通空間を必要とするにもかかわらず，従来，これを予測することなく決められていた街路幅員では自動車交通量をさばけなくなり，その結果，交通計画の主題は道路計画に移ることとなった．また，戦後，次のような社会的動向の中で，道路を中心とする交通計画が急速に定着したといわれている．

① 交通施設の大規模化：交通施設が大規模化し，その影響が広範かつ重大なものとなってきたため，その施設が供用される時点での社会・経済の動向やその施設がそれらに与える影響を予測・検討することが必要となった

② 経済計画の普及：長期的な経済計画が立案されるようになり，経済基盤を構成する交通施設の整備もその経済計画の中に組み込まれる必要性が生じてきた

③ 民主主義の浸透：交通施設の計画に際しては，その必要性について，客観的かつ科学的に説明すると共に，その施設の合理的利用に関して一般市民の同意と参加が必要となってきた

一方，都市部での計画の主たる対象となる日常的な交通には，移動の一体性という概念が重要であるため，交通の需要は交通機関ごとに別個にとらえられるよりも，総合的な観点から一元的に取り扱われるべきである．そのため2章でも説明したように，人の動きを連続的にとらえる（パーソン）トリップという単位が計画の基礎として用いられるようになった．

3・1・2　交通計画のプロセスと需要推定の考え方

上述のように，交通計画においては，交通施設の供用開始時の社会・経済状況を予測し，その中で供用される施設の整備効果と運用形態を十分予測・評価した上で，当該施設整備の有無もしくはその内容が決定される．そのプロセスは1章の図1・2に示したとおりであるが，これを簡単に再整理すると図3・1のようになり，最終的には将来の交通需要の推定が必要不可欠の要素であることは明らかである．また，この交通需要の推定方法も，上述のような経緯から，大量交通機関が主たる移動の手段であった時代の乗車回数法から，自動車の普及（保有台数）に対応したカートリップ法へ，さらに手段の選択が可能となり，連続的な移動をとらえるためにパーソントリップ法へと変遷してきたといえる．

したがって，ここでもパーソントリップをベースとして，日常生活の中での移動（の需要）を，目的，手段，経路等によって表現するための方法について説明する．

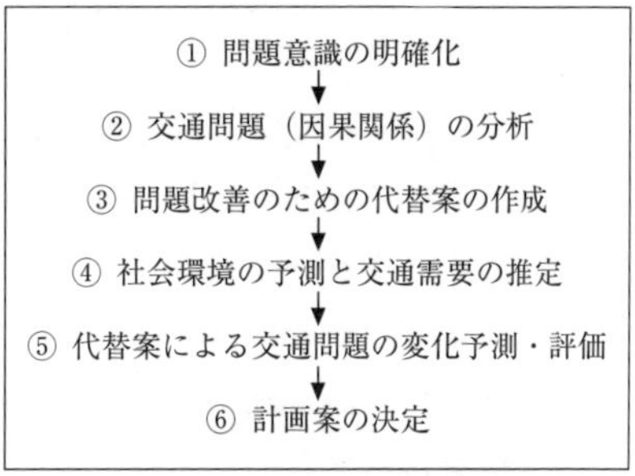

① 問題意識の明確化
↓
② 交通問題（因果関係）の分析
↓
③ 問題改善のための代替案の作成
↓
④ 社会環境の予測と交通需要の推定
↓
⑤ 代替案による交通問題の変化予測・評価
↓
⑥ 計画案の決定

図3・1　交通計画のプロセス

交通需要の推定は，「誰が」「いつ」「何の目的で」「どこからどこへ」「何を使って」移動するのかを平均的にとらえることを目的としている．一般に，交通計画の立案に際しては，個人の多様な行動を逐一把握することが必要ではなく，むしろ集計された量が重要な情報となる．これが，従来から交通需要推定の基本の考え方となっている「集計的方法」である．これに対して，近年，集計される前の個々の人の動きを確率論的に説明し，これを需要推定の基礎とする考え方が増えつつある．これは「非集計的方法」と呼ばれ，個人の行動特性による影響が大きいような場合に用いられることが多い（**3・3**参照）．しかしながら交通計画にこのプロセスを組み込む際には，これによって分析された特性を集計することになるため，ここでは，まず集計的方法について解説することにする．

上述したように，人の行動をとらえ，これを集計するためには次のような条件の設定が必要となる．以下には，交通計画とそのための需要推定のプロセスを理解しやすいように，日常交通圏の都市交通レベルを想定して，それぞれの条件の考え方について説明する．

(1) 対象範囲とゾーン

どこからどこまでの移動を考慮した計画とするのか，その対象範囲*を設定することが計画の第一歩である．その範囲の中で移動をとらえるためには，その範囲を小さな区域（ゾーン）に分割し，移動の方向を明確にする必要がある．この範囲を分割することをゾーニングといい，このゾーニングの善し悪しが計画プロセスでの作業やそこでの分析結果に大きな影響を及ぼすことになる．したがって，例えば，土地利用や交通施設の位置などを踏まえて，人の流れに沿った適切な大きさのゾーンに分割する必要がある．しかしながら，あるゾーンから発生，あるいはそのゾーンへ集中する交通の量を集計する場合には，その基になる情報（例えば，人口や土地利用指標）が必要となるため，そういった関連データの収集が可能である行政単位（町丁単位や学区単位など）をゾーンとすることが多い．

また，ゾーンが設定されると，人の動きはこのゾーン間の交通として表現されるため，それぞれのゾーンの大きさは計画の目的に応じて設定されることが望ましい．ところがゾーンを小さく（多く）とると，その組み合わせは極端に増え，そのための集計や分析は極めて煩雑になる．そこで，最も細かいゾーン（小ゾーン）を基本として，これを目的に応じて中規模，大規模にまとめ，階層的な構成とするのが一般的である．

以上に述べた対象範囲とゾーン構成を簡単に表すと，図3･2のようである．

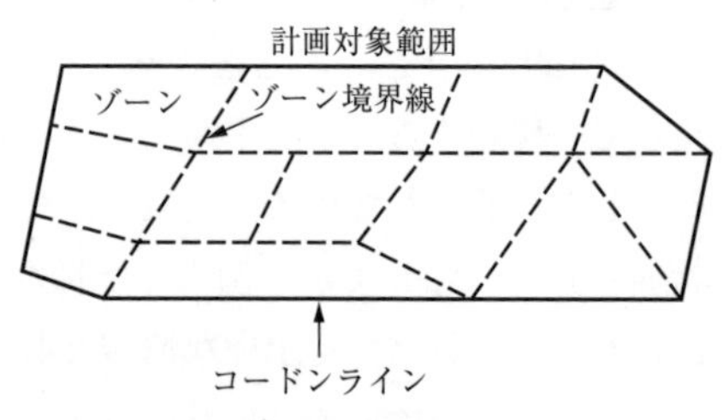

図3･2 計画対象範囲とゾーン

(2) 社会経済指標と交通需要

交通の活動量（需要）は，社会活動や経済活動に大きく影響される．社会活動の量は，ゾーンの規模にも依存する人口やその属性などの指標（人口，家族構成，所得水準，自動車保有率など）で表され，また，経済活動は，土地利用やこれと関連する産業や商業活動などの各種指標（夜間人口，昼間人口，住宅戸数，商業・業務床面積，販売額，工業生産量，出荷額など）で表される．このような

---

* この範囲を規定する境界線をコードンラインといい，この線上の主な流出入交通路に合わせて設定された，この範囲外への出入口をコードンステーションという．

ゾーンの規模やそこでの活動の水準を表す要因は，一般に社会経済指標と総称される．

したがって，交通需要の推定に際しては，これらの社会経済指標の種類や内容をいかに設定するかが問題となる．また，これらの指標は交通目的とも密接に関連するため，その目的に対応した指標の選定が必要となる．

（3） 土地利用と交通目的

人の移動の特性はその目的によって異なる．また，その目的（交通目的）は，各ゾーンの土地利用に大きく影響を受ける．例えば，都心の商業・業務地域では朝には出勤目的の交通が集中し，昼間は業務交通の出入りが頻繁になり，夕刻には自由目的でゾーン内を移動する交通や帰宅のためにゾーンを出る交通が増える．また，交通からみたゾーン間の関連性も相互の土地利用に依存するところが大きい．このように，土地利用は交通の目的を特化させると共にその需要形成の主要因となっていることから，交通施設は，この土地利用による交通需要に対応して整備されるのが一般的である．ところが逆に，土地利用は交通基盤に左右されるところが大きい．すなわち，先に述べたように，交通の計画は土地利用計画をも含めて検討されなければならないことになる．

また，土地利用に影響される交通目的に応じて，交通の発生・集中の程度も異なることから，それぞれの土地利用特性と密接に関連する人口指標や面積指標によって，発生・集中等の量もある程度規定されるといえる．この考え方に基づいて基本となる単位当たりの交通需要量があらかじめ設定される場合が多いが，これを交通の需要原単位という（表3・1）．これはまた，2章の表2・2にも示したような各交通目的に対応して示される場合も少なくない．

（4） 交通行動と利用手段

一般に，ある目的の交通は幾つかの交通行動によって構成されており，それぞれに異なった手段が用いられる．しかしながら，トリップごとにその手段をすべて取り上げることは煩雑になるばかりで有効とはいえない．そこで，通常，ある特定の交通手段（代表交通手段）でそのトリップを代表させることになる．一方，実際にそのトリップを完結させるのに必要なその他の手段はこれに現れないため，特に発着地と代表交通手段の間の移動に供する手段は端末交通手段として集計される．

表 3·1 需要原単位の一例（自動車交通）[2)]

（a） 目的別発生・集中原単位（乗用車＋貨物車：昭和 60 年）

（トリップエンド/人）

地域区分	通勤・通学	帰 宅	自 由	業 務	全目的
都心 3 区	0.47	0.62	0.29（0.035）	4.58（0.55）	5.96
都心 4 区	0.41	0.53	0.23（0.035）	3.95（0.61）	5.12
都心 6 区	0.33	0.43	0.19（0.040）	3.12（0.69）	4.07
都心 8 区	0.30	0.37	0.16（0.041）	2.61（0.72）	3.45
準都 4 区	0.17	0.20	0.08（0.055）	1.23（1.10）	1.68
周辺北部	0.17	0.21	0.06（0.059）	0.65（1.00）	1.09
周辺東部	0.13	0.17	0.06（0.040）	0.65（1.06）	1.00
周辺南部	0.13	0.17	0.06（0.067）	0.53（1.31）	0.89
周辺西部	0.16	0.18	0.06（0.052）	0.66（1.19）	1.05
周辺部計	0.14	0.18	0.06（0.061）	0.60（1.20）	0.98
市 全 域	0.16	0.21	0.07（0.053）	0.89（0.90）	1.33

（b） 施設別発生・集中原単位（自家用車計：昭和 60 年）

（トリップエンド/100 m^2）

地域区分	住 宅	商 業	事務所	工 場	その他	全施設
都心 3 区	0.74	4.13	2.70	6.36	2.40	2.72
都心 4 区	0.74	4.17	3.05	7.22	2.35	2.89
都心 6 区	0.80	5.41	3.33	7.10	2.29	2.96
都心 8 区	0.80	5.83	3.52	5.71	2.24	2.96
準都 4 区	0.86	10.95	6.27	4.85	2.08	3.10
周辺北部	1.25	6.98	6.38	3.26	2.39	2.47
周辺東部	1.14	11.90	10.11	4.81	1.79	2.48
周辺南部	1.32	9.48	9.69	3.94	2.13	2.41
周辺西部	1.24	13.40	6.16	2.58	1.79	2.24
周辺部計	1.24	9.84	8.25	3.71	2.03	2.42
市 全 域	1.16	7.23	4.74	3.96	2.10	2.60

（注） 1） 「自動車交通起終点調査報告書（大阪市，昭和 60 年度）および「大阪市の土地利用・現況編（大阪市，昭和 63 年）」に基づいて算出.

2） 地域区分は以下のとおりである.

・都心 3 区（北，東，南区）
　都心 4 区（北，東，南，西区）
　都心 6 区（北，東，南，西，天王寺，浪速区）
　都心 8 区（北，東，南，西，天王寺，浪速，福島，大淀区）

・準都 4 区（天王寺，浪速，福島，大淀区）

・周辺北部（西淀川，東淀川，淀川区）
　周辺東部（都島，東成，生野，旭，城東，鶴見区）
　周辺南部（阿倍野，住吉，住之江，東住吉，平野，西成区）
　周辺西部（此花，港，大正区）

3） （a）表は，原則として夜間人口ベースで示す．ただし，（ ）内は自由目的では昼間人口ベース，業務目的では従業者ベースで示す.

4） （b）表は，各施設の延床面積 100 m^2 当たりで算出.

3·2 交通需要の段階的推定方法[3)]

3·2·1 基本的な考え方

交通計画は，交通の需要とそれに対する施設供給量との関係の適正化を図ることによって，交通の施設やその運用を合理的に行うために立案される．したがって，その計画の善し悪しは，計画年次の交通需要をいかに的確に評価し得るかということに依存する．ところが，ここで扱うようなゾーンごとに集計された情報で，個々の交通施設の需要といったミクロな量を直接精度よく推定することは難しい．そこで，一般には全体の交通需要量を推定し，これをゾーン間に割り振り，次にこれをそこで利用可能な施設（交通手段）ごとに分担させ，その後，それぞれの施設の利用量を算出するといった段階的な方法が用いられる．わが国では，図3·3に示すような4つの段階を経る4段階推定法が一般的な方法として広く用いられている．ただし，社会経済指標を含めて5段階推定法と呼ばれることもある．また，手段別交通量の推定を除いて社会経済指標から配分交通量の推定までを4段階とすることもあるが，これはカートリップを対象とした場合の考え方である．

この段階的推定方法には，① 論理的一貫性に欠ける，② 作業量が膨大である，③ 必ずしも推定精度が良いとはいえない等の問題点があるといわれており，これを改善するためにさまざまな試みがなされてきているが，現段階ではこれに優る実用的な方法の出現には至っていない[4)]．

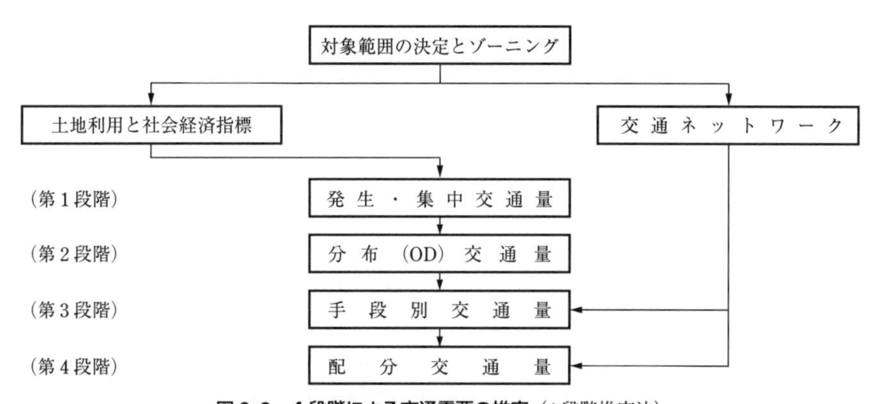

図3·3 4段階による交通需要の推定（4段階推定法）

3·2·2　発生・集中交通量の推定

あるゾーンに着目したとき，そのゾーンから発生する交通の総量を発生交通量，そのゾーンに目的地を有する交通を集中（あるいは吸引）交通量といい，これらはゾーン固有の社会経済的指標（人口，土地利用特性）に基づいて推定される．また，ゾーンごとに発着する交通量を扱う場合には，この発生交通量と集中交通量を合わせて発生・集中交通量と称する．一方，このようなゾーンの枠にかかわらず，世帯など交通を生じさせる主体に即して対象範囲となる地域全体で生起する交通量は生成交通量と呼ばれる．

1日生活圏の交通を想定した場合，あるゾーンから発生する交通量とそのゾーンに集中する交通量はほぼ等しいと考えられる．したがって，1日の全目的を対象とすれば，発生交通量か集中交通量のいずれか，またはその合計（発生・集中交通量）を求めればよいことになるが，目的別に推定する必要のある場合には，それぞれを別個に算出することも必要となる．

発生（集中）交通量あるいは生成交通量の推定に当たっては，対象地域の広がりとも関連するが，① 時系列法，② 要因分析法（関数モデル法），③ 原単位法といった比較的マクロ的な手法が多く用いられている．

（1） 時系列法

この方法は，むしろ1日生活圏を越えた広い地域の広域的交通需要を推定するための方法であり，交通需要を単に時系列的に外挿する方法，経済指標と交通需要の相関から推定する方法，ゾーン別の産業立地条件や人口分布から交通需要を求める方法などがある．また，これらは交通手段別の交通量やゾーン間交通需要の推定にも同様に用いられることがある．ただし，本書では先にも述べたように1日生活圏を対象としているため，これらの詳細については触れないこととする．

（2） 要因分析法（関数モデル法）

交通量の多少はさまざまな要因によって影響されていることから，発生（集中）交通量を，これに関連性が高いと考えられる社会経済指標を説明変数とする重回帰分析などによって算出しようとする方法である．このとき，発生（集中）交通量は次のように表される．

$$X_i = \alpha_0 + \sum_k \alpha_k Z_{ik}, \quad Y_j = \beta_0 + \sum_k \beta_k Z_{jk} \qquad \cdots\cdots (3\cdot1)$$

ここで，X_i：ゾーン i の発生交通量，Y_j：ゾーン j への集中交通量，Z_{ik}，Z_{jk}：ゾーン i，j での k 番目の発生・集中指標値，α_k，β_k：回帰係数である．

ただし，この方法には一般に次のような問題点があるといわれている．

① 現況データに基づくため，データの収集と分析に労力を要する上に，その回帰係数で表されるモデルの形が将来にわたって有効である保証はない．

② 説明変数の設定の仕方によって，そのモデルの説明力は大きく影響を受けるほか，説明変数の独立性の確保が難しい．

自動車交通の場合に用いられた説明変数とモデル式の例を表3・2に示すが，モデルの一般性を考慮した場合，この表にあるように，説明変数は活動，地域特性といった主たる社会経済指標の分類ごとに選択されることが望ましい．

表3・2　発生・集中交通量推定のための説明変数とモデル式の例（自動車交通）[2]

目　的	地域	モデル式の例	相関係数
帰　　宅	都心	$Y=0.6091\,X_8+4\,370$	0.937
	周辺	$Y=60.981\,X_6-32.152\,X_7+0.2896\,X_{10}+0.4659\,X_{11}-1\,475$	0.995
	全域	$Y=0.0268\,X_2+0.1849\,X_{10}+0.5282\,X_{11}-2\,920$	0.984
通勤・通学	都心	$Y=0.0198\,X_2+0.2396\,X_{10}+1\,527$	0.921
	周辺	$Y=0.0661\,X_3+0.1198\,X_{10}+0.4512\,X_{11}-2\,831$	0.990
		$Y=68.381\,X_6+0.2834\,X_{10}+0.3250\,X_{11}-6\,701$	0.992
	全域	$Y=0.0162\,X_3+0.2079\,X_{10}+0.4261\,X_{11}-1\,811$	0.982
業　　務	都心	$Y=1.0757\,X_4-10\,744$	0.972
		$Y=0.2027\,X_3+13\,840$	0.960
	周辺	$Y=0.2040\,X_2+79.519\,X_7-14\,882$	0.990
		$Y=0.2268\,X_3+0.5890\,X_{11}-1\,155$	0.990
	全域	$Y=0.1016\,X_1+0.1882\,X_3+92.311\,X_7-15\,212$	0.980
		$Y=0.1344\,X_3+18.191\,X_9+8\,554$	0.957
自　　由	周辺	$Y=0.1285\,X_5+0.2217\,X_{11}-2\,064$	0.990
		$Y=0.0886\,X_4+0.1902\,X_{11}-2\,279$	0.980
		$Y=0.0286\,X_1+0.2228\,X_{11}-1\,739$	0.981
	全域	$Y=0.1054\,X_4+0.1126\,X_{11}-1\,436$	0.939
		$Y=0.2465\,X_8+0.1368\,X_{10}-671$	0.924

（注）1）「自動車交通起終点調査報告書（大阪市，昭和60年度）」および「大阪市の土地利用・現況編（大阪市，昭和63年）」，「大阪市統計書（昭和61，62年度）」に基づいて算出．

2）モデルに用いた各変数は次のとおりである．
X_1：常住人口，X_2：昼間人口，X_3：従業者数，X_4：全用途延床面積，X_5：住宅延床面積，X_6：商業容積率，X_7：住宅容積率，X_8：事業所数，X_9：高層建築物数，X_{10}：自動車保有台数，X_{11}：道路面積

3）表中の都心，周辺は，それぞれ表3・1の都心8区，周辺部計を表す．

(3) 原単位法

交通発生（集中）原単位とは，ある社会経済指標に基づいて発生（集中）する交通の量を，その指標単位当たりの平均値で表したものである．一般には，夜間人口や従業者数といった人口指標と，ゾーン面積や延床面積といった面積指標が用いられることが多い．いずれにしても，この原単位に指標推定値を掛け合わせることによって，対象とする交通量が推定されることになる．通常，表3･1にも示したように，原単位は目的別に設定されることが多いが，以下の式では簡単化のため，目的を特定しない場合（あるいは全目的）について示してある．

$$X_i = \sum_k a_k M_{ik}, \quad Y_j = \sum_k b_k M_{jk} \qquad \cdots\cdots (3\cdot2)$$

ここで，X_i：ゾーンiの発生交通量，Y_j：ゾーンjへの集中交通量，M_{ik}，M_{jk}，ゾーンi，jでのk番目の発生・集中指標値，a_k，b_k：k番目指標値の発生・集中原単位である．

この方法は，ある一定の社会経済指標の単位当たりに発生（集中）する交通量は一定であるという考え方に基づいているが，社会システムの変化などによって原単位が変動することも考えられるため，一定の期間（例えば，パーソントリップをはじめとする交通実態調査）ごとに分析し，その動向を検討する必要がある．

ところで，生成原単位は前述のとおりゾーンにとらわれず，対象とする範囲に居住する人や世帯当たりの1日のトリップ数のことであり，個人の場合には，年齢，職業，所得などの属性によって異なることになる．しかし地域全体としてとらえた場合，生成交通量は時間的にも空間的にも変動が小さく安定していると考えられるため，ゾーン別発生交通量に対するコントロールトータルとして用いられるのが一般的である．

3･2･3 分布交通量の推定

分布交通量とは，あるゾーンで発生するトリップを吸引するゾーンに分布させた数のことでOD交通量（起終点間交通量）ともいい，各ゾーン間の移動交通量として一覧表の形で表示される（表3･3）．これをOD表というが，その際，すべての起点（origin）と終点（destination）間のトリップ数を記述した表を四角OD表といい，対角線の上部あるいは下部のみを表したものを三角OD表という．前述したように，マクロ的にみた場合，発生量と集中量が等しいことから三角表で表示されることも多い．また，各ゾーンの組み合わせはそれぞれのゾー

表 3・3　OD 表の形式

O＼D	1	…	j	…	n	発生量
1	X_{11}	…	X_{1j}	…	X_{1n}	X_1
⋮						⋮
i	⋮	…	X_{ij}	…	⋮	X_i
⋮						⋮
n	X_{n1}	…	X_{nj}	…	X_{nn}	X_n
集中量	Y_1	…	Y_j	…	Y_n	X

（注）X_{ij}: ゾーン i からゾーン j への OD 交通量

X_i：ゾーン i の発生交通量，$X_i = \sum_j X_{ij}$

Y_j：ゾーン j の集中交通量，$Y_j = \sum_i X_{ij}$

X：生成交通量（総トリップ数），$X = \sum_i X_i = \sum_j Y_j$

ンのつながりを表すことから OD ペアと呼ばれる．

また，あるゾーンから各ゾーンへの OD 交通量の合計（OD 表の各行の合計欄）は，そのゾーンの発生交通量であり，各ゾーンからあるゾーンへ集中する OD 交通量の合計（OD 表の各列の合計欄）はそのゾーンへの集中交通量となる．さらに，全体のゾーンの組み合わせの中での各 OD ペアの結び付きの程度，あるいは全体の交通量の中で各ゾーン間の交通量が占める割合（シェア）を表すために単位 OD 表が用いられるが，これは，各 OD 間のトリップ数を総トリップ数（OD 表の行または列の合計欄＝（周辺分布）の合計）で割ったものであり，OD パターンとも呼ばれる．この単位 OD 表は，道路網の交通処理能力（道路網容量）を算出する場合などにも用いられる（**4・3** 参照）．

OD 交通量は交通計画の基本となるため，従来から多くの推定方法が提案されているが，それらは，現在の OD パターンを直接用いるか否かで大別され，OD 表を用いる場合を現在パターン法（成長率法），用いない場合を構造モデル法（地域間流動モデル法あるいは総合パターン法）と呼ぶことがある．また，いずれの場合も，推定対象時期における発生・集中交通量が必要となることはいうまでもない．以下に，その代表的な方法の概要を示す．

（1） 現在パターン法

この方法は，将来にわたって分布のパターンが大きくは変化しないという前提に立って，将来のゾーン間の結び付きの程度を推定するものであり，成長率法とも呼ばれる．これには，均一成長率法，平均成長率法，デトロイト法，フレータ法などがあるが，その基本的な算出手順は次のとおりである．

① 現在OD表から，ゾーンij間のOD交通量（X_{ij}），ゾーンiの発生交通量（X_i），ゾーンjの集中交通量（Y_j）および生成交通量（U）を求める．

② 将来の発生交通量（U_i）と集中交通量（V_j）が与えられているとする．

③ 各ゾーンの発生・集中量の伸び率（成長率：F_i，G_j）を次式で求める．

$$F_i = \frac{U_i}{X_i}, \quad G_j = \frac{V_j}{Y_j} \qquad \cdots\cdots (3\cdot3)$$

④ OD交通量の第1次推定値（近似値：$U_{ij}^{(1)}$）は，発生・集中量の成長率の関数を用いて算出する（式(3･4)）．

$$U_{ij}^{(1)} = X_{ij} \times f(F_i,\ G_j) \qquad \cdots\cdots (3\cdot4)$$

⑤ このOD交通量を集計し，これに基づく発生・集中交通量（$U_i^{(1)}$，$V_j^{(1)}$）を算出する．

⑥ $U_i^{(1)}$，$V_j^{(1)}$が，将来の発生・集中量（U_i，V_j）と一致しているか検討し（トリップエンド条件），一致していない場合には，これらを式(3･3)のX_i，Y_jに置き換えて第2次推定値を計算する．

$$U_{ij}^{(2)} = U_{ij}^{(1)} \times f(F_i^{(1)},\ G_j^{(1)}) \qquad \cdots\cdots (3\cdot5)$$

⑦ 以降，⑤，⑥の作業を繰り返し，次式がいずれも1.0近くに収束すれば，このときの$U_{ij}^{(k)}$（第k次推定値）が推定OD交通量となる．

$$F_i^{(k)} = \frac{U_i}{X_i^{(k)}}, \quad G_j^{(k)} = \frac{V_j}{Y_j^{(k)}}$$

この収束計算の方法は，式(3･4)，(3･5)の関数形$f(F_i,\ G_j)$によって異なる．その代表的な方法を以下に示す．

1) 平均成長率法

各ゾーンについて，発生側，集中側それぞれの成長率の平均値を成長率とする方法（式(3･6)）．

$$f = \frac{1}{2}(F_i + G_j) = \frac{1}{2}\left(\frac{U_i}{X_i} + \frac{V_j}{Y_j}\right) \qquad \cdots\cdots (3\cdot6)$$

2) デトロイト法

「発生側の成長率」と「集中側の成長率の全体の成長率に対する比率」の積で成長率を決定する方式（式(3･7)）．

$$f=F_i(G_j/G)=\frac{U_i}{X_i}\left(\frac{V_j}{Y_j}\Bigg/\frac{\sum_j V_j}{\sum_j Y_j}\right) \qquad \cdots\cdots (3\cdot7)$$

3) **フレータ法**

ゾーン間の結び付きの程度を考慮した方法であり，発生側の将来の成長率は，「発生側ゾーンの成長率と集中側でのそのゾーンからの集中割合（集中側ゾーンへの集中量全体に対するそのゾーンからのトリップ数の比率）との積」で表され，同様に集中側についても，「集中側ゾーンの成長率と発生側に占めるそのゾーンへの発生比率の積」で表されるとし，これら両者の平均により各ゾーンの成長率を求める方法（式(3・8)）.

$$f=\frac{U_i}{X_i}\cdot\frac{V_j}{Y_j}\cdot\frac{L_i+L_j}{2} \qquad \cdots\cdots (3\cdot8)$$

ここで，L_i，L_jはそれぞれゾーンi，jの位置係数またはL係数と呼ばれ，式(3・9)で求められる.

$$\left.\begin{aligned} L_i&=X_i\Bigg/\sum_j\left(X_{ij}\frac{V_j}{Y_j}\right)\\ L_j&=Y_j\Bigg/\sum_i\left(X_{ij}\frac{U_i}{X_i}\right)\end{aligned}\right\} \qquad \cdots\cdots (3\cdot9)$$

(2) 構造モデル法

地域間流動モデル法または総合パターン法とも呼ばれ，ゾーン間の距離と交通量との関係を数学モデルとして表現するものであり，重力モデル，介在機会モデル，相互作用モデル，遷移確率モデル（エントロピーモデル）などがある．なお，介在機会モデルやエントロピーモデルは確率モデルと総称されることもある．以下，重力モデル法と介在機会モデル法についてその概要を説明する.

1) **重力モデル法**

この方法は，ニュートンの万有引力の法則（2つの物質間の引力は，それぞれの物質の質量の積に比例し，その間の距離に反比例する）を原型としてモデル化したもので，物質をゾーン，その質量をゾーンの人口，物質間の距離をゾーン間距離として，式(3・10)のように表現される．その後，より交通の挙動を的確に表現するために，人口を発生・集中交通量に，距離をより多くの要因を含んだ交通抵抗に置き換えて定式化され，かつ，交通量の保存条件（OD交通量の和がそれぞれ発生・集中交通量に等しくなる）を満たすための調整係数が導入された（式

(3·11)).

$$X_{ij} = k \cdot \frac{N_i \cdot N_j}{R_{ij}^{\,2}} \qquad \cdots\cdots (3\cdot10)$$

$$X_{ij} = a_i X_i \cdot b_j Y_j \cdot f(R_{ij}) \qquad \cdots\cdots (3\cdot11)$$

ここで，X_{ij}：ゾーン i からゾーン j へのOD交通量，k：係数，N_i，N_j：ゾーン i，j の人口，R_{ij}：ゾーン ij 間の距離，X_i：ゾーン i の発生交通量，Y_j：ゾーン j の集中交通量，a_i，b_j：発生・集中ゾーンの調整係数，$f(R_{ij})$：ゾーン ij 間の交通抵抗を表す関数で，代表的なものを挙げると次のようである．

$$f(R_{ij}) = \alpha e^{-\beta R_{ij}} \qquad \cdots\cdots (3\cdot12)$$

$$f(R_{ij}) = R_{ij}^{\,-\alpha} \qquad \cdots\cdots (3\cdot13)$$

$$f(R_{ij}) = \alpha R_{ij} e^{-\beta R_{ij}} \qquad \cdots\cdots (3\cdot14)$$

これら式(3·12) ～ (3·14)は，図3·4のような性質を表す．

式(3·11)で表されるモデルは修正重力モデルと呼ばれている．また，より実際の状況に近づけるため，この交通抵抗関数を対象地域全体に共通とするのではなく，距離帯や時間帯によって設定する方法も提案されている．

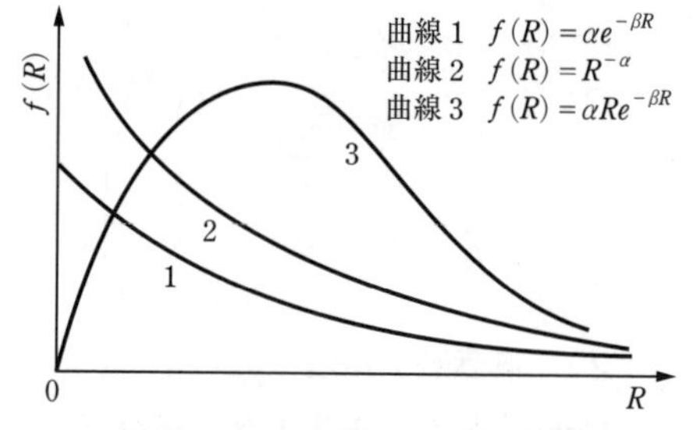

図3·4　代表的交通抵抗曲線の特性 [5)]

いずれにしても重力モデルでは，将来のゾーン間距離に対する交通抵抗値，各ゾーンの将来の発生・集中交通量を用いて，トリップエンド条件を満たすような調整係数をあらかじめ求めておく必要がある．

2)　介在機会モデル法

介在機会モデルは，あるゾーンから発生した交通があるゾーンを目的地とする（あるゾーンに吸引される）確率をモデル化したものであり，その交通が到着機会（施設の数や規模等の活動規模）の数に比例して，距離の近いゾーンから順にトリップを終了するという考え方に基

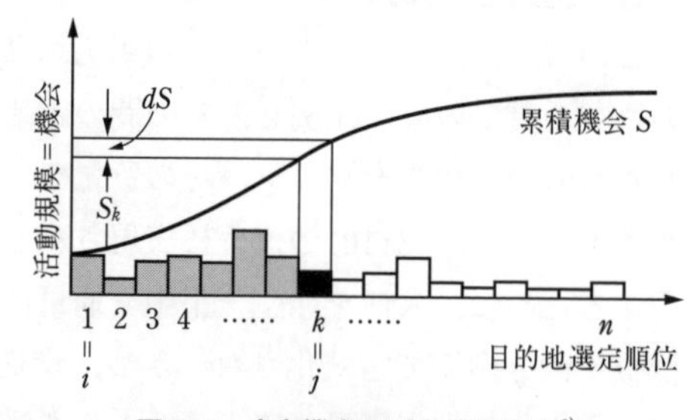

図3·5　介在機会モデルの考え方 [6)]

づいている（図3･5参照）．いま，1つの到着機会にトリップが吸引される確率が一定値（L）であると仮定すると，ゾーンiからjに行く確率P_{ij}およびそのときの分布交通量X_{ij}は，微分方程式$(1-P)LdS=dP$の解から，次のように与えられる．

$$P_{ij}=K(e^{-LS_j}-e^{-LS_{J+1}}) \quad \cdots\cdots (3\cdot15)$$

$$X_{ij}=KX_i(e^{-LS_j}-e^{-LS_{J+1}}) \quad \cdots\cdots (3\cdot16)$$

ここで，S_j：ゾーンjに到着するまでに通過してきた到着機会の累加数であり，Kは定数である．

また，ゾーンがnあるとすると，$\sum_{j=1}^{n}X_{ij}=X_i$であるから$K=1/(1-e^{-LS_{j+1}})$となり

$$X_{ij}=X_i\cdot\frac{e^{-LS_j}-e^{-LS_{j+1}}}{1-e^{-LS_{n+1}}} \quad \cdots\cdots (3\cdot17)$$

と表されることになる．

なお，各ゾーンにトリップが吸引される確率を示すパラメータLは，調査による実績OD表とモデルの推定OD表において，平均トリップ長が一致するように繰り返し計算により求められる．

（3） 推定方法の比較・評価

上に述べた3つの分布交通量推定法について，その特徴を表3･4にまとめて示す．土地利用や交通現象に大きな変化を考慮しなくてよい時代には，そのわかりやすさから現在パターン法が使われていたが，最近はそういったケースが少ないため，そのような変化が考慮できて，かつ操作性の高い重力モデルがよく用いられるようになってきている．また，介在機会モデルは，重力モデルの問題点を解決すべくさらに進んだ方法といえるが，表にも示したように依然問題点も多い．いずれにしても，これらの特徴を理解した上で，事例に合った方法を適用するように心掛ける必要がある．

3･2･4 交通機関分担の推定

（1） 交通手段の選択と分担

交通主体となる人は，その移動に際して目的や交通施設の状況などを勘案して交通手段（交通機関）を選択するが，その判断は交通手段の保有等の利用可能性のみならず，例えば，目的，距離，費用などを基準に行われるものと考えられる．一方，このような一般的な選択基準に基づけば，どの交通手段にどの程度のトリップを受け持たせることができるか，あるいは受け持たせるべきかといった

表 3·4 分布交通量推定方法の比較

推定方法	長所	短所
現在パターン法（成長率法）	1) 構造がわかりやすく，計算が簡単 2) すべての交通目的に適用可能 3) OD 表周辺分布の変化が小さい場合に有効 4) ゾーン間所要時間等のデータを必要としない	1) 既存の OD 表が必要 2) 現在 OD 交通量が 0 の場合，将来にわたって 0 になる 3) 空間開発や交通施設整備等の大きな変化のある場合には適用できない
重力モデル法	1) モデルの構造が理解しやすく，いかなる地域へも適用可能 2) 土地利用や交通施設の変化にも対応が可能である 3) 完全な OD 表を必要としない 4) 特定ゾーンの現在交通量が 0 の場合でも推定が可能である	1) 必ずしも人間の行動を表現し得ない 2) 交通パターンやトリップ長，所要時間等を一定と仮定している 3) ゾーン間距離が小さい場合，過大評価となりやすい 4) ゾーン内交通量の算定（所要時間の設定）が難しい
介在機会モデル法	1) 交通行動をより現実的に表現している 2) ゾーンや地域の境界に関係なく適用可能である 3) ゾーン間距離が過度に影響しない 4) 機会の定義やゾーンの順序づけなどに弾力的に対応できる	1) 到着確率（L）の設定が難しい 2) L 値に地域（ゾーン）の特性が反映されない 3) 集中交通量を与えられた値に収束させることが難しい 4) 到着機会を表示する基準がない

（注） 参考文献 5）より整理・加筆．

計画的観点からみた手段別分担量を設定することができる．これが交通機関分担（modal split）の推定である．また，このとき，交通手段別交通量の比率を交通手段分担率という．

（2） 交通手段選択要因

交通手段の選択にはさまざまな要因が影響していると考えられるが，その主なものは，交通特性，交通サービス水準，個人（世帯）属性，地域特性などである．以下には，その分担関係を考える上で必要な事柄について簡単に示す．

1） 交通特性

交通特性を表す要因には，目的，距離，時間帯，移動人数等があり，おおむね次のような傾向がある．

① **目的**：通勤・通学では自動車比率が低く，業務や観光・娯楽等の自由目的では高い

② **距離**：距離が長くなるにつれて，徒歩→自転車→二輪車→乗用車→バス→鉄道→航空機の順に利用率が高くなる

③ **時間帯**：早朝や夜間の移動の場合には，交通機関の利用制約から自動車の

利用率が高くなる

④　**人数**：同行の人数が多くなると自動車の利用率が高くなる

2)　交通サービス水準

交通のサービス水準は，所要時間，費用，待ち時間，快適性，安全性，確実性等の総合的判断によって決められる．これもまた当然のことながら，目的や個人属性などと相互に関連するものである．

3)　個人属性

一般に交通行動に影響すると考えられている属性要因には，年齢，性別，職業，所得，免許や自動車保有の有無などがあり，例えば，次のような傾向にあることが知られている．

①　**年齢**：交通生成原単位の大きい20～40歳代の自動車利用率が高い

②　**性別**：男性の自動車利用率が高い

③　**職業**：職種による大きな差はないが，営業職などでは自動車利用が多い

④　**所得**：所得は自動車保有とも関係があり，いずれも自動車利用率と正の相関がある．

しかしながら，これらは社会的な動向にも大きく影響される．例えば，近年の急速な自動車普及傾向，女性の社会進出，高齢化などの動向は，女性や高齢者を中心とする自動車利用率を確実に増加させるものと考えられる．

また，家族構成や住居形式等の世帯属性も，交通行動や手段選択に大きく影響する．例えば，子供や老人の送迎には自動車が便利であり，住居形式によって自動車保有の状況も異なる．

4)　地域特性

人口規模，交通施設の整備水準，地形，気候などがこれに当たる．人口が多く施設整備が進んでいる大都市ほど公共交通利用率が高く，逆に地方都市では自動車の利用率が高い．利用者の選択動向からみたとき，大都市でも自動車利用の増加が進んできたといえるが，逆に，道路容量の制約からその利用は限界に達している．

(3)　交通手段分担の考え方

上述のように，交通手段選択の評価要因はさまざまであるが，これらの要因による選択の特性（選択率）をモデル化し，これに基づいて交通需要を各手段に分担させるために経験的行動を説明するモデル（手段選択率モデル），各手段の機能に基づいて選択行動を評価するモデル（機能選択モデル），あるいは，ある指

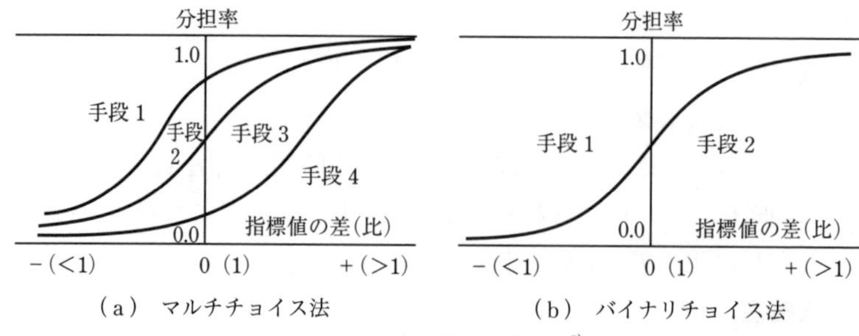

図 3·6　交通分担率の考え方 [5)]

標に基づいて交通システム全体の最適化を図るモデル（最適分担モデル）などの構築が試みられてきた．これによって，平均的な交通行動から代表的な利用手段の選択率（分担率）が得られることになる．その際，図 3·6 に示すように，すべての交通手段を一括して扱う方法（マルチチョイス法/シェア法）と 2 つの手段を段階的に組み合わせる方法（バイナリチョイス法）とがある．図からも明らかなように，前者は最初の段階から各手段の分担率が設定されているのに対して，後者では，二分された特性の異なる手段の分担関係を求め，その結果からさらに次の二者の分担率を設定することになる．計算上，前者が有利なようではあるが，考慮すべき要因が増えると分担関係が複雑になること，また，必ずしも実際の選択行動を表現し得ないことなどから，一般には後者が用いられることが多い．

バイナリチョイス法を用いる場合には，交通手段を段階的に二分する必要があるが，図 3·7 に示すように，基本的には交通機関の利用の有無，公共交通利用の有無，道路利用の有無といったことによって分類される．したがって，交通機関

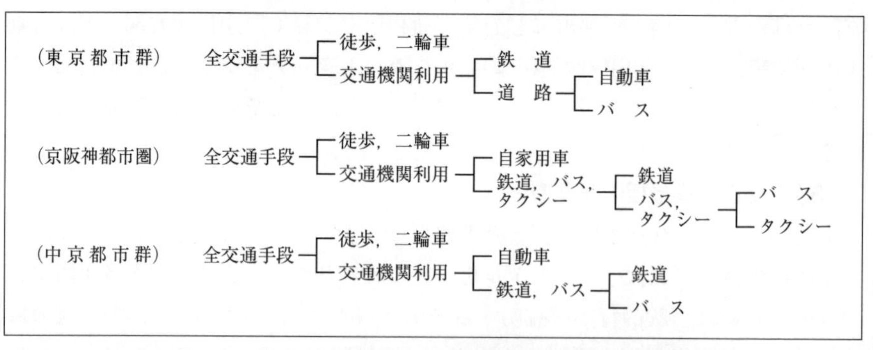

図 3·7　バイナリチョイスによる交通手段の段階的分割の例 [5)]

を利用するトリップを対象とする場合には，交通機関分担（率）と呼ぶことがある．

（4） 交通手段選択モデル

交通手段の選択行動から手段ごとの分担率を推定する場合，対象とする地域や交通の種類・規模によってその考え方が異なる．以下に全域モデル，トリップエンドモデルおよびトリップインターチェンジモデルについて概説するが，これらは対象とする地域や考慮される要因が異なるだけでなく，交通需要推定プロセスでの位置づけが異なるともいえる．また，交通手段選択率（分担率）の推定に用いられる方法には，選択率曲線法，テーブル関数法，関数モデル法，非集計モデル法がある．

1） 全域モデル

計画対象地域を1つとしてとらえた要因（例えば，都市の規模，土地利用状況，公共交通機関の整備状況など）によって，交通手段の選好性を説明するモデルであり（図3･8参照），これに類する方法には次のようなものがある．

① **現状追随法**：現在の諸要因間のパターンが不変として，公共交通機関の利用率を決定し，その後，総需要からこの需要を除いて私的交通手段の需要を決定する．これに用いられる要因には，交通渋滞，駐車場の容量やその利用しやすさ，CBD（central business district：中心業務地区）への距離，自動車保有率などが挙げられる．

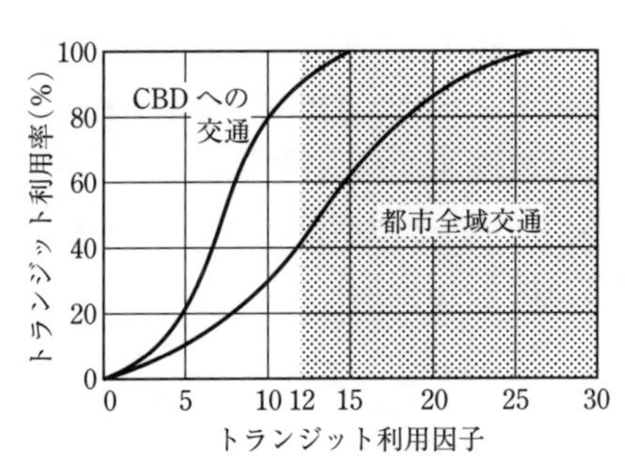

図3･8　全域モデルによる公共交通機関分担率の例 [1)]

② **関数モデル法**：公共交通機関をはじめとする各手段の分担率を，人口，経済指標，土地利用分布，都市化地域の広さなどの要因によるモデルで説明しようとする方法で，1953年に発表されたアダムスモデル（W.T. Adams，アメリカ）などがある．

2） トリップエンドモデル

対象地域におけるトリップの発または着ゾーンごとに，各利用交通手段の選択割合が，そのゾーン特性（例えば，自動車保有率，用途地域種別，居住密度，駅までの徒歩距離, アクセシビリティ, 駐車容量）によって決定されるとするモデルである（図3･9参照）. 発生・集中交通量を, 発着ゾーンの特性によって各手段に割り振ると考える場合には, OD交通量と併せて推定されることになる. これによって, 手段選択行動の理論化にゾーンや交通の特性が考慮されるようにはなったが, 発着ゾーンの組み合わせによる選択要因間の競合関係の変化を反映しにくいなどの理由から最近はあまり用いられない.

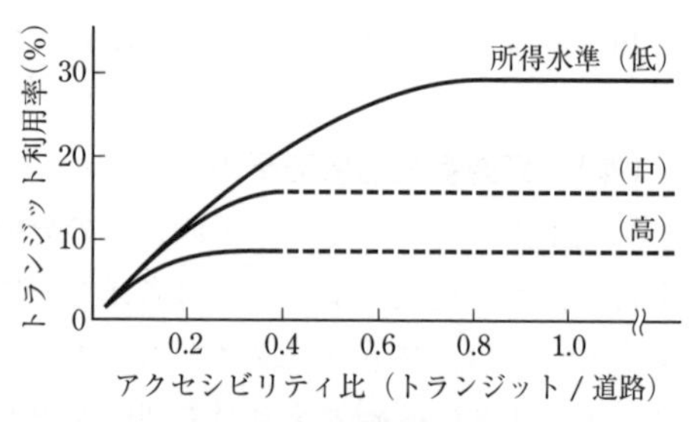

図3･9 アクセシビリティ指標を用いたトリップエンドモデルの例 [5)]

3) **トリップインターチェンジモデル**（ODペアモデル）

トリップエンドモデルでは発着ゾーンの特性が考慮されたが, 発着ゾーンの組み合わせによる競合関係の変化まで十分に反映できなかった. これに対して, この方法ではそれぞれの発着ゾーン間（ODペア間）ごとに関与するネットワーク特性（例えば, 費用（時間費用）, 旅行時間, 交通サービスなど）を考慮して, 競合する手段の選択率が決定される. また, この方法では分布交通量を推定した後に起終点間の条件を考慮して, OD表の形で交通手段別に分割されることになる. 通常, 上に示した各種の要因値の差や比を指標として選択率が表現されている（図3･10参照）.

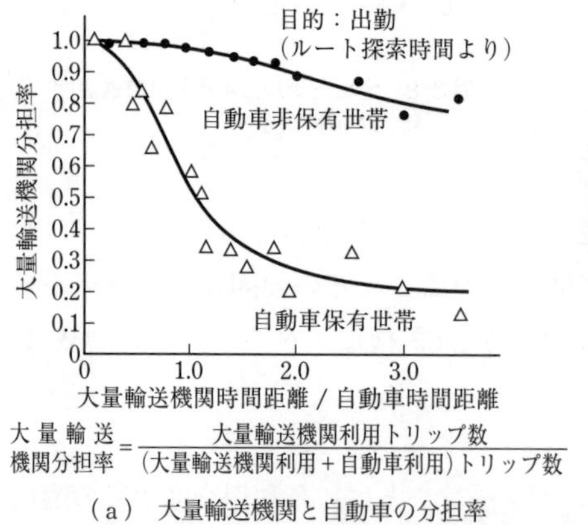

大量輸送機関分担率 $=$ 大量輸送機関利用トリップ数 / (大量輸送機関利用＋自動車利用)トリップ数

（a） 大量輸送機関と自動車の分担率

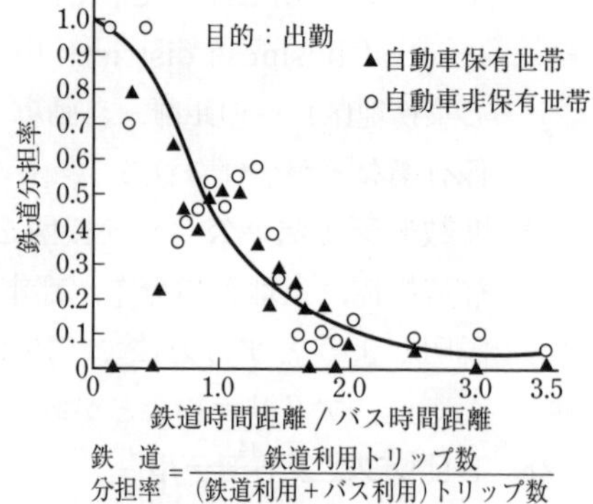

鉄道分担率 $=$ 鉄道利用トリップ数 / (鉄道利用＋バス利用)トリップ数

（b） 鉄道とバスの分担率

図3･10 トリップインターチェンジモデルに用いられる分担率曲線の例 [5),6)]

3·2·5　配分交通量の推定

（1）　配分交通量の意義と交通網

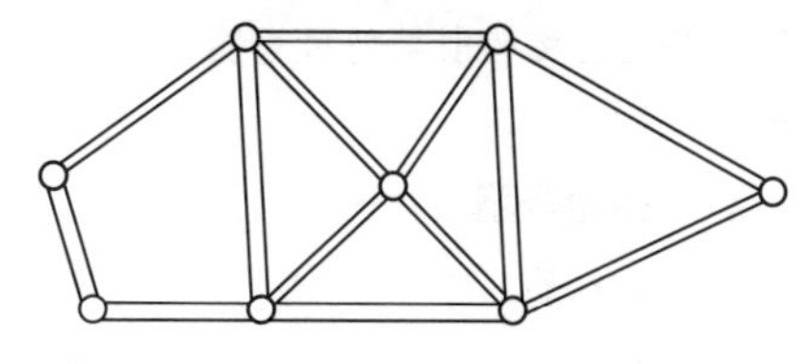

○ ノード
═ リンク（太さは容量，長さは距離を表す）

図 3·11　交通ネットワークの表示例

配分交通量（assigned volume）とは，ゾーン間の交通手段別に分類された交通を交通網（交通ネットワーク：図 3·11 参照）上の各リンクに配分した交通量のことであり，計画的立場から交通量をネットワークに割り当てるという意味が強く，必ずしも実際の利用者の手段や経路の選択とは一致しない．しかしながら，ネットワークを構成する各種交通施設の計画，整備に際しては，利用者のさまざまな選択要因を取り込んで，これの期待値を推定することが不可欠となる．

推定に当たっては，想定するネットワークを構成する交通手段の数（単一か複数か）によってその考え方が異なる．複数の交通手段からなるネットワークを扱う場合には，むしろ，先に述べた交通手段の選択をも併せて決定するような方法がとられる*.

ここで対象となる交通ネットワークについて簡単に触れておく．一般に，ネットワークは点（ノード）と線（リンク）で構成されており，それぞれのリンクは長さ（距離）と太さ（容量）を持つ（図 3·11 参照）．すなわち，ある OD 間の交通は，起点につながるリンクから各ノードを経由して終点に至るすべての経路を利用することができることになるが，通常，利用者はそれぞれの経路ごとの特性値（距離や容量によって決められる時間，費用，わかりやすさなど）によって経路を選択する．当然のことながら，その特性値（評価値）の設定の仕方によって選択される経路が異なるため，配分を考える場合には実態を反映し，しかも明確な形でその基準（配分原則）を設定しておく必要がある．

（2）　配分交通量の推定方法

上述のように，合理的な経路の選択基準を表現するためにさまざまな方法が検討されているが，一般には「時間」の概念で評価するのが最も妥当であると考えられる．通常，最も「短い経路」，「早い経路」を選択するのが合理的といえ，推

* 複合交通ネットワークの配分交通量の推定：ゾーン間に異なった輸送機関（交通手段）が存在し，経路の選択が手段の選択をも含む場合について，各手段別経路別に交通量を推定しようとするものである．この方法としては幾つかの経路モデル（河上法，エントロピーモデル，判別関数法など）が提案されている．

定作業としての計算処理も容易である．以下にはその代表的な配分方法について簡単に紹介する．

1) **最短経路（ルート）法**

対象となるすべてのOD交通量が，それぞれネットワーク上の最短ルートを通ると仮定した配分法であり，最短ルートを規定する走行時間が交通量によって影響を受けるとする（交通量の増加によって走行速度が低下し，時間が長くなるとする）場合をflow-dependent（FD流），影響を受けないと仮定する（幾何学的な距離だけで時間を判断する）場合をflow-independent（FID流）という．道路交通を考える場合には，特に渋滞現象をみても明らかなように前者の方法が一般的であるが，鉄道利用の場合には，快適性への影響は大きくなるものの，交通量が所要時間に影響することは少ないため，後者の方法で評価されるのが普通である．

2) **時間比配分**

一般に運転者は走行時間の短い経路を選択する傾向があるが，運転者はすべての経路の時間を知ることは困難であって，必ずしも最短経路を選択するとは限らない．そこで，所要時間の比較（比率）によって各経路の選択率を決定しようとする方法である．この方法をさらに拡張して，選択のための評価値に所要時間以外の費用，さらには安全性，快適性などの不確定要因も潜在的に含んだ形でモデル化することも可能である．

3) **等時間配分法**

1）の最短経路法でも明らかなように，通常，道路交通の場合には各道路区間の走行時間が交通量によって変化するため，運転者は起終点間の所要時間が最小となるような経路を選ぶと考えられる．すなわち，結果として各経路の走行時間はすべて等しい状態に達する（使用されるどの経路の所要時間も等しく，それは使用されないどの経路の時間よりも小さい：等時間原則）と仮定することができる．この仮定に基づいて配分する方法を等時間配分法*という．

4) **最適化手法による配分**

総走行時間（あるいは総走行費用）を目的関数として算出し，これを最小化するような解を得ることによって配分の量を決定しようとする，輸送計画的な考え方による配分方法*である．

---

* ワードロップの配分原則：J.G. Wardropは，1952年にFD流の配分問題に対して2つの原理を提案した．その第1は等時間配分原理であり，第2は総所要時間最小化配分原理である．評価の立場の違いから，前者は利用者最適の原理，後者はシステム最適の原理と呼ばれる．

（3）　実用的な配分の方法

配分交通量を推定するためには，先に示した方法に対して数学理論や OR 技法の適用が提案されているが，実用的には配分すべき OD 交通量を分割し，最短経路法により配分し，その都度走行条件を変更しながらこの配分を繰り返す方法（分割配分法）がよく用いられている．その手順はおおむね次のようである．

［**分割配分法の手順**］

① 与えられた OD 交通量を N 分割する（N で割る）．

② $1/N$ の OD 交通量を各 OD ペアの最短時間経路に配分する．この時，最短時間経路にそのすべてを配分し，残りの経路には配分しない（これを，all-or-nothing 配分という）．なお，各経路の事前交通量はすべて 0 であるから，1 回目の最短時間経路は最短（距離）経路に等しい．

③ 配分後の各経路の走行速度（走行時間）を，交通量 - 速度（Q - V）関数（図 3･12 参照）から算出する．

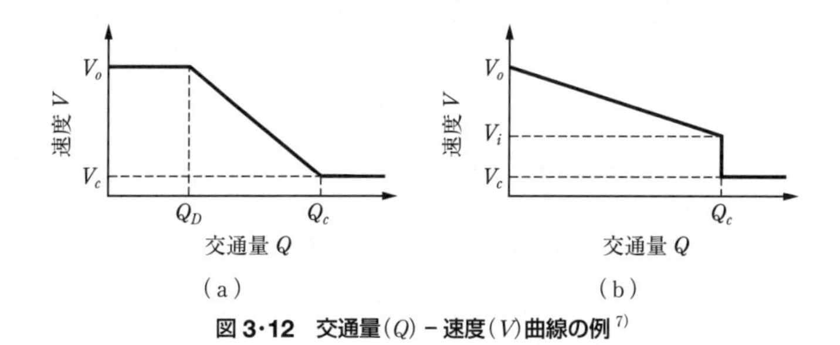

図 3･12　交通量（Q）－速度（V）曲線の例 [7]

④ これ（②③）を N 回目まで繰り返し，最終的に各リンク（道路区間）の交通量と走行速度を計算する．

いずれにしても，この方法では配分回ごとに最短時間経路を探索する必要があり，そのためにラベル法をベースとしたさまざまなタイプのシミュレーションモデルが開発されている．

3･3　非集計モデルによる推定方法 [8]

3･3･1　集計モデルと非集計モデル

3･1･2 で触れたように，一般に交通計画の立案に際しては，集計された量が重要な情報となる．そのため，そこではゾーンやグループといった集合体の平均的な交通状況を表現し，その需要を推定するためのモデルが用いられる．これが

「集計モデル」と呼ばれるものであり，従来の段階推定法におけるモデルはすべてこれに該当する．これに対して，個人の行動特性による影響が大きくなるような場合には，集計モデルでは実際の状況とは異なった傾向を導き出してしまう恐れがあり，このような場合には，むしろ個人の多様な行動を逐一把握することが必要となる．このように，個々の人の動きを確率論的に説明し，これを需要推定の基礎とする考え方を「非集計モデル」という．

非集計モデルでは，通常，選択するか否か，あるいはどの交通手段を利用するかといったような二者択一（多者択一）の選択行動を推定することになる．そのため離散型選択モデルとも呼ばれ，代表的なモデルにプロビットモデル（probit model）とロジットモデル（logit model）がある．

3·3·2 プロビットモデルとロジットモデル

非集計モデルによる選択行動は，ランダム効用関数 $U(k)$（式(3·18)）の効用最大化に基づいて行われる．ここで，確定効用 $V(k)$ は所要時間や費用などの代替案（選択肢）特性であり，個人属性などで確定することが可能な効用である．一方，ランダム項 $e(k)$ は各個人の主観的な評価値（に付随する誤差）である（知覚誤差とも呼ばれる）ため，これを一意的に決定することは難しく，ある確率分布に従うものと仮定する．

$$U(k) = V(k) + e(k) \qquad \cdots\cdots (3·18)$$

ある代替案 k が選択される場合，それは k の効用値が他の代替案のいずれよりも大きいことを意味していると考える．そのときの選択確率 $p(k)$ は次式で表される．

$$p(k) = p[U(k) > U(j),\ \forall_j(\neq k) \in K] \qquad \cdots\cdots (3·19)$$

ここで，K は代替案の集合であり，この式は次のように変形することができる．

$$p(k) = p[e(j) < V(k) - V(j) + e(k),\ \forall_j(\neq k) \in K]$$
$$= \int_{e(k)} F[V(k) - V(j) + e(k),\ \forall_j(\neq k) \in K] f_k(x)\,dx$$
$$\cdots\cdots (3·20)$$

ここで，$F(\cdot)$ は確率分布関数であり，$f_k(x)$ は確率変数 $x = e(k)$ の確率密度関数である．

この式において，ランダム項 $e(k)$ が，平均値0で有限の分散共分散行列を有する多変量正規分布MVN（multivariate normal distribution）に従うと仮定した場合，これをプロビットモデルという．ここで，確定効用の値だけを変化させた場合，二者択一の場合のある代替案の選択確率は，図 3・13 のように表すことができる．

一方，先の選択効用関数のランダム項 $e(k)$ が相互に独立で，同一のガンベル分布に従うとき，これをロジットモデルといい，式(3・20)から誘導された次式のような多項ロジットモデルの形で表されることが多い．

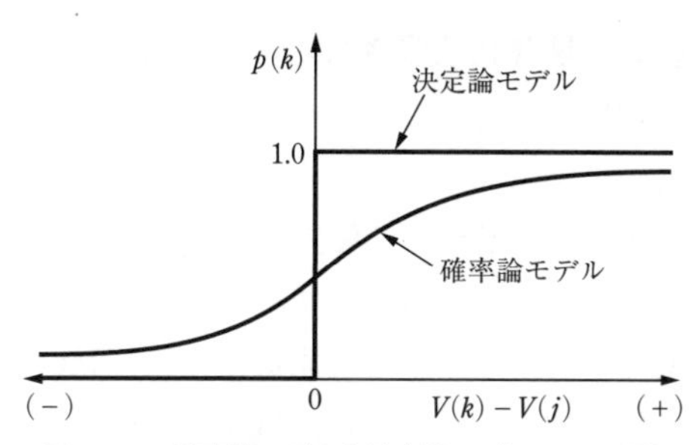

図 3・13 確率論モデルと決定論モデルにみる選択確率の違い[5)]

$$
\begin{aligned}
p(k) &= \int_{-\infty}^{\infty} \prod_{j \neq k} \exp[-\theta \exp\{-(V(k)-V(j)+x)\}] \\
&\quad \times \theta e^{-x} \exp\{-\theta e^{-x}\} dx \\
&= \int_{-\infty}^{\infty} \prod_{j} \exp[-\theta \exp\{-(V(k)-V(j)+x)\}] \theta e^{-x} dx \\
&= \int_{-\infty}^{\infty} \exp[-\theta e^{-x} \sum_{j} \exp\{V(j)-\mathrm{V(k)}\}] \theta e^{-x} dx \\
&= \frac{e^{V(k)}}{\sum_{j} e^{V(j)}} \qquad \cdots\cdots (3\cdot21)
\end{aligned}
$$

ここで x は確率変数，θ はパラメータである．このときのランダム項の分布関数 $F_e(x)$ は

$$F_e(x) = \exp\{-\theta \exp(-x)\}, \quad \theta > 0, \quad -\infty < x < \infty \qquad \cdots\cdots (3\cdot22)$$

となる．

これによって，例えば 2 つの代替案間の選択確率の関係は次式のように表され，それぞれの代替案の特性のみによってその優劣が評価されることになる．

$$\frac{p(k)}{p(j)} = \frac{e^{V(k)}}{e^{V(j)}} \qquad \cdots\cdots (3\cdot23)$$

ここで，プロビットモデルとロジットモデルを比較すると，前者は代替案が 3 つ以上になると計算が複雑となるため，実用的には後者のロジットモデルが多く用いられる．特に，多項ロジットモデルは，確率の計算やパラメータの設定が比較的簡単で，適用性にも優れているといわれている．しかしながら，式(3・23)でも示されているように，ある二者間の相対的優劣がそれら以外の代替案の特性に無関係に決定されるという欠点（II A特性）があるため，実用に際しては，その問題に応じてプロビットモデルやネステッドロジットモデルとの使い分けが必要である．

3·3·3　モデルの集計

非集計モデルは，すでに述べたように初めから平均値として集計されたデータを用いることによって求めた交通行動の特性が，実際の状況と合わないといった問題に対応するために，近年盛んに開発されてきた方法である．このことからもわかるように，非集計モデルには，モデル構築時に個人データを用いる．言い換えればモデルの中に多くの政策的変数を取り込めるという利点があるが，ある政策が有効であるか否かを評価し，交通システムの計画にこれを反映させる場合には，交通現象全体として判断する必要がある．すなわち，最終的には非集計モデルの結果を集計することになる．

そのための方法には次のような考え方があるが，一般にはこのうちの平均値法や分類法がよく用いられている．

① 数え上げ法：対象とする個人すべての結果を合計する．ただし，一般にすべてのデータを把握することは不可能であるため，実用的とはいえない

② サンプル法：一部のサンプルデータによる各代替案の評価結果を得た後，これを拡大する方法

③ 平均値法：要因ごとに対象者の平均値をモデルに用いる方法

④ 分類法：対象をあらかじめ幾つかの同質のグループに分類し，各グループの平均値を用いる方法．ただし，全体の結果は各グループの結果の重みづけ平均値として得られる

[参考文献]

1)　佐佐木綱：都市交通計画，国民科学社，1974.
2)　大都市都心部土地利用規制手法研究会：都心地区に関する総合的土地利用規制誘導手法のあり方について，1991.
3)　土木学会編：交通需要予測ハンドブック，技報堂出版，1981.
4)　土木学会　土木計画学研究委員会　交通需要予測技術検討小委員会編著：道路交通需要予測の理論と適用　第I編　利用者均衡配分の適用に向けて，土木学会，2003.
5)　佐佐木綱監修・飯田恭敬編著：交通工学，国民科学社，1992.
6)　竹内伝史・本多義明・青島縮次郎：交通工学，鹿島出版会，1986.
7)　交通工学研究会編：交通工学ハンドブック，技報堂出版，1984.
8)　土木学会土木計画学研究委員会：非集計行動モデルの理論と実際，土木学会，1996.

4
道路交通システムの計画

4・1　道路交通システムの特徴

4・1・1　道路の機能

道路，鉄道，港湾あるいは空港といった交通施設は，人々の生活になくてはならない施設であり，われわれの社会を支える基盤である．交通施設のような人々の生活を支える機能を有する施設はインフラストラクチャーと呼ばれるが，1995年1月17日に発生した阪神・淡路大震災において，交通施設が甚大な被害を被り，救助・救援活動あるいは復旧・復興活動に大きな支障となったことは，このような交通インフラの役割を再認識させたといえよう．

交通インフラはそれぞれが社会活動を行う上で不可欠なものであるが，なかでも道路は人々の日々の生活に密着したインフラである．道路は交通を安全かつ円滑に処理（トラフィック機能）するだけでなく，沿道へのアクセス機能，沿道の土地利用を誘導する機能，都市の骨格を形成する機能，アメニティや安全のための空間機能，都市施設の収納空間としての機能等，種々の機能を果たしており，都市・地域における社会経済活動を支えている．さらに，道路整備は既存の社会経済活動を支えるだけでなく，新たな道路整備によって大きな地域開発効果を生じさせている．例えば，わが国最初の高速道路である名神高速道路の開通に伴ってアクセシビリティが向上した滋賀県下等には，顕著な企業立地が見られるようになったことはよく知られている．

4・1・2　道路の種類

道路は，このように種々の機能を果たしているが，道路はそれぞれの路線あるいは区間が独立しているのではなく，これらがネットワークとして一体として機能し，道路システムを形成している．すなわち，道路は階層性を持ち，幹線性の強い道路から，沿道の建物のみにサービスするような幹線性の低い道路まで種々の特性を持った道路が存在する．例えばブキャナンレポート[1]には，図4･1に示すように，幹線分散路(primary distributor)，地区分散路（district distributor)，局地分散路（local distributor）というように，道路の階層性の概念が明示されている．これはイギリスにおける道路区分であり，アメリカではarterial，collector，localのように区分されている[2]．道路はこのような階層性を持つため，道路が有する主たる機能も当該道路が持つ性格によってかなり異なってくるわけであり，幹線性の強い道路はトラフィック機能が強く，逆にアクセス機能が弱くなっている．

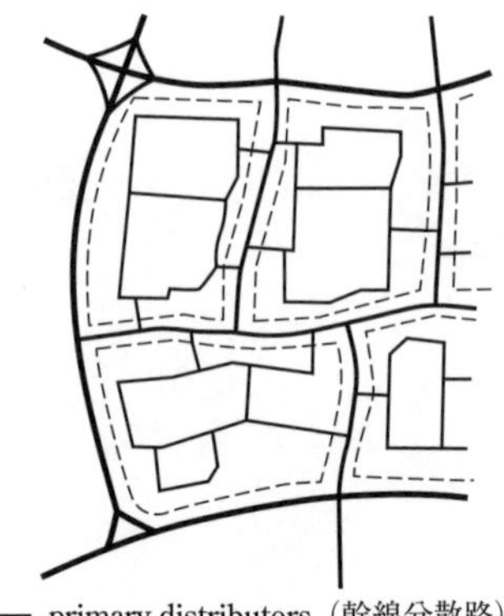

図4･1　ブキャナンレポートにおける道路分類[1]

わが国では道路法において，高速自動車国道，一般国道，都道府県道，市町村道に区分されている．また，都道府県道および指定市の市道の一部は主要地方道に指定されている．このような区分は道路の管理主体からの分類であるから，当該道路をどのような主体が管理しているかは明解ではあるが，これらの区分と道路が実際に果たしている機能とは必ずしも一致していない．この原因としては，本来のネットワーク形状に問題がある場合もあるが，ネットワークが未完成のために全体としてのシステムが機能しない場合もある．道路は管理主体によって便宜的に区分されるのではなく，実際の機能によって区分され，これが管理主体の区分につながることが望ましいであろう．そこで，機能を考慮した道路分類も行われており，自動車専用道路，主要幹線道路，幹線道路，補助幹線道路，区画道路，特殊道路（自転車専用道路，歩行者専用道路等）に区分されている．

4･1･3　道路交通システムの構成要素

このように，種々の特徴を持つ道路が一体となって道路交通システムを構成しているが，道路交通システムが道路構造物だけから成り立っていると考えることは適切ではない．そこで，ここでは道路交通システムの構成要素について考えてみる．

道路構造物は道路交通システムの根幹にある構成要素である．道路の構成要素を横断面において示すと，車道（車線，停車帯），中央帯，路肩，交通島，植樹帯，歩道および自転車道等となる．これらは道路本体であるが，道路にはこのほかに道路付属物が設置されている（図4・2参照）．すなわち，防護柵，道路照明，視線誘導標，立体横断施設等の交通安全施設ならびに道路標識，路面標示，道路情報提供装置等の交通管理施設である．また，道路は縦断方向に見ればリンクを構成する単路部，本線等と，ノードを構成する交差点，分・合流部，ランプ，インターチェンジ，さらに駐車場，ターミナル等の施設からなる．道路整備に当たっては，従来はリンクの整備に重点が置かれていたが，水準の高い道路交通システムを構築するためにはリンクの整備だけでなくノードの整備も重要である．

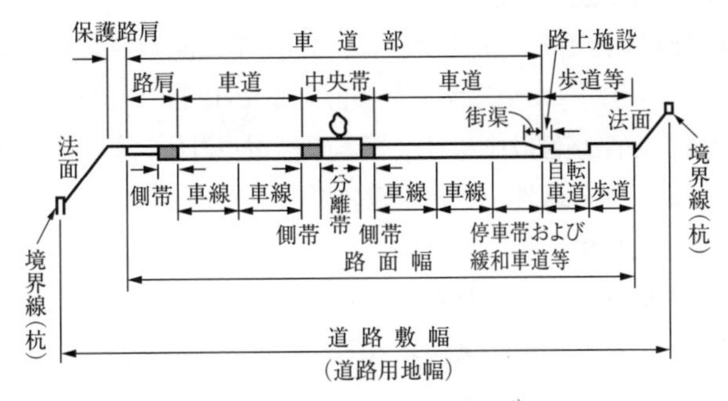

図 4・2 道路断面の構成要素 [3)]

このような道路施設は，道路交通システムの主要な構成要素であることは間違いない．しかし道路をシステムとしてとらえるとき，交通具（自動車，歩行者，自転車，二輪車），交通主体（人，物資，情報），管理主体（国，地方自治体，高速道路会社等），事業主体（国，地方自治体，高速道路会社等）も道路システムを構成する要素と考えなければならない．さらに，道路は沿道へのアクセス機能を有し，また新たな道路整備による開発誘導効果を有する一方で，周辺地域に騒音・振動・排出ガス等の環境負荷を与えてきた．したがって，道路沿道も道路をシステムとしてとらえるとき，その構成要素と考えるべきであろう．

本書では，以上のような道路交通システムの全体像について述べることはできないが，例えば駐車場計画，あるいは環境影響評価等も道路交通システムの計画の一部として位置づけ，それぞれ6章および7章で論述している．

4･1･4 わが国における道路の整備状況

わが国における交通施設整備は明治期より長らく鉄道中心に進められ，全国レベルの鉄道路線の骨格はすでに明治末期には整備されていた．一方，道路整備は 1953 年の道路特定財源制度の創設，1954 年を初年度とする道路整備 5 ヶ年計画の実施，1956 年の道路整備特別措置法の制定，日本道路公団の設置，1958 年の道路整備緊急措置法の制定等によって本格的に進められることとなった．その初期においては，1956 年に来日した R.J. ワトキンスを団長とする高速道路調査団に，「日本の道路は信じがたいほど悪い．工業国にしてこれほど完全にその道路網を無視した国は日本のほかにない」と酷評される有り様であった．わが国におけるモータリゼーションの進行は急激なものであり，これに対応するために上記のように道路整備が道路整備 5 ヶ年計画として，着実に行われてきた．この道路整備 5 ヶ年計画は表 4･1 に示すように，1954 年に開始された第 1 次 5 ヶ年計画から 1998 年に開始された新道路網整備計画まで 12 回にわたって実施されてきた．2003 年以降，道路整備計画は社会資本整備重点計画に統合され，現在に至っている．高速自動車国道以外の道路整備の現状を表 4･2 に示す．

4･1･5 道路交通問題

このような道路整備にもかかわらず，依然として多くの道路交通問題が生じている．ここでは，これらを道路交通システムにおける問題点という視点から整理することにする．

（1） 道路交通混雑

道路交通混雑は，交通システムにおける需要と供給のアンバランスが原因となって生じるものである．道路混雑状況を混雑度の推移からみると図 4･3 のようであり，近年では一般国道における混雑度は減少傾向にある．すなわち，2000 年以降，混雑度 1.0 以上の道路の割合は減少しているが，依然として混雑度 1.0 以上の道路が約 3 割に上っている．なお，自動車走行台キロは最近では増加から横ばいあるいは微減に転じてはいるが，図 4･4 に示すように，平均旅行速度は全国レベルでみると横ばいの状況であることがわかる．

このような需要と供給のアンバランスが生じる原因は，① 道路ストックの不足，特に道路ネットワークの不備，② 特定地域への過度の交通集中，③ 特定の時間あるいは時期における交通の過度の集中等である．① に起因する交通混雑に対処するためには道路整備を着実に行わなければならないが，道路網計画ではネットワークの形成が明示されていても，実際には未整備の状況となっているリ

表 4・1　道路整備５ヶ年計画の推移 [4)]

	期間	計画の特徴	経済計画	全国総合計画
第 1 次	1954 ∫ 1958	長期計画の第一歩，道路整備特別措置法により日本道路公団の設立，有料道路制の導入		
第 2 次	1958 ∫ 1962	道路整備の法的体制が整う， 首都高速道路公団の設立	新長期経済計画 (1958 ～ 62)	
第 3 次	1961 ∫ 1965	踏切改良，共同溝整備の法制度， 阪神高速道路公団の設立	所得倍増計画 (1961 ～ 70)	第 1 次全国総合開発計画 (1962) 都市の過大化防止 地域間の格差是正 工業地拠点開発
第 4 次	1964 ∫ 1968	改良重点政策から現道舗装政策， 高速自動車道 7 600 km 計画決定， 交通安全施設整備計画の発足	中期経済計画 (1964 ～ 68)	
第 5 次	1967 ∫ 1971	高速道路の建設促進， 地方道（有料道路を含む）の整備， 安全面からの道路管理方法	経済社会発展計画 (1967 ～ 71)	第 2 次全国総合開発計画 (1969) 国土の均衡利用 国土主軸の形成 新ネットワーク整備 大規模開発計画
第 6 次	1970 ∫ 1974	民間資金導入による有料道路整備， 自転車道建設，道路環境対策， 本州四国連絡架橋公団の設立	新経済社会発展計画 (1970 ～ 75)	
第 7 次	1973 ∫ 1977	石油危機のため事業促進遅延， 新交通システム建設の補助制度， 環境施設帯の制度化，防音対策	経済社会基本計画 (1973 ～ 77)	第 3 次全国総合開発計画 (1977) 地方の産業振興 地方の居住環境整備 定住圏構想
第 8 次	1978 ∫ 1982	道路交通の防災・安全対策， 生活の基盤整備と環境改善 維持管理の向上と交通管理の強化	50 年代前期経済計画 (1976 ～ 80)	(経済社会 7 ヶ年計画 (1979 ～ 85))
第 9 次	1983 ∫ 1987	民間活力による高規格道路整備， バイパス・環状道路の建設， 沿道利用，歩行者環境整備	経済社会の展望と課題 (1983 ～ 90)	第 4 次全国総合開発計画 (1987) 定住と交流の拠点開発 多極分散型国土開発
第 10 次	1988 ∫ 1992	交流ネットワークの強化， 地域振興計画との連携， 道路機能の分離明確化	経済運営 5 ヶ年計画 (1988 ～ 92)	
第 11 次	1993 ∫ 1997	生活の豊かさを支える道路整備 活力ある地域づくりの道路整備 良好な環境創造のための道路整備		
新道路網整備計画	1998 ∫ 2002	新たな経済構造実現に向けた支援 活力ある地域づくり・都市づくりの支援 よりよい生活環境の確保 安心して住める国土の実現		新・全国総合開発計画 (1998)

(注)　文献 4) 掲載の表に追記

表 4·2　道路の整備

区　分	実延長 (km)	整備		改良		
		整備率 (%)	整備済み延長 (km)	改良率 (%)	改良済み延長 (km)	舗装率 (%)
一般国道	55 432	66.9	37 095	92.3	51 137	92.5
指定区間	23 517	63.7	14 969	99.9	23 499	99.9
指定区間外	31 915	69.3	22 126	86.6	27 635	87.0
都道府県道	129 375	57.6	74 552	69.3	89 713	63.8
主要地方道	57 931	62.5	36 214	78.3	45 341	73.9
一般都道府県道	71 444	53.7	38 338	62.1	44 371	55.6
国・都道府県道計	184 807	60.4	111 647	76.2	140 850	72.4
市町村道	1 023 962	57.9	592 815	57.9	592 815	19.2
合　計	1 208 769	58.3	704 462	60.7	733 665	27.3

（注）1）高速自動車国道を除く．
2）整備率および整備済み延長は平成 22 年度全国道路交通センサスに基づく推計値である．
3）市町村道の整備率および整備済み延長は改良率および改良済み延長である．
4）改良率および改良済み延長のうち，都道府県道以上は車道幅員 5.5 m 以上のものである．

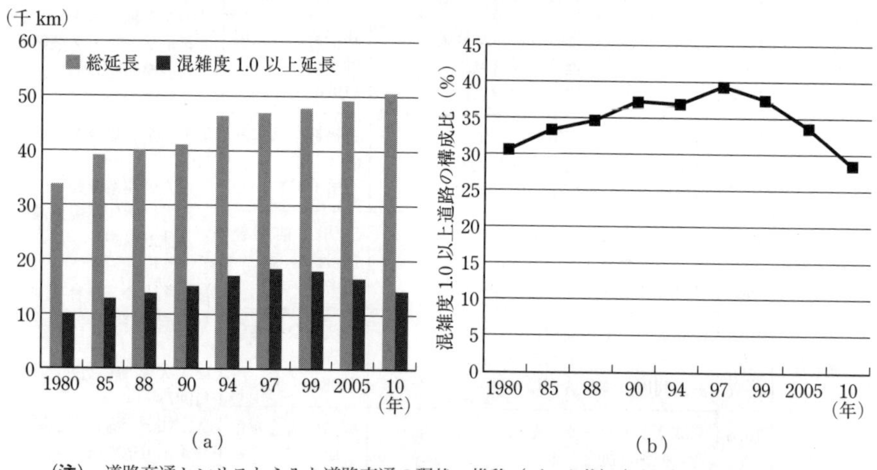

（注）道路交通センサスからみた道路交通の現状，推移（データ集）（国土交通省道路局）に基づいて作成．

図 4·3　混雑度 1.0 以上の一般国道延長の割合 [6)]

ンクの存在が混雑の原因となることもある．また，道路はリンクとノードがバランスよく整備されて初めて有効に機能するから，走行している自動車に対する容量だけでなく，駐車容量の確保についても検討しなければならない．駐車問題の深刻化は，道路交通システムにおけるノード整備が不十分であった現れである．また，道路交通混雑はバスの走行環境を悪化させ，これがまた自動車利用を誘発

現況[5)]　　平成 25 年 4 月 1 日現在

舗装			4 車線以上の道路		歩道設置の道路		道路部平均幅員 (m)	車道部平均幅員 (m)
舗装済み延長 (km)	簡易舗装を含む舗装		道路率 (%)	延長 (km)	設置率 (%)	延長 (km)		
	舗装率	舗装済み延長						
51 254	99.4	55 105	14.0	7 779	60.3	33 400	13.3	8.1
23 499	100.0	23 517	24.8	5 844	67.4	15 861	16.0	9.6
27 755	99.0	31 588	6.1	1 936	55.0	17 539	11.3	7.0
82 524	96.7	125 062	4.5	5 847	38.8	50 217	9.7	6.2
42 833	98.2	56 862	6.3	3 672	46.4	26 891	10.8	6.7
39 692	95.5	68 200	3.0	2 176	32.6	23 326	8.9	5.7
133 778	97.5	180 167	7.4	13 627	45.2	83 616	10.8	6.7
196 407	78.1	800 010	0.5	5 229	8.8	90 144	5.2	3.8
330 185	81.1	980 177	1.6	18 855	14.4	173 760	6.1	4.3

5)　舗装については簡易舗装を除いた数値（左欄）および簡易舗装を含む数値（右側）を併記．
6)　4 車線以上とは改良済みかつ車道幅員 13.0 m 以上のものである．
7)　東日本大震災の影響により，市町村道の一部に平成 25 年 4 月 1 日以前のデータを含む．

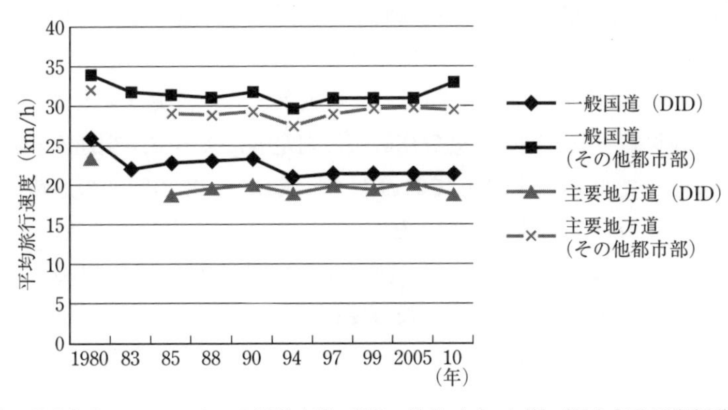

(注)　道路交通センサスからみた道路交通の現状，推移（データ集）（国土交通省道路局）に基づいて作成．

図 4・4　平均旅行速度[6)]

するというように悪循環となっていることが多い．

②，③ に起因するものは，交通管理手法によって混雑を緩和することができる．例えば，極端なジャストインタイム（just in time；JIT）輸送等の自動車利用形態の一部を改めたり，フレックスタイム制等によって通勤のピークを小さくすることなどである．

従来の道路整備はこのような道路混雑の緩和，解消に主力を注いできた．道路ストックが絶対的に不足していたからである．しかしながら，自動車交通需要をすべて受け入れるための道路整備は非常に困難であり，また，都市環境問題ならびに地球規模でみた環境問題の深刻化に伴う環境制約によって望ましいことではないと考えられるようになってきた．そこで，最近では道路施設の供給だけでなく，自動車交通需要の方を適正化しようとする手法も導入されており，これらは交通需要管理（transportation demand management；TDM）と呼ばれている．上記のジャストインタイム輸送の是正，あるいはフレックスタイム制の導入は交通需要管理手法に含まれる．交通需要管理に関する手法はこのほかに，交通手段の転換を伴うパーク・アンド・ライド（P&R），パーク・アンド・バスライド（P&BR），キス・アンド・ライド（K&R），自動車の効率的な利用を促進する相乗り制度，自動車交通の発生量を調整するノーマイカーデー，駐車管理，さらにこれら全般に効果があるロードプライシング，ナンバープレート方式，車線規制等がある．

（2）交通事故

交通事故は，道路交通システムを構成する交通主体，管理主体，交通具，道路構造物の関係におけるシステムの不備によって生じるものである．交通事故死者数は1970年前後には16 000人を超え，交通戦争という言葉さえ生まれたが，交通安全施設等整備事業に関する緊急措置法の制定等によって，交通安全施設が整備されるに従って10年を経ずしておおよそ半減した．この時期の道路交通状況には道路施設に改良の余地が多かったといえよう．交通事故死者数は1980年代に入って横ばいになり，その後，一旦漸増に転じたが，1990年以降は再び減少に転じ，現状では年間約4 000人となっている（図4･5）．死亡事故が1970年当時と比べると減少したとはいえ，依然として最も重要な交通問題の1つである．

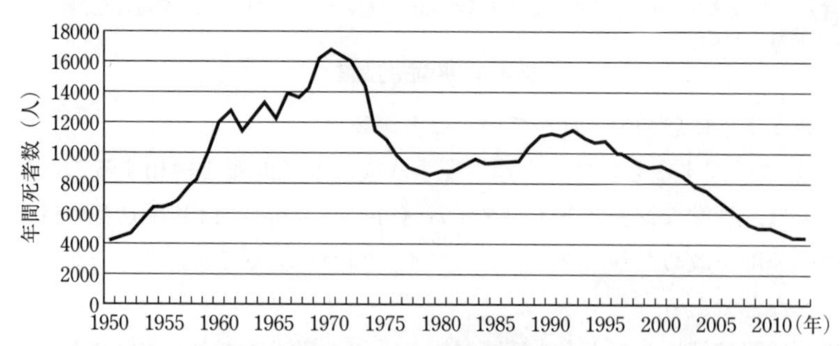

（注）（公財）交通事故総合分析センター「平成25年版 交通統計」に基づいて作成．

図4･5　交通事故死者数の推移 [7]

交通安全施設の整備はすでに十分に行われたとはいえず，例えば，ガードレールの整備を取り上げても，従来のガードレールから高反射性のガードレールへの変更を通して視線を的確に誘導するというように，交通安全施設の性能の向上に努める必要がある．

交通安全対策は，施設整備によるハード対策と，交通者の心理的特性等を考慮したソフト対策から構成される．交通事故削減には，交通安全施設の整備だけでは対応できず，ヒューマンファクターの影響についてさらに検討しなければならない．今後，制度面の検討に加えて，ハード対策とソフト対策を適切に連携させた総合的な交通安全対策がさらに重要となろう．

（3） 自動車交通公害

自動車交通公害は，騒音，振動，大気汚染等であるが，これは道路交通システムにおける自動車交通需要と環境対策との乖離（かいり）と考えることができる．すなわち，環境面からの明確な制約が設けられていない状況での自動車利用，ジャストインタイム等の社会全体からみると改善の余地のある自動車利用，低公害車の普及の遅れといった自動車の利用に関する諸問題，さらに道路環境対策の不備が挙げられる．一方，自動車交通公害の発生は沿道土地利用が適切でないことによっても生じるから，土地利用と交通施設との関係から論じることも重要である．

（4） 交通弱者（トランスポーテーション・プア）

自動車交通の増大によって，高齢者，身障者，子供，低所得者等が利用できる公共交通システムが衰退することとなる．道路交通システムの充実が直接に交通弱者を生んだわけではないが，従来の道路交通システムは健常者中心のシステムであり，弱者への配慮の視点が十分ではなく，結果として交通弱者を増加させたといえよう．また，地方部においては自動車交通に過度に依存する社会構造となるに従って公共交通機関を維持することが困難になっている場合が多く，かつてない超高齢社会を迎えるに当たって大きな問題となっている．

4・2 道路交通システム計画の考え方

道路は多数の構成要素からなり，それらの要素が相互に応答関係を持つ等のシステムとしての特徴を有している．すなわち，種々の性格を持つ道路がネットワークとして一体となって機能し，全体として社会基盤施設（インフラストラクチャー）となっている．

道路交通システムの計画は，交通システム一般と同様に1章で示したシステムズ・アナリシスの手順によって進められる．すなわち，対象地域において交通に関する諸課題を整理する中で，特に道路交通に関する問題を明確にする．道路交通システムについて考えるに当たっての諸問題の概要は前節で述べたとおりであるが，これらの問題は都市や地域の特性に応じて種々の形で顕在化する．このため，それぞれの対象地域において主要な問題を明確化しなければならない．次に，このような課題を解決するための交通施設計画代替案ならびに道路管理・運用代替案を作成することとなるが，ここでまずどのような交通手段によって交通システムを構築するかが問題となる．

適切な交通手段に関する検討は，国土レベル，地域レベルあるいは都市レベルにおいて行われるものである．都市における最適な交通手段整備のあり方を検討することは容易ではないが，都市規模に応じて維持し得る交通機関の目安は5章の表5･3に示すとおりである．したがって，都市規模等を勘案の上，鉄軌道等の公共交通機関の導入が可能な場合と，道路交通のみで交通インフラを構築しなければならない場合との判断（峻別）を行い，各都市において望ましく，また実現性の高い交通手段の組み合わせを検討することが必要となる．

交通システムにおける道路交通の役割分担が明らかになれば，具体的に道路交通システムの計画に進むこととなり，道路網代替案の作成，代替案に関する評価

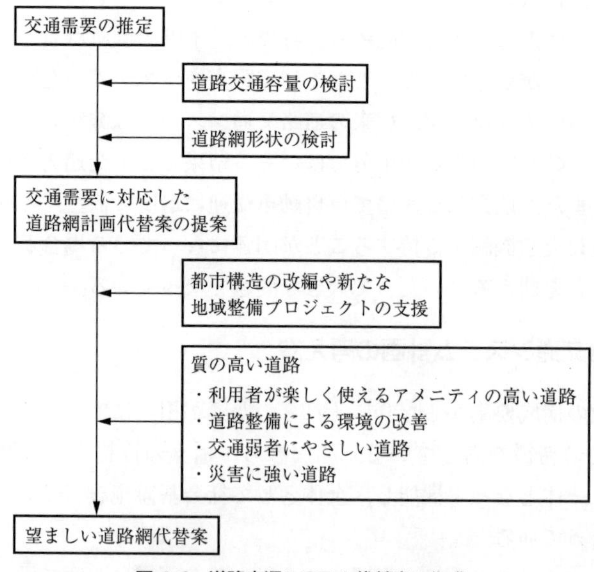

図4･6　道路交通システム代替案の作成

が行われる．道路交通システム代替案の作成手順についての概略を図4･6に示す．

先に述べたように，道路には種々の機能があるが，交通処理が安全・円滑に行えることは道路交通システムに求められる必要条件である．すなわち，原則として当該システムが受け持つべき交通需要を処理できる道路施設の供給が行われる．この交通需要を処理できる道路施設という考え方に関しては，従来の道路整備では急速な自動車交通の増加に対応するための当面の要請に追われて，量的な余裕があまり考慮されていなかったと思われる．望ましい道路交通システムの構築に当たっては，日常的な交通に対する余裕，さらに季節変動や災害時等の緊急時に対応できるような空間的余裕が必要であると考えられる．

道路交通システムの整備に当たって，交通需要をゆとりをもって処理するという考え方は妥当ではあるが，派生行為である交通は土地利用やそれに伴う都市活動によって大きく左右されるものであり，交通施設整備と土地利用とはバランスの取れたものでなければならない．交通需要の推定は従来，土地利用を与件として行われることが多かったが，今後は交通システムの側からみた土地利用のあり方等の検討が一層重要となろう．

また，都市空間は限られたものであるから，自動車交通需要に対応した道路整備を行うことが困難な場合が生じることもある．すなわち，従来は需要に対応するために交通施設の供給の面に努力が払われてきた．しかし，都市環境だけでなく，地球規模における環境問題が深刻となってきた今日においては，道路交通システムを効率的に活用するという観点からも，すべての自動車交通需要を受け入れるのではなく，先に述べたように，交通需要自体を適正化しようとする交通需要管理が重要となっている．

道路交通システムは，ゆとりのある社会の基盤施設として大きな役割を有するものである．したがって，当該システムの整備は交通需要に対応するだけでなく，地域・都市構造の改編や新たな地域整備プロジェクトを支援すると共に，利用者が安全・円滑・快適に走行でき，さらに楽しく歩ける道路といった質の高い道路整備を目指さなければならない．

4･3 道路網計画

4･3･1 道路網形態と道路網密度

道路交通システムを効果的に整備するためには，道路網が適切な形状のネットワークとなることが必要である．道路網の形態を都市あるいは都市圏レベルで分類すると，図4·7に示すように放射環状型，格子型，梯子型，斜線型等に類型化できる．それぞれの主な特徴は次のようである[8)]．

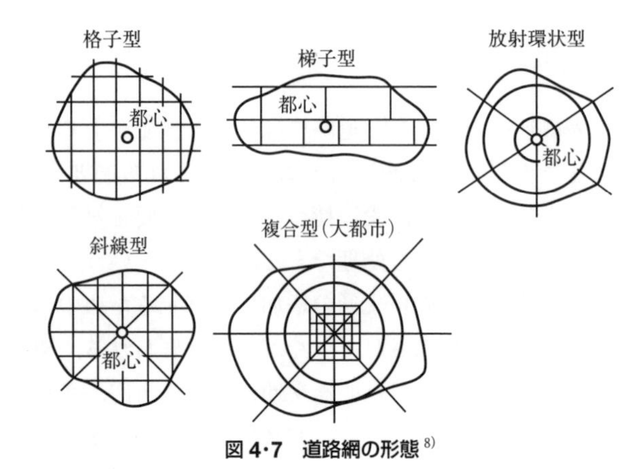

図4·7　道路網の形態[8)]

① **放射環状型**：都市の発展過程において放射道路が先に整備されたが，放射状道路だけでは都心部に交通が集中するため，後に環状道路が整備された場合が多い．

② **格子型**：古代都市にも存在する型であり，現代の大都市の中心部にも多くみられる．簡明でわかりやすいが，道路の機能区分がやや不明確になる恐

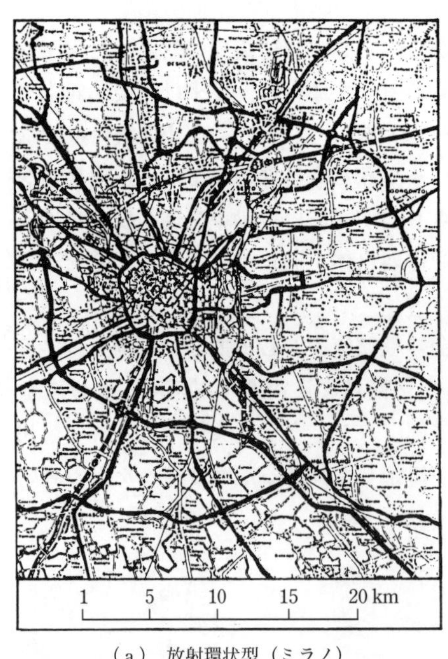

（a）　放射環状型（ミラノ）

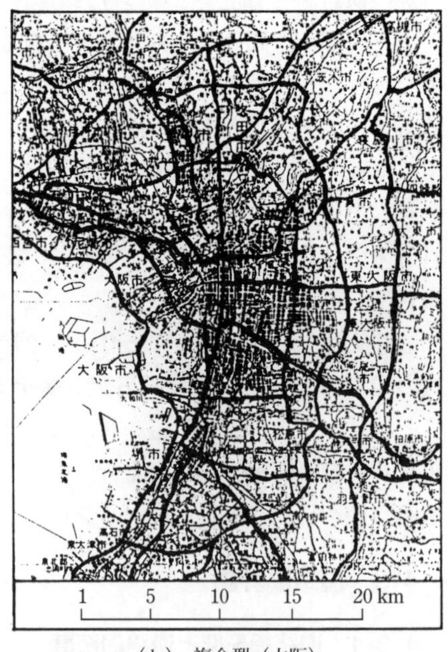

（b）　複合型（大阪）

図4·8　道路網の具体例

れもある．

③ **梯子型**：格子型の変形であり，地形等の関係から都市の発展が制約され細長い線状あるいは帯状の都市形状となる場合にみられる．阪神地域の道路網はこの典型である．

④ **斜線型**：格子型道路網に短絡する斜めの道路が組み合わされた型である．交差点が複雑な形状となり交通処理が困難になること，不整形な街区ができること等に欠点がある．

⑤ **複合型**：放射環状型，格子型等の基本型が組み合わさったもので，実際の都市では数多くみられる．大都市の場合，都心地区では格子型，周辺部では放射環状型という複合型が多くみられる．

このような道路網形態の具体例を，図4･8に示す．

道路網密度は道路が有する種々の機能を果たすための必要性から設定されるものであり，例えば，市街地における幹線道路の密度としては，表4･3のような値が提案されている．

表4･3 道路網密度 [9]

	幹線道路と補助幹線道路の整備目標（1 km^{2}当たり）
住居系市街地	4 km （幹線道路：2 km，補助幹線道路：2 km）
商業系市街地	5 ～ 7 km
工業系市街地	1 ～ 2 km
市街地全体	3.5 km

道路網代替案は，このような基本型を念頭において都市あるいは地域の地形，既存の道路網形状，将来の土地利用等を考慮して作成される．

なお，第9章で述べるように，地区レベルでみると，自動車交通の流入抑制を目的とした種々の形態が加わることになる．

4･3･2 道路網計画案の立案

道路は国土レベルの幹線道路から地区における区画道路に至るまで，すべての道路が一体となって道路交通システムを構成している．幹線道路に近いほどトラフィック機能が強く，逆にアクセス機能が弱くなる．非幹線道路はその逆である．道路計画は，国土レベルから地区レベルに至るまで種々のレベルで必要となる．国土レベルにおける道路計画の手順の概要は1章の図1･3に示したとおりである．本節では，都市レベルにおける道路計画を例として説明する．なお，地区レベルの道路計画については9章で述べる．

道路交通需要に関しては3章で述べたように，通常，段階的な交通量推定手法が用いられる．ここで，道路網を計画する地域と交通需要を推定した地域とが整合していなければならない．このため，検討する道路網に見合ったゾーニングが必要である．道路計画は上位の計画と整合していなければならないから，都市レベルで道路計画を行う場合には，上位の道路計画で使用された需要推定結果を前提として計画しなければならないことが多い．そのような場合には，交通量推定に用いたゾーニングが計画道路網よりも粗いことも少なくない．このような場合にはゾーニングを細かくし，OD 表を分割することが必要になる．

次に，道路網とバランスした OD 表を用いて交通量配分を行い，各道路区間における将来交通量を求める．これは通常，日交通量で与えられる．これに基づいて計画交通量が設定される．

計画交通量と次節で述べる設計基準交通量とを対比させることにより，必要な車線数等の道路の規模が求められる．

このような道路規模を求める考え方は，道路計画において基本的なものであり不可欠である．しかしながら，今後の道路整備に当たってはこのような視点だけでは不十分であり，以下のような定性的な項目を含めた視点が非常に重要となる．

① 望ましい都市の発展を目指した都市軸の形成
② 将来の土地利用の誘導
③ 開発拠点を支援する道路網の形成
④ 公共交通の利用促進とサービス水準の向上を支援する道路網の形成
⑤ 防災性の高い道路網
⑥ 質の高い道路整備による環境の改善

4・4　道路の交通容量

前節までに述べたように，望ましい道路交通システムを計画するためには需要対応といった考え方ではなく，道路整備や自動車利用に関する広範な検討を行い，社会的要請に応えなければならないが，このような場合にも自動車交通流の特性ならびに道路の物理的な交通処理能力を知ることは不可欠なことである．そこで，本節では交通流の特性，ならびに道路交通容量について説明する．

4・4・1　交通流の特性

（1）　交通流の特徴を表す指標

交通流の基本的な特徴は交通量，交通密度，平均速度で表される．

交通量とは道路のある断面を単位時間に通過する車両の台数のことであり，時間単位を1日とした日交通量（台/日），12時間を単位とした12時間交通量，1時間を単位とした時間交通量（台/h）等が用いられるが，そのほかにも15分や5分間交通量，あるいは信号1サイクル当たりの交通量等が必要に応じて使用される．なお1時間よりも短い時間で測定した通過車両数を1時間に換算する場合には，交通流率と呼んで区別している．

交通密度は，道路の延長方向の単位距離内に，ある瞬間に存在する車両の台数であり線密度である．通常，上り・下り方向別，あるいは車線別に1km当たりの台数（台/km）で表される．密度は道路の混雑状況を表すのに適した指標であるが，交通量や速度と比べて計測がやや困難である．

平均速度には，時間平均速度と空間平均速度がある．時間平均速度はある道路断面を一定時間内に通過した車両の地点速度の平均であり，空間平均速度とは，一定区間内にある瞬間に存在していた車両に関する地点速度の平均である．

いま，道路のある断面において地点速度を観測し，v_1，v_2，…，v_i，…，v_n の n 個のデータを得たとする．この n 個のデータを用いれば，時間平均速度 v_t は次のように求められる．

$$v_t = \frac{1}{n}\sum v_i \quad \cdots\cdots (4\cdot1)$$

次に，これを用いて空間平均速度を表せば以下のようになる．

$$v_S = \frac{1}{(1/n)\sum 1/v_i} \quad \cdots\cdots (4\cdot2)$$

空間平均速度は n 個のデータの調和平均となっていることがわかる．また両者には次の関係がある．

$$v_t = v_s + \sigma_s^2/v_s \quad \cdots\cdots (4\cdot3)$$

ここで，σ_s^2 は空間速度の分散である．

（2） 交通量，平均速度，交通密度の関係

いま，道路上に短い区間 l を取り，ある時間間隔 T にこの区間を通過する n 台の車両について考える．i 番目の車両がこの区間を通過するのに要する時間を t_i とすると，ある瞬間にこの区間に存在した車の平均台数は $\sum t_i/T$ と表せるから，交通密度 K は

$$K = \frac{\sum t_i}{Tl} \quad \cdots\cdots (4\cdot4)$$

と表せる．一方，交通量 Q は，$Q = n/T$ で表せるから

$$\frac{Q}{K}=\frac{n/T}{\sum t_i/Tl}=\frac{1}{(1/n)\sum 1/v_i}=v_s \quad \cdots\cdots (4\cdot5)$$

上式より，交通量は空間平均速度と交通密度の積で表されることがわかる．

交通密度と空間平均速度との間には，運転者の反応を基盤とする強い負の相関があり（図4・9），速度－密度曲線（K－V曲線）と呼ばれている．これらの3つの指標の間には式(4・5)に示す関係があるから，交通密度と交通量，および交通量と空間平均速度にはそれぞれ図4・10，4・11に示すような関係があり，それぞれ交通量－密度曲線（Q－K曲線），交通量－速度曲線（Q－V曲線）と呼ばれている．

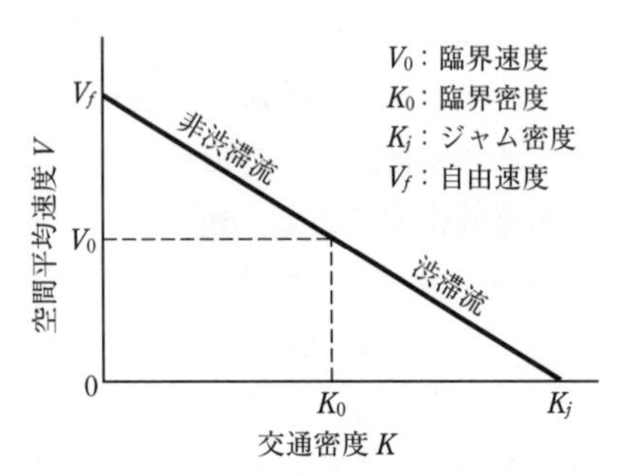

図4・9　交通密度と空間平均速度

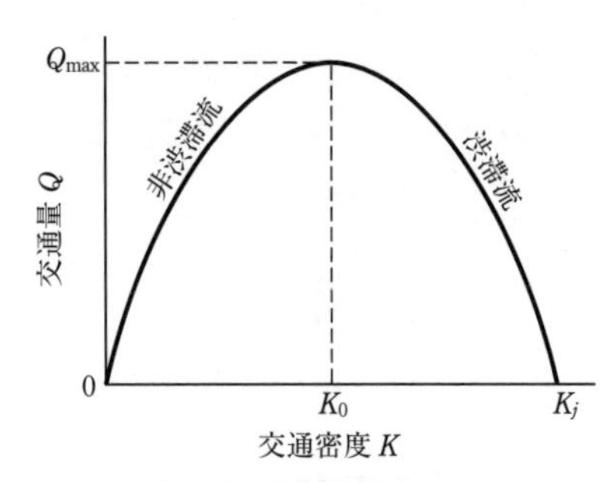

図4・10　交通密度と交通量

交通量が最大となる密度および速度をそれぞれ臨界密度，臨界速度と呼ぶ．交通流の状態は臨界点を境界として大きく異なっている．臨界点よりも密度の小さい状態を自由流または非渋滞流と呼び，この場合には各車両は比較的自由に走行することができる．一方，臨界密度を超える状態は混雑流，渋滞流と呼ばれる．この状態では走行の自由性が制限されることとなる．臨界点は安定した状態にあるのではなく，この付近では交通流は不安定であって容易に自由流の領域から渋滞流の領域に遷移し，少しの乱れから大きな渋滞に至ることがある[4)]

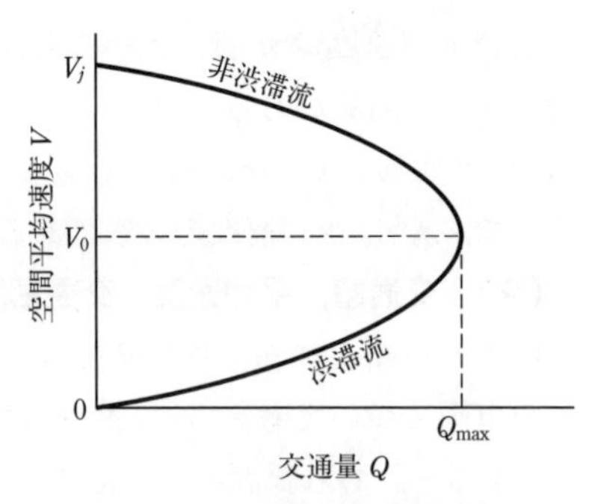

図4・11　交通量と空間平均速度

4・4・2　交通容量[4)]

道路を計画する場合，将来の交通需要を推定し，これを将来の道路網に配分して道路区間ごとの交通量を求める．この交通量に基づいて設定される交通量を計画交通量と呼ぶ．計画交通量を道路の交通処理能力と比較して望ましい道路計画を立案していくことになるので，道路の交通処理能力を算定する方法が重要である．

道路の交通処理能力は交通容量と呼ばれている．道路の交通容量とは，一定の道路交通条件の下で，道路のある断面を単位時間に通過することのできる自動車台数の最大値のことであり，乗用車換算交通量（passenger car unit）(pcu/h) あるいは実交通量（台/h）で表される．それぞれの道路が物理的に処理できる能力には限りがあるわけであるから，個々の道路において詳細な実測を行えば，図4･9～4･11のような関係を求めることができる．したがって，それらに基づいて当該道路が処理できる交通量，すなわち交通容量を求めることができる．もっとも，これは当該道路の現在の状況に依存するものであり，将来の道路交通条件の下での計画基準としては利用できない．そこで，任意の道路の交通容量を合理的に算定する手法が必要になる．

交通容量に関する研究は自動車交通が早くから発達したアメリカで始められ，1950年にHCM（Highway Capacity Manual）がまとめられた．この初版においては基本交通容量，可能交通容量，実用交通容量という用語が使用されていたが，これを大きく改訂した1965年版のHCMでは，新しく道路の運用状態を表すサービス水準という概念が導入された．HCMはさらに1985年に改訂され，公共交通機関および歩行者についての記述が加えられた．一方，わが国ではHCMを参考にしつつ，「道路構造令の運用と解説（1970年改訂）」が作成されたが，その後，道路構造令の改正に伴って，わが国での交通容量に関する研究の成果を反映させた「道路の交通容量」[10] において，交通容量の算定方法が示されている．

道路の交通容量は，単路部，平面交差点，ランプ部，織り込み区間，トンネル・サグ等の隘路（あいろ）区間等，道路の各種構造ごとに算出法が示されている[10]．以下では，主として単路部における交通容量の算定方法について述べ，平面交差点の容量に関しては，その考え方を説明する．

（1） 単路部の交通容量

単路部とは，信号，一時停止標識，踏切等の外的要因によって交通が中断することなく，ほぼ連続的な交通流が確保される道路部分のことである．単路部の交通容量には，基本交通容量，可能交通容量，設計交通容量がある．

基本交通容量は，以下の条件を満足する理想的な条件における容量である．道路条件としては

① 車線の幅員が交通容量に影響を与えない程度に十分あること（3.5 m 以上であること）.

② 路側にある障害物（擁壁，電柱，ガードレール，道路標識等）までの距離（側方余裕幅）が，交通容量に等しい交通量が流れているとき（交通容量時）の速度に影響を与えない程度以上であること（側方余裕幅が 1.75 m 以上であること）.

③ 縦断勾配，曲率半径，視距，その他の線形条件が交通容量時の速度に影響を与えない程度に良好であること.

次に，交通条件としては

① 交通容量を減少させるトラック等の大型車，動力付二輪車，自転車，歩行者等を含まず，乗用車だけから構成されていること.

② 交通容量時の速度に影響を与える速度制限がないこと.

基本交通容量は，ほぼ理想的な道路条件，交通条件下での交通容量であり，現実にはこれらの条件が満足されることは極めて少ない．単路部における基本交通容量は，多車線道路では 1 車線当たり 2 200 pcu/h，2 方向 2 車線道路では往復合計で 2 500 pcu/h となっている．ここで 2 方向 2 車線道路における基本交通容量が往復合計で表されるのは，対向車線を追い越しのために利用しているので，往復合計で容量を決めることが実際的であることによる.

次に，現実の道路条件，交通条件の下で，ある道路断面を通過できる乗用車の最大数を可能交通容量という．可能交通容量に影響する要因は，車線幅員，側方余裕幅，線形，勾配，隘路区間（トンネル，サグ等），沿道条件，大型車，動力付二輪車・自転車等である．これらに関しては，表 4･4 に示すように補正率が用意されており，可能交通容量は基本交通容量にこれらの補正率を乗じて求めることができる.

ただし，この可能交通容量を道路の計画・設計に用いると実際には非常に混雑した状況が出現することとなる．そこで，設計交通容量が，道路が提供すべきサービスの質を表すサービス水準に基づいて求められる．サービス水準とは，道路がある交通状況において運転者に提供できるサービスの質を表すものであり，走行速度・走行時間，走行の自由性，走行の中断や障害，安全性，快適性・容易性，経済性等の項目で評価されるものである．サービス水準は HCM において導入された概念であるが，わが国では当該道路の種類，性格，重要性に応じて，交通量と交通容量（可能交通容量）との比（Q/C）を 3 段階で与え，これを計画水

表 4・4（その 1） **可能交通容量*を求めるための各種補正値**[10)]

「車線幅員による補正率 γ_L」

車線幅員 W_L（m）	補正率 γ_L
3.25 以上	1.00
3.00	0.94
2.75	0.88
2.50	0.82

「側方余裕幅による補正率 γ_C」

側方余裕幅 W_C（m）	補正率 γ_C	
	片側だけの不足	両側不足
0.75 以上	1.00	1.00
0.50	0.98	0.95
0.25	0.95	0.91
0.00	0.93	0.86

「沿道状況による補正率 γ_I」

（a） 駐停車の影響を考慮する必要がない場合

市街化の程度	補正率
市街化していない地域	0.95 ～ 1.00
幾分市街化している地域	0.90 ～ 0.95
市街化している地域	0.85 ～ 0.90

（b） 駐停車の影響が考えられる場合

市街化の程度	補正率
市街化していない地域	0.90 ～ 1.00
幾分市街化している地域	0.80 ～ 0.90
市街化している地域	0.70 ～ 0.80

「動力付二輪車と自転車の乗用車換算係数」

地域＼車種	動力付二輪車	自転車
地方部	0.75	0.50
都市部	0.50	0.33

(注) * 可能交通容量(pcu/h) = 基本交通容量(pcu/h) × γ_L × γ_C × γ_I × ……で求められる．ただし，交通容量を実交通量で表す場合には $\gamma_T = 100/\{(100-T)+E_T T\}$ を乗ずればよい．ここで，T は大型車混入率（%）である．

表 4·4（その 2）[10]

「大型車の乗用車換算係数 E_T」

勾配	勾配長（km）	2 車線道路（大型車混入率%）					多車線道路（大型車混入率%）				
		10	30	50	70	90	10	30	50	70	90
3%以下	—	2.1	2.0	1.9	1.8	1.7	1.8	1.7	1.7	1.7	1.7
4%	0.2	2.8	2.6	2.5	2.3	2.2	2.4	2.3	2.2	2.2	2.2
	0.4	2.8	2.7	2.6	2.4	2.3	2.4	2.4	2.3	2.3	2.2
	0.6	2.9	2.7	2.6	2.4	2.3	2.5	2.4	2.3	2.3	2.3
	0.8	2.9	2.7	2.6	2.5	2.4	2.5	2.4	2.4	2.3	2.3
	1.0	2.9	2.8	2.7	2.5	2.4	2.5	2.4	2.4	2.4	2.3
	1.2	3.0	2.8	2.7	2.5	2.4	2.6	2.5	2.4	2.4	2.4
	1.4	3.0	2.8	2.7	2.5	2.4	2.6	2.5	2.4	2.4	2.4
	1.6	3.0	2.9	2.8	2.6	2.5	2.6	2.5	2.5	2.4	2.4
5%	0.2	3.2	3.0	2.8	2.7	2.6	2.7	2.6	2.6	2.6	2.5
	0.4	3.3	3.1	2.9	2.8	2.7	2.9	2.7	2.7	2.7	2.6
	0.6	3.4	3.2	3.0	2.8	2.7	2.9	2.8	2.7	2.7	2.7
	0.8	3.5	3.2	3.0	2.9	2.8	3.0	2.9	2.8	2.8	2.7
	1.0	3.5	3.3	3.1	2.9	2.8	3.0	2.9	2.8	2.8	2.8
	1.2	3.6	3.4	3.1	3.0	2.9	3.1	3.0	2.9	2.9	2.8
	1.4	3.6	3.4	3.2	3.0	2.9	3.1	3.0	2.9	2.9	2.8
	1.6	3.7	3.4	3.2	3.1	2.9	3.2	3.0	3.0	2.9	2.9
6%	0.2	3.4	3.2	3.0	2.8	2.7	2.9	2.8	2.7	2.7	2.7
	0.4	3.5	3.3	3.1	3.0	2.9	3.1	2.9	2.9	2.8	2.8
	0.6	3.7	3.5	3.3	3.1	3.0	3.2	3.1	3.0	3.0	2.9
	0.8	3.8	3.6	3.4	3.2	3.1	3.3	3.2	3.1	3.0	3.0
	1.0	3.9	3.6	3.4	3.3	3.1	3.3	3.2	3.1	3.1	3.1
	1.2	4.0	3.7	3.5	3.3	3.2	3.4	3.3	3.2	3.2	3.1
	1.4	4.1	3.8	3.6	3.4	3.3	3.5	3.4	3.3	3.2	3.2
	1.6	4.1	3.9	3.7	3.5	3.3	3.6	3.4	3.3	3.3	3.3
7%	0.2	3.5	3.3	3.1	2.9	2.8	3.0	2.9	2.8	2.8	2.8
	0.4	3.7	3.5	3.3	3.1	3.0	3.2	3.1	3.0	3.0	2.9
	0.6	3.9	3.6	3.4	3.3	3.1	3.4	3.2	3.1	3.1	3.1
	0.8	4.0	3.8	3.5	3.4	3.2	3.5	3.3	3.3	3.2	3.2
	1.0	4.2	3.9	3.7	3.5	3.3	3.6	3.4	3.4	3.3	3.3
	1.2	4.3	4.0	3.8	3.6	3.5	3.7	3.5	3.5	3.4	3.4
	1.4	4.5	4.2	3.9	3.7	3.6	3.8	3.7	3.6	3.6	3.5
	1.6	4.6	4.3	4.0	3.8	3.7	3.9	3.8	3.7	3.7	3.6

表 4·5　計画水準 [10]

計画水準	低減率（交通量・交通容量比）	
	地方部	都市部
1	0.75	0.80
2	0.85	0.90
3	1.00	1.00

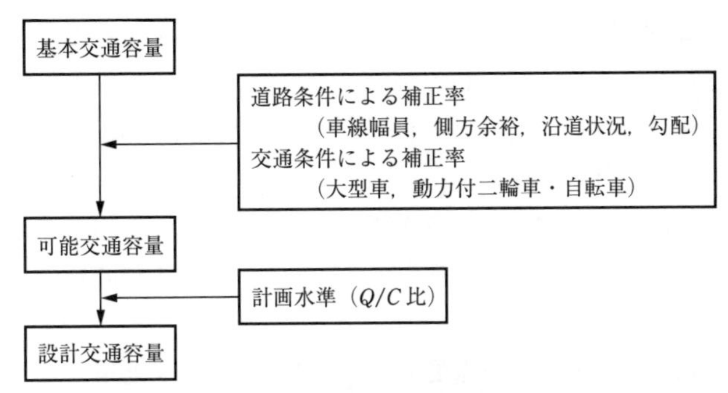

図 4・12 交通容量の算出手順

準と呼んでいる（表 4・5 参照）.

このようなプロセスを図示すると図 4・12 のようである.

以上で述べた交通容量は，道路が物理的に処理し得る最大台数を意味しているが，道路は周囲の環境に負荷を与えているから，このような環境への影響を考慮した容量を考えることもでき，これは環境交通容量と呼ばれる．この考え方はブキャナンレポートにおいて紹介された．環境交通容量の概念は明解であるが，環境への影響は騒音，振動，排出ガス等多岐にわたっており，またそれぞれのいき（閾）値が必ずしも明らかではないから，環境交通容量は具体的に設定されるには至っていない．しかしながら，今後の道路交通システムの整備にはこのような考え方が重要となろう.

（2） 平面交差点の交通容量

単路部における交通容量は以上の手順に基づけば 1 つの数値で表すことができるが，平面交差点の交通容量は，このように単純に表すことはできない．例えば，図 4・13 に示すように，A ～ D の 4 つの流入部がある場合，A ～ D のすべての流入部で交通が処理できなくなる以前に，どれか 1 つの流入部で交通が捌（さば）け

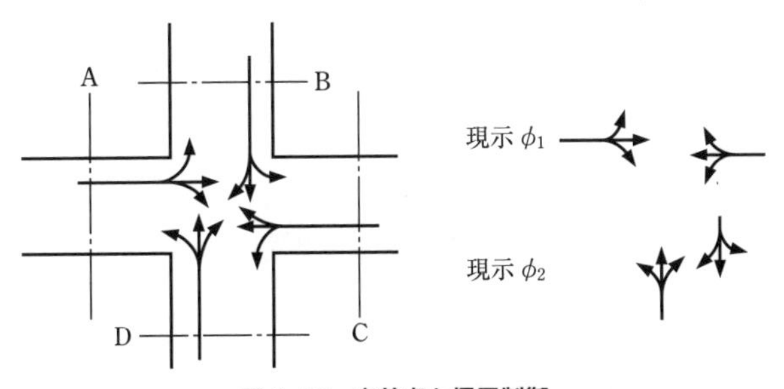

図 4・13 交差点と信号制御

なくなると，この時点でこの交差点は実質的に容量に達していることになる．このような状態がどの流入部で生じるかはわからないから，1つの数値で交通容量を表すことは適当でない．そこで，信号が設置された平面交差点の交通容量は，以下のような手順で求められる[10)]．

① **各流入部の飽和交通流率 * の算定**：飽和交通流率の基本値（直進車線：2 000 pcu/青1時間，右左折車線：1 800 pcu/青1時間）に当該道路の特性に基づく補正率 ** を乗じる．

② **交差点流入部の需要率の算定**：流入部ごとに，実交通量あるいは設計交通量を飽和交通流率で除して交差点流入部の需要率を求める．

③ **現示 *** の需要率の算定**：各現示について，交差点流入部の需要率の最大値である現示の需要率を求める．

④ **交差点の需要率の算定**：各現示の需要率の和である交差点の需要率を求める．この値が1.0に近づくと交通処理が困難となる．

道路網全体としての交通容量を求めることは容易ではないが，実際の道路網においては，交差点が隘路となって交通渋滞が生じることが多い．このため，平面交差点における容量の算定ならびに信号周期，スプリット **** の調整等による効率的交通管制を行う必要性は高い．

なお，従来は交差点流入部の需要率は交差点流入部の飽和度，現示の需要率は現示の飽和度，交差点の需要率は交差点の飽和度と呼ばれていた．

（3） 道路網の最大容量[4)]

交通需要を安全に円滑に処理するためには，単路部や交差点等における交通容量だけでなく，これらから構成される道路網としての容量が重要となる．ここでは，道路網の最大容量の考え方を簡単に紹介する．

道路網において，あるリンクでたとえ交通量が交通容量を超えていても，ほかに代替経路があれば新たな交通需要はその経路を利用することができる．しかしながら容量を超過したリンク集合によって道路網が非連続となるミニマルカット

---

* **飽和交通流率**：車両の待ち行列が連続して存在している程度に需要が十分にある場合に，青信号中に交差点流入部を通過できる最大交通量（台/有効青時間/車線）．

** **補正率の種類**：車線幅員，縦断勾配，車種構成，対向直進車，右折車混入，横断歩行者に関して補正率が定められている．

*** **現示**：信号周期のうち，ある交通流または交通流の組み合わせに対して通行権を与える表示パターン・時間．

**** **スプリット**：信号周期に対する各現示の時間比率．

セットが形成されていれば，このカットセットによって分断されるノード相互間のOD交通は極端に長い旅行時間を要することとなる．具体的には，**3・2・3**で述べた単位OD表を用いて，交通需要を漸次増加させて交通量配分を行うことが考えられる．この過程で，上記のようなOD交通がはじめて存在するようになるとき，道路網は容量に達したと判断される．

4・4・3　計画交通量と設計時間交通量[4)]

計画交通量は，計画目標年次において計画路線を通行する自動車交通量であり，年平均日交通量（ADT）で表される．計画交通量は3章で述べた交通量の推定方法によって算出される将来交通量に基づいて求められる．

計画交通量は，路線の性格や地域の特性によって特有な時間変動特性を有するから，道路設計にはピーク特性を考慮することが必要になる．道路を設計する場合に基礎となる交通量は，設計時間交通量と呼ばれている．

時間交通量について1年間の交通量を大きい順に並べると，おおよそ図4・14のような傾向がある．すなわち，最大交通量は非常に大きいがそれらの頻度は少なく，30～50番目付近で勾配が大きく変わり，その後は徐々に減少していく．したがって，30番目交通量を設計の対象としておけば，年間30時間は設計値を上回るものの，残りの大部分の時間においては交通を捌（さば）くことができ，経済的な道路設計ができるので，わが国では30番目交通量を設計時間交通量として用いている．すなわち2車線道路に対しては式(4・6)，多車線道路の重方向に対しては式(4・7)で表される．

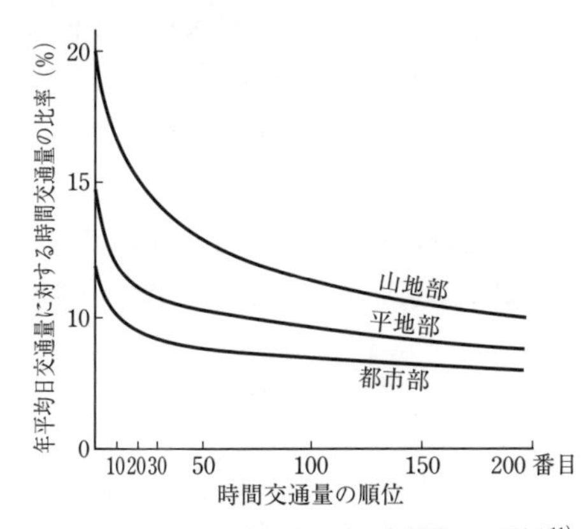

図4・14　年平均日交通量と時間交通量との関係[11)]

$$設計時間交通量＝計画交通量\times K/100\quad（台/h）\qquad\cdots\cdots(4\cdot 6)$$

$$設計時間交通量＝計画交通量\times K/100\times D/100\quad（台/h）\qquad\cdots\cdots(4\cdot 7)$$

ここで，Kは計画交通量に対する設計交通量の割合（%）であり，通常は30番目交通量の割合で表す．Dは往復合計交通量に対する重方向交通量の割合（%）である．

設計時間交通量と設計交通容量とを比較することにより，計画道路が交通需要を処理できるか否かを判断することができる．

したがって，原則的には交通処理に必要な車線数も上記の諸量の比較によって求められる．しかしながら設計交通容量は道路区間の道路・交通条件によって細かく変化するため，これに基づいて車線数を決定すれば道路断面が細かく変化する場合も生じてくる．このため，道路構造令では標準的な道路条件と交通条件を設定して，これを設計基準交通量（台/日）と呼び，車線数は，この設計基準交通量と計画交通量とを比較して求めることとしている．

道路区間の交通状況は，サービス水準を表す要因となる走行速度・走行時間，走行の自由性，走行の中断や障害，安全性，快適性・容易性，経済性等の項目に関して詳細に評価されることが望ましいが，これを簡便に評価する必要性も高い．そこで，わが国では混雑度が使用されることが多い．混雑度とは，評価基準交通量と実交通量との比であり，以下のように表される．

$$\text{混雑度} = Q_{12} \cdot \gamma_T / C_{12} \qquad \cdots\cdots (4 \cdot 8)$$

ここに，$Q_{12} \cdot \gamma_T$：乗用車換算昼間12時間交通量，$\gamma_T = (1 - T/100) + E_T \times T/100$，$T$：大型車混入率（%），$E_T$：大型車の乗用車換算係数（表4･4参照），$C_{12}$：評価基準交通量（pcu/12 h）である．

評価基準交通量（C_{12}）は次式で表される．

$$C_{12} = \frac{C_D}{K'/100} = \frac{100 C_D}{K'} \qquad \text{（2車線道路）} \cdots\cdots (4 \cdot 9)$$

$$C_{12} = \frac{C_D/2}{(K'/100) \cdot (D/100)} = \frac{5000 C_D}{K'D} \qquad \text{（多車線道路）} \cdots\cdots (4 \cdot 10)$$

ここで，C_D：設計交通容量（pcu/h），K'：年平均12時間交通量に対する30番目時間交通量の割合（%），D：ピーク時重方向率（%）である．

なお，評価基準交通量を日交通量で表すこともあるが，道路交通センサスにおいて測定されるのは大半が12時間交通量であるから，上式が用いられることが一般的である．

4･5 歩　行　者

道路は都市・地域の経済活動を支える不可欠なインフラストラクチャーであるから，道路交通システムの計画はまず経済活動の基幹となる道路整備から始められた．したがって，想定された利用主体としては自動車が中心であった．自動車交通を安全・円滑に処理するという道路の機能の重要性はいささかも変化していないが，今後の道路整備はこれだけでなく，利用者が快適に利用できることが非常に重要となる．この利用者には自動車の運転者，歩行者，自転車利用者等のすべてが含まれる．今後の道路整備には歩行者や自転車利用者への配慮が特に重要である．

4・5・1　歩行者交通流の特性

馬車等の交通の経験を有する欧米諸国と違って，わが国は馬車交通の経験がなく，モータリゼーションの進展に伴う問題が発生するまで歩車分離を明確に行ってこなかった．歩行者交通に対する配慮が積極的に払われるようになったのは，1970 年をピークとした交通事故死者数の急増に対する対策からであった．

交通流の特徴については前節のとおりであるが，このような特徴は自動車交通だけに当てはまるものではなく，歩行者交通流においても成り立つものである．例えば，歩行者の交通密度と空間平均速度との関係は，図 4・15 に示すとおりである．これを交通量と交通密度の関係で示すと，図 4・16 のようである．

歩行者交通は，幅員等の構造に対してかなり柔軟であって，最大交通量は非常に大きい．もっとも，このような状態は非常に混雑した状態であって，歩行者空間の計画・設計にこれらの値を用いることはできない．そこで，歩行者交通に関してもサービス水準が提案されている．歩行者交通に関するサービス水準の事例を図 4・17 に示す．

歩行者交通は自動車交通に比べると，一見物理的制約が小さいようにみえる．すなわち，幅員が多少狭くても，また多少混雑していても歩行者は柔軟に対応

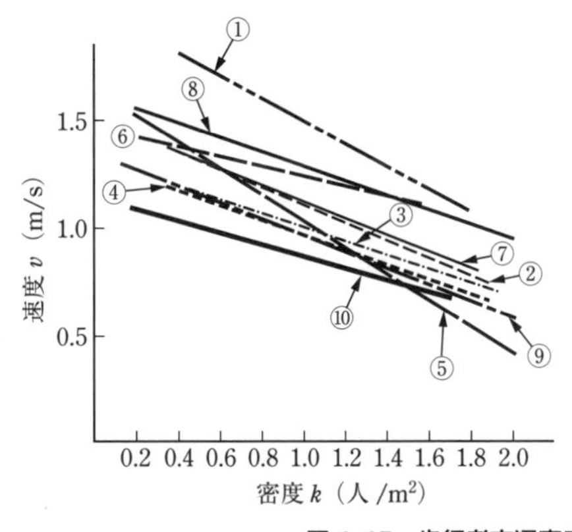

$v=a-bk$	a	b
① Oeding　-1	2.03	0.394
②　〃　　-2	1.50	0.394
③ Fruin	1.356	0.341
④ Older	1.311	0.337
⑤ Navin & Wheeler	1.63	0.60
⑥ 毛利・塚口（$k<1.5$）	1.48	0.204
⑦ 竹内	1.50	0.38
⑧ 吉岡（通勤）	1.61	0.33
⑨　〃　（行事・催事）	1.35	0.38
⑩　〃　（買い物）	1.13	0.28

図 4・15　歩行者交通密度と空間平均速度 [8)]

するから何とか通行できることが多い．このために，結果として歩行者交通に対する配慮が十分でない場合が多かった．しかし，望ましい道路交通システムは，歩行者が安全・快適に歩くことができるものでなければならず，歩行者空間の整備に当たってもサービス水準は重要である．さらに，このような健常者の歩行特性だけでなく，1994年に改正された道路構造令においては，身傷者の車椅子通行等を考慮して，広幅員の歩道を整備することになっている．また，2000年には「高齢者，身体障害者等の公共交通機関を利用した移動の円滑化の促進に関する法律」（通称，交通バリアフリー

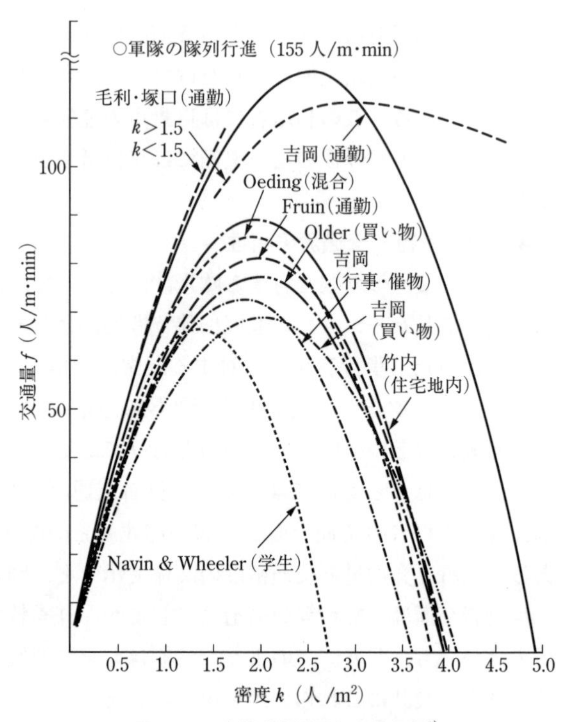

図 4·16　歩行者交通量と交通密度[8)]

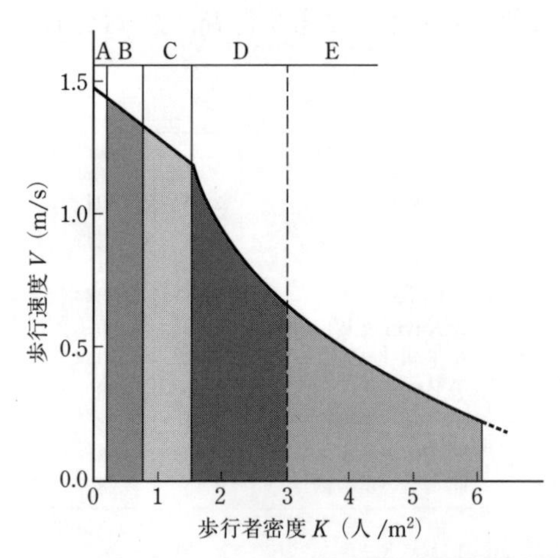

（サービス水準の区分）

A：0.2人/m² 以下（ほぼ自由歩行に近い状態，～17人/分/m）

B：0.2～0.8人/m²（追越しがかなり自由にできる状態，17～63人/分/m）

C：0.8～1.5人/m²（追越しがやや拘束された状態，63～100人/分/m）

D：1.5～約3人/m²（速度低下が著しく，拘束された歩行状態，100～115人/分/m）

E：約3人/m² 以上（完全に拘束された歩行状態，交通量はDレベル以下となる）

図 4·17　歩行者交通に関するサービス水準[12)]

法）が施行され，駅構内のエレベータやエスカレータ等の整備が促進されると共に，一般街路でもバリアフリー化が進められている．さらに，2006年に「高齢者，障害者等の移動等の円滑化の促進に関する法律（通称，新バリアフリー法）」が制定され，別々に行われてきた交通施設と建築物（旧ハートビル法）のバリアフリー対策が一体的に行われるようになった．

4·5·2　楽しく歩ける街路

道路整備に対する社会的要請を考えれば，今後の道路交通システム整備における歩行者交通や自転車交通の位置づけは非常に大きく，楽しく歩くことができる空間を持つことは住みやすい都市づくりにとっての必須の条件である．もっとも，このような空間は必ずしも歩行者の専用空間だけから構成される必要はなく，歩行者専用道路のほかに広幅員の歩道あるいは歩車共存道路等がネットワークを形づくり，連続した空間となっていればよい．このような歩行者空間には各種モール（フルモール，セミモール，トランジットモール）が含まれる．わが国においては，モールが面的な広がりを持った歩行者区域となっている事例はないが，ヨーロッパの諸都市の都心には歩行者区域が広く整備されている．路面電車

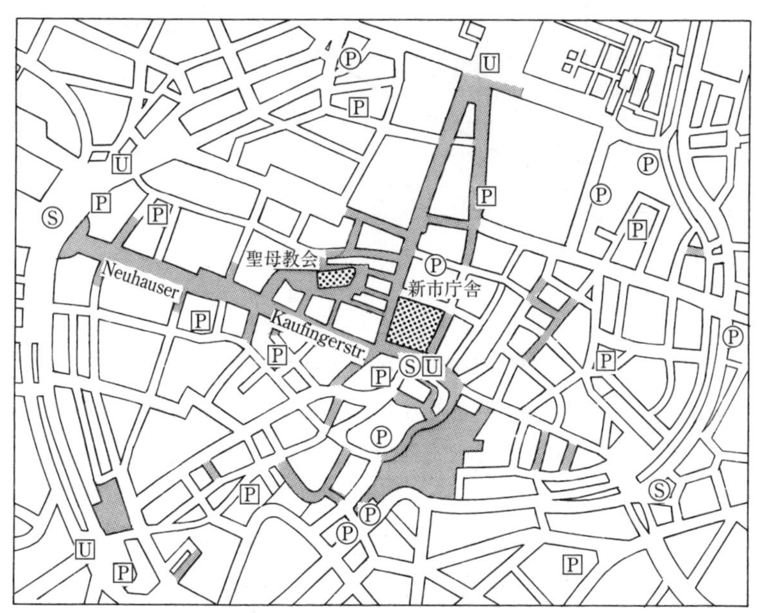

図4·18　ミュンヘンの歩行者区域

やバスのような公共輸送にかかわる車両の通行を認めるトランジットモールも積極的に取り入れられている．このように，道路交通システムは歩行者が安全・快適に移動できる歩行者空間を内包することが必要である．このような交通システムを構築するためには，道路交通システムを充実させるだけでなく，5 章で述べる公共交通システムの役割が大きい．図 4･18 は，ミュンヘンにおける歩行者区域（ペデストリアン・ゾーン）の例である．

4･6 自転車交通

4･6･1 自転車の保有状況と利用特性

自転車の保有台数は増加傾向にあり，2008 年では全国で 69 100 千台の自転車が保有されている（図 4･19）[13]．都道府県ごとの人口当たり保有台数をみると，大都市圏や温暖で平地の多い都道府県で多くなっており，都市化の状況（自動車の混雑状況や公共交通の整備状況）や気象条件，地形条件によって利用状況が異なっている．

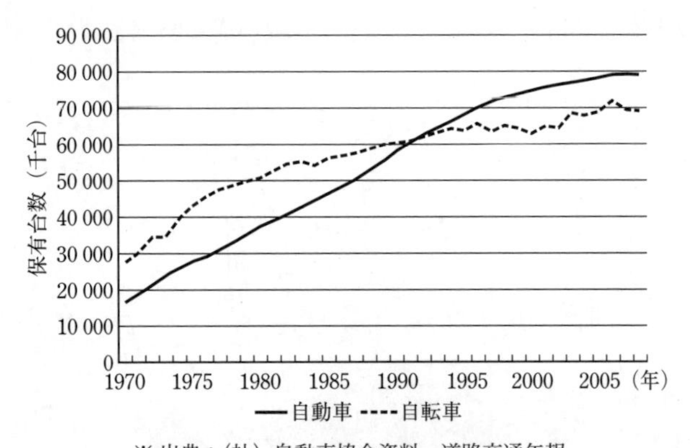

※出典：（社）自動車協会資料，道路交通年報

図 4･19 自転車および自動車保有台数の推移 [13]

移動距離帯別の利用交通手段をみると，おおむね 5 km 未満の移動では約 2 割のシェアで自転車が利用されている（図 4･20）[13]．また，代表交通手段以外にも公共交通の端末交通手段としても多く利用されており，自転車交通に関する計画を策定する上ではこのような利用特性を考慮する必要がある．ただし，これらは保有台数と同様に都市化の状況や気象条件，地形条件によって異なっており，どの地域でも一律というわけではない．このため，対象とする地域の条件に応じた自転車の利用状況を十分に掌握して考慮する必要がある．

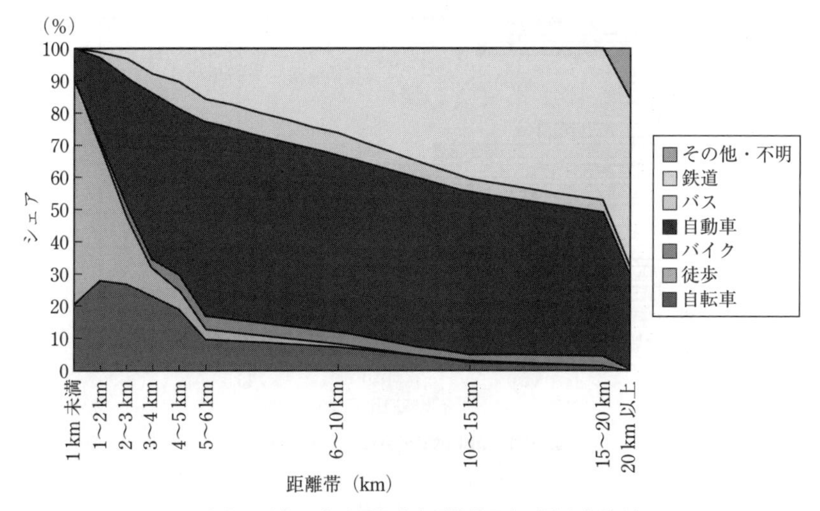

※ 出典：平成 17 年全国都市交通特性調査（国土交通省）

図 4·20 移動距離帯別の交通手段別利用割合 [13)]

4·6·2 自転車交通流の特性

自転車が障害物のない道路を走行するときの速度は，徳島県における調査によれば 9 ～ 21 km/h 程度である（表 4·6）[14)]．また市街地での走行調査でも，平均

表 4·6 障害物のない道路での自転車の走行速度 [14)]

走行位置	属　性	平均値	(A) %	パーセンタイル値		サンプル
				15%	85%	
車　道	一般男	15.0	(100)	10.1	20.8	69
	一般女	14.7	(98)	11.3	17.7	106
	学生男	16.1	(108)	11.8	20.0	192
	学生女	15.5	(104)	12.4	18.5	333
歩　道	一般男	12.8	(86)	10.1	15.1	50
	一般女	12.7	(85)	8.9	16.0	96
	学生男	14.6	(98)	11.6	17.6	74
	学生女	14.9	(100)	12.2	17.3	73
車　道	合　計	15.5	(104)	10.1	20.8	700
歩　道		13.8	(92)	8.9	17.6	293
合　計		15.0	(100)	8.9	20.8	993

（注） 単位：km/h，A：車道一般男子に対する比率

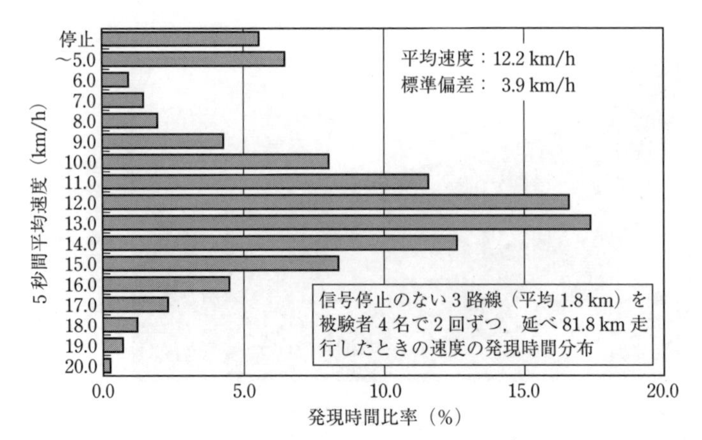

図 4・21 市街地での自転車走行速度 [14)]

速度は12～13 km/h程度となっている（図4・21）[14)]．歩道よりも車道の方が平均速度が大きく，また車道，歩道ともに走行速度のばらつきが大きくなっている．さまざまな走行速度の自転車が同一空間に混在して走行していることが特徴といえる．

また，自転車は一般に蛇行して走行する（図4・22）[15)]．自転車道の幅員規定では蛇行幅を40 cmとし，自転車の幅員（60 cm）とあわせて1台当たりに必要な幅員を1 mとしている．このため，すれ違いや追い越しを考慮した自転車道の最小幅員は2 mとされているが，これはあくまでも最小の幅員であり，交通状況によってはより大きな幅員を確保することが必要である．また，歩道，車道との区分状況（縁石，柵，植栽など）の状況によっても有効幅員は異なるものとなるため，自転車通行空間の設計においてはこれらを考慮する必要がある．

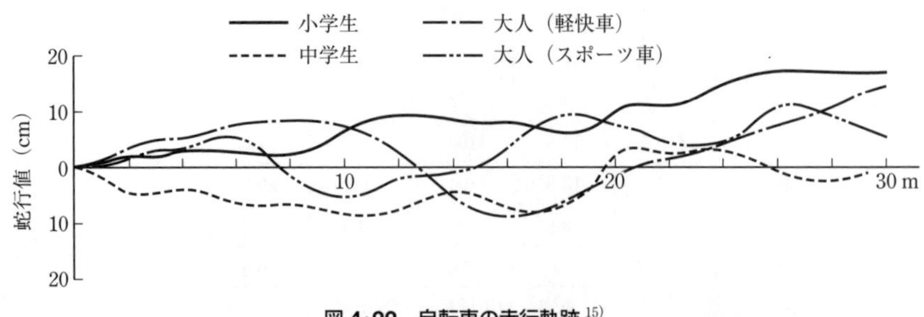

図 4・22 自転車の走行軌跡 [15)]

4·6·3 自転車交通に関する計画

近年，自転車交通に関する関心の高まりや，交通事故中に占める自転車関連事故の割合の増加に伴い，安全，快適な自転車通行環境整備に関する取り組みが進められている．

2012年には，国土交通省，警察庁により「安全で快適な自転車利用環境創出ガイドライン」[13]が作成され，自転車ネットワーク計画の策定や自転車通行空間の設計に関する標準的な考え方が示されている．これを受けて，近年，さまざまな自治体で自転車ネットワーク計画の策定や自転車通行空間の整備が行われている．しかしながら，自転車ネットワーク計画の策定方法や個々の道路における自転車通行空間の整備方法については十分な知見が得られていない部分が大きく，今後のさらなる研究が必要とされている．

また，自転車ネットワーク計画の策定や自転車通行空間の整備においては，自転車交通のみを考えるのではなく，他の交通手段（歩行者，二輪車，自動車や公共交通機関など）を含めた対象地域の総合的な交通計画として考え，対象地域におけるさまざまな交通手段の1つとして自転車交通を位置づけていく必要がある．

[参考文献]

1） C.D. Buchanan et al.：Traffic in Towns, A Study of the Long Term Problems of Traffic in Urban Areas, Reports of the Steering and Working Groups appointed by the Minister of Transport, HMSO, London, 1963（邦訳：都市の自動車交通）．
2） American Association of State Highway and Transportation Officials：a Policyon Geometric Design of Highway and Streets, 1984.
3） 土木学会編：土木工学ハンドブック，技報堂出版，1989.
4） 佐佐木綱監修・飯田恭敬編著：交通工学，国民科学社，1992.
5） 国土交通省：道路統計年報2014
6） 国土交通省：道路交通センサスからみた道路交通の現状，推移（データ集）
7） （財）交通事故総合分析センター：平成25年度版交通統計
8） 交通工学研究会編：交通工学ハンドブック，技報堂出版，1984.
9） 都市計画中央審議会：経済社会の変化に対応した都市交通施設整備のあり方とその整備推進方策は，いかにあるべきか（第2次答申），1992.
10） 日本道路協会：道路の交通容量，1984.
11） 日本道路協会：道路構造令の解説と運用，2015.
12） 塚口博司：歩行者交通空間の計画に関する研究，大阪大学学位論文，1982.
13） 国土交通省道路局，警察庁交通局：安全で快適な自転車利用環境創出ガイドライン，2012.
14） 交通工学研究会編：交通工学ハンドブック2014，交通工学研究会，2014.
15） 日本道路協会：自転車道等の設計基準解説，丸善，1974.

5
公共交通システムの計画

5·1　公共交通システムの意義

5·1·1　公共交通と私的交通

鉄道，乗合バス，乗合船，旅客航空機，タクシー等による交通は，公共交通と呼ばれる．公共交通に対比されるものとしては，自家用乗用車，自家用トラック等の私的交通がある．表 5·1 に公共交通と私的交通の例を示す．タクシーを除けば公共交通はおおむねマス交通（マストランジット）であり，私的交通の大部分は個別交通，特に自動車交通である．公共交通とは，「社会一般の不特定多数の市民が日常生活を営むために共通に利用することができ，かつそれが平等に保証されるべき基礎的な交通サービスである[1)]」と定義されよう．

表 5·1　公共交通と私的交通

	マス交通	個別交通
公共交通	鉄道，乗合バス，路面電車，新交通システム，乗合船，旅客航空機	タクシー，ハイヤー
私的交通	貸切バス等チャーター便	自家用乗用車，自家用トラック，バイク，自転車

この定義には公共交通が持つ 2 つの重要な特性が述べられている．

1 つは，私的交通機関は特定の個人が特定の用途に用いるのに対して，公共交通機関は不特定多数の人が共通に利用するという点である．そのため，一般に公共交通は輸送サービスの供給者と需要者は別の主体となっている．すなわち，鉄道会社やバス会社等が提供する輸送サービスを一般乗客が料金を支払って利用するという形態が一般的である．この特性のために，公共交通は経営的観点から輸送効率が重視され，タクシーを除けばおおむね一度に大量の輸送が行われるマス交通である．さらに，大量の需要が望めなければ経営が成り立ちにくいということから，公共交通は都市部あるいは都市間に多く発達している．そのため，都市圏での交通体系における公共交通の果たす役割は極めて大きい．

公共交通のもう１つの特性は，平等に保証されるべき基礎的な交通サービスであるという点にある．人々のさまざまな社会的・経済的な営みに付随して移動の要求が発生するが，これらの人々がすべて私的交通手段を保有しているわけではない．そのため，必要最低限のシビルミニマムとして公共的に移動手段が提供されなければならず，その役割を公共交通が担っているといえよう．このことは逆に言えば，大量の需要が望めない人々の集団や地域に対しても何らかの公共交通手段が整備されなければならないことを示しており，後でも述べるが，そのことが交通バリアー問題や地方部での公共交通の輸送効率・経営効率に関する問題を生み出すこととなっている．

5·1·2　都市交通問題と公共交通システム

大量の交通が発生する都市部ではそれに付随して各種の問題も発生する．これを都市交通問題と呼ぶことにする．都市交通問題は交通システムそのものにおける問題と，交通システムが外部のその他の社会・経済システムにもたらす問題とに大別できる．表5·2に主な都市交通問題の一覧を示す．

表 5·2　都市交通問題

問題の発生箇所	問題の特徴	問題例
交通システム内での問題	ニーズと供給の量的ギャップ	交通混雑
	ニーズと供給の質的ギャップ	モビリティの未確保 交通バリアー 交通信頼性・快適性の低下
交通システム外への影響	安全性への影響	交通事故
	環境への影響	大気汚染・騒音・振動， 気候変動
	資源・エネルギーへの影響	大量のエネルギー消費， 交通施設用地・財源の不足

交通システム内での問題は，交通サービスに対する人々のニーズと供給とのギャップにより生じているといえる．量的に供給がニーズに追いつかない場合は交通混雑となって現れる．渋滞，所要時間の増加，満員電車等は，ニーズと供給の量的なギャップによって生じる混雑現象である．これらは，交通サービス利用

者の利便性・快適性の低下のみならず，社会的なコスト上昇となって地域的・全国的な問題として跳ね返ってきている．

交通サービスに対するニーズと供給のギャップの問題は質的な面でも現れている．すなわち，人々が望む機能やサービス水準を有した交通サービスが供給されていないという問題である．代表的な例としては，人々のモビリティに対する要求を満足するように交通サービスが整備されていないという問題が挙げられる．大多数の人は多様な活動に付随して空間的な移動の欲求を持っているが，いわゆる足の確保が満足にできる状態でないことがある．例えば，自家用車等の私的交通機関・個別交通機関を自由に使えない人々，いわゆる交通弱者，すなわち，高齢者，子ども，身障者，低所得者層等が多数存在しており，鉄道・バス等の公共交通機関を利用せざるを得ないが，鉄道網・バス路線網が不十分ならばモビリティが確保できないことになる．さらに，駅等で段差があるために車いす利用者が自由に交通機関が使えない場合等の交通バリアーの問題が生じる．

ニーズと供給の質的ギャップの他の例としては，通勤や荷物の輸送・集配送等の到着時刻の正確さが要求されるトリップであるのに，所要時間の不確実な交通機関しか利用できない，あるいは観光・レジャー等の快適性を強く求めるトリップであるのに望まれる水準の交通サービスが提供できない等がある．

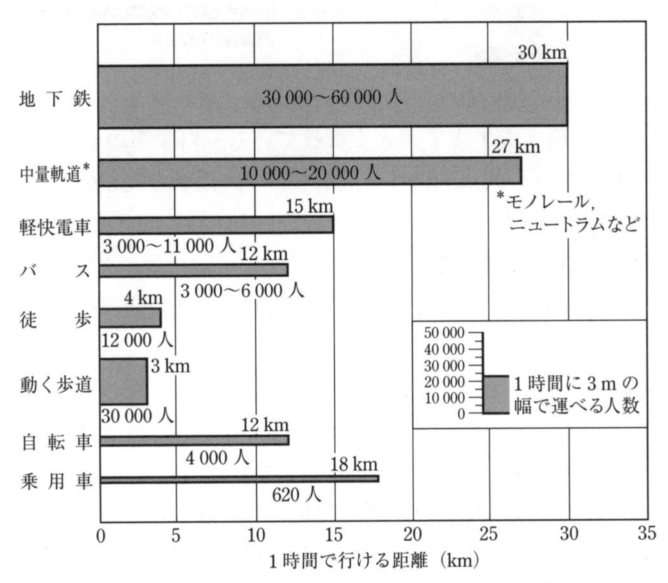

図 5・1　都市内での交通機関の輸送能力と表定速度 [2)]

これらの交通システム内部での問題に加えて，交通事故，大気汚染・騒音等の沿道環境問題，大量のエネルギー消費やそれに起因する気候変動，道路敷地や駐車場等の交通施設用地の不足等，外部のさまざまな社会・経済システムにインパクトをもたらす問題も存在している．

以上のような都市交通問題の中には，自動車利用の増大に起因するものが多くみられ，その解決のためにも鉄道を代表とする公共交通の果たす役割が増大しているといえよう．図5･1に示すように，単位空間当たりの輸送量は鉄道やバス等の公共交通機関の方が圧倒的に大きい．そのため，大都市での通勤輸送は定時性の高さともあいまって，鉄道が大きな役割を果たしている．また，図5･2に平成21年度の国内主要輸送機関の輸送量とエネルギー消費量の構成を示すが，自動車交通のエネルギー効率が劣っていることがわかる．さらに排気ガスや交通事故発生率等からも，鉄道や新交通システムの方がよりクリーンで安全な交通システムであるといえる．

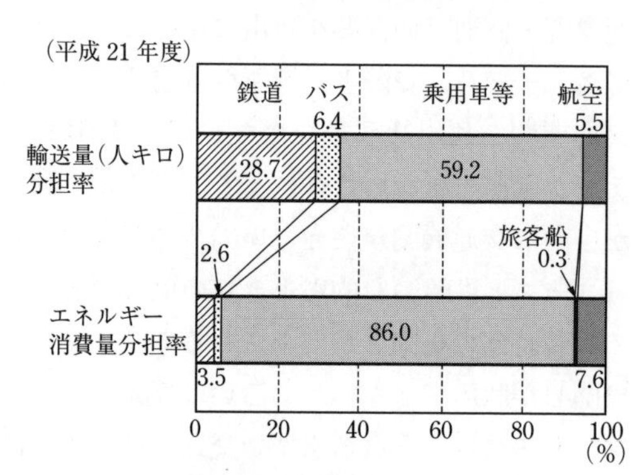

図5･2 国内主要輸送機関の輸送量とエネルギー消費量の構成 [3)]

自動車交通の増大に伴い激化する都市交通問題を解決するために，公共交通システムの果たす役割はますます大きくなっている．自動車の持つ随意性，随時性，機動性，個室性等の利点や特性も活かしつつ，両者の調和のとれた交通サービスの利用，提供が必要である．

5･1･3 都市規模と公共交通

都市規模とその都市で機能する公共交通機関の種類との関連を，双方向の側面から見てみる．

例として地下鉄を取り上げる．地下鉄を建設し経営するためには膨大な投資と維持費を必要とする．そのため，人口規模でいえば100万～200万人以上の都市でなければ地下鉄整備は困難である．**5･1･1**でも述べたように，一般に公共交通機関はマストランジットであり，経営的観点からある公共交通機関が成り立つためにはそれを支えるだけの需要，すなわちある一定以上の都市規模が必要である．

逆に，公共交通機関がある程度整備されていなければ，その都市は一定以上の規模にまで拡大することはできない．例えば，公共交通システムとしてバス路線網のみの都市は多くある．しかし，その都市が成長・拡大し，ある一定以上の空間的広がりを持つためには，バスよりもさらに大量輸送，高速走行，定時運行が可能な軌道系の交通機関がどうしても必要となってくる．

このように都市規模は公共交通機関の成立条件を定め，逆に公共交通の整備状況は都市の発展の可能性を決定する．表5･3は都市規模を大都市圏，地方中枢都市，地方中核都市，その他地方都市に分類し，それぞれの公共交通システムの整備状況の特徴を整理したものである．

表5･3　都市規模と公共交通

都市規模	公共交通システムの整備状況
大都市圏	・都市圏内交通は近郊鉄道が主体 ・都市内交通は環状鉄道，地下鉄が主体 ・中量輸送機関，バスが都市内交通の補完的役割
地方中枢都市	・都市周辺部とは鉄道により連絡 ・都市内交通は一部地下鉄，中量軌道 ・都市内交通は路面電車，バスが主体
地方中核都市	・都市内交通は路面電車，バスが主体 ・一部の都市で地方鉄道
その他地方都市	・バスが主体 ・一部で地方鉄道

首都圏，中京圏，京阪神圏等の数百万人から2 000万人規模の大都市圏では公共交通の需要量は極めて大きく，都市高速鉄道と呼ばれる地下鉄や郊外都市と都心をつなぐ近郊電車，あるいは都市内の環状電車等の整備が可能となる．また，副都心や人工島との間には新交通システムと呼ばれる中量軌道も運行している．これらの軌道系の大量輸送機関が都市交通網の骨格となるが，それを補完し，また端末交通として機能するためのバス路線網整備も重要な課題である．

地方ブロックの中心都市である札幌，仙台，広島等おおむね100万人規模の地方中枢都市では，都市交通のすべてを道路交通のみで賄うことは困難である．そのためこれらの都市では，より大量・高速輸送の可能な軌道系交通システムの整備が重要となっており，地下鉄の整備が進められている．また，都市規模に応じた需要量の面で地下鉄の整備が困難なところでは，路面電車やモノレール，新交通システム等の中量軌道システムの整備が主要な課題となっている．しかし，これらの都市で地下鉄や新交通システムを都市全体にはりめぐらすことは需要量の面で困難であるので，都市の骨格を形成する路線は鉄道や新交通システム，それ以外は路面電車やバスによる機能分担が重要である．

おおむね20万人以上の県庁所在地ないしそれに準じた地方中核都市では，路面電車，バスが公共交通システムの中心である．しかし，これらの交通機関は道路上を他の自動車と混合して走行しているため，道路混雑の激化に伴う走行速度の低下，定時走行確保の困難さ等の問題を抱えている．そのため，路面電車，バスの走行性・利便性を高めるバス専用レーン設置やバス網の再編等のソフト面からの充実が主要な課題となる．また，条件によっては中量軌道システム整備の検討も行われている．

比較的人口規模の小さな地方都市では，地方鉄道等の過去にわが国の交通を支えた鉄道網の遺産が残っている場合を除いて，軌道系の新たな整備は困難である．そのため私的交通機関が主流となっているが，マイカーを利用しない人々の足の確保のために，公共交通機関としてはバスが中心である．ただし，需要量の少なさと運行サービス水準の低さとが相互に悪循環に陥って，公共交通としての利用のしにくさ，採算性の低下等バス経営に関する問題が課題として顕在化している．

5･2　鉄　　道

5･2･1　鉄道の役割

公共交通システムの中でも，分担する輸送量の大きさという点で鉄道は重要である．一般に鉄道は次のような長所を有している．

① 一度に大量の旅客・貨物の輸送が可能
② 専用軌道を走行するため，ほかからの影響を受けにくく定時性が高い
③ 歩行者や他の交通機関と空間的に分離されているため，安全性が高い
④ 高速走行が可能
⑤ 特別な技量や資格，高額の購入費用を必要とせずに利用可能
⑥ 既設鉄道の場合，輸送コストが低い
⑦ 単位輸送量当たりのCO_2排出量などの環境負荷が小さい
⑧ 駅を中心とした市街地を形成

逆に短所としては，以下のものがある．

① 乗降は駅でのみ可能でありアクセス性に劣る
② 決められた軌道のみ走行可能であり機動性に欠ける

③ 運行スケジュールが決まっており随時性に欠ける
④ 地下鉄等，新設する場合は建設コストが大きい
⑤ 輸送力の調整が運行頻度の調整で行われることが多く，利便性に直結する
⑥ インフラコストが大きいため，参入・撤退が容易ではない

モータリゼーションにより自動車が普及するまでは，鉄道は比較的長距離の交通手段として大いに利用されてきた．現在でも都市間をつなぐ長距離の輸送手段として，都市圏・都市内での通勤輸送手段として，また地方部で乗用車を使わない人々の日常的な足として，その重要性は大きい．さらに近年では，鉄道は環境負荷が小さいため，コンパクトシティなどの都市圏全体の環境負荷低減の重要な要素として注目を浴びている．

大量・中量型の軌道系交通に分類されるものとして，表5･4に示すようなものがある．表5･4に示すもののうち，リニアモーターカーおよび新交通システム等は新しい交通システムとして**5･3**で説明する．

表5･4　大量・中量型軌道系交通の種類

種　類	具体例
超高速鉄道	磁気浮上型リニアモーターカー
都市間高速鉄道	新幹線
大量型鉄道	都市鉄道，地下鉄
中量軌道	新交通システム，モノレール，LRT

5･2･2　都市間鉄道

わが国において自動車が未発達であった時代，旧国鉄を中心とした全国の鉄道網は唯一の陸上輸送機関であった．その後，全世界的なモータリゼーションの発展と共に鉄道の斜陽化がいわれた時期もあったが，昭和39年の東海道新幹線の開通により，鉄道が本来的に持っている大量輸送性と高速性が再認識され，現在も広域的に都市間をつなぐ最も重要な交通システムとして，新幹線およびJR幹線は大きな役割を果たしている．これは細長くて狭い国土に多くの人口が居住しているわが国の地理的条件にマッチしたためであり，航空機や高速道路が発達した状況下でも新幹線・JR幹線の重要性は今後とも変わらないと思われる．

国鉄改革に伴って新幹線の建設は東北新幹線（東京―盛岡）以後しばらく停滞していたが，平成3年度に全国新幹線鉄道整備法が一部改正され，標準軌新線（フル規格新幹線）に加えて新幹線鉄道規格新線（スーパー特急方式），新幹線鉄道直通線（ミニ新幹線）による整備が可能となった．これら新しい方式は暫定整備計画と呼ばれ，ミニ新幹線とフル規格新幹線を組み合わせた計画が東北新幹線の盛岡－新青森間（平成3年）で認可された．また北陸新幹線の富山－金沢間

(平成4年)，上越－富山間（平成5年)，さらに九州新幹線の新八代－西鹿児島（鹿児島中央）間（平成3年）でもスーパー特急方式が認可され，着工された．

平成8年12月の政府・与党の合意に基づいて平成9年より財源スキームが変更され，国と地方が2：1の割合で建設費を負担し，事業者は受益の範囲内でリース料を支払うという公設民営方式が導入された．このスキーム変更を受け，すでに暫定整備として着工されていた多くの区間がフル規格新幹線に工事内容が変更された．東北新幹線の盛岡－新青森間は八戸までの部分開通を経て，平成22年12月には新青森までフル規格新幹線として全通した．さらに北部の北海道新幹線は，新青森－新函館間が平成17年に着工し，平成28年3月に開業した．新函館－札幌間も平成24年に着工している．北陸新幹線は平成17年までに長野－金沢間の全区間がフル規格で工事中となり，平成27年3月に開通した．平成27年度現在，平成24年6月に着工された金沢－敦賀間が工事中である．九州新幹線は平成13年4月には博多－西鹿児島間の全区間がフル規格で工事中となり，新八代以南の部分開通を経て，平成23年3月には鹿児島ルートが全通した．長崎ルートについては平成20年に一部区間が暫定整備計画に基づいて着工され，現在は武雄温泉－長崎間がフル規格新幹線として工事中である．平成28年4月現在の営業線および工事線は，図5･3のようになっている．

一方，いわゆる整備新幹線とは別に，東海旅客鉄道株式会社の自己資金による

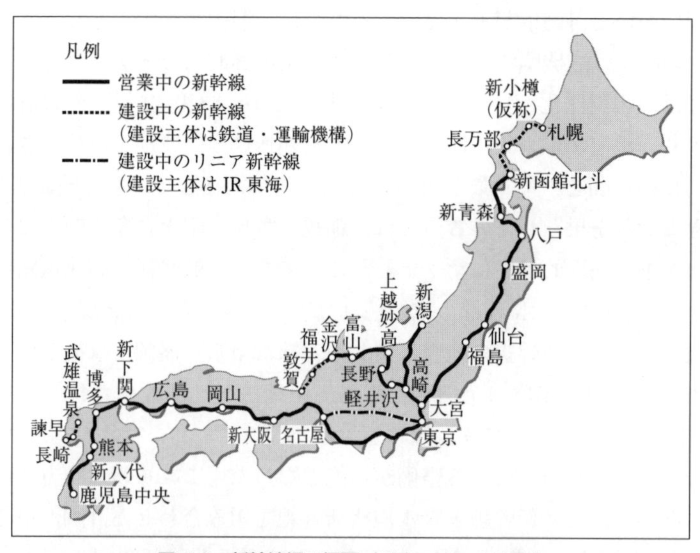

図5･3　新幹線網の概要（平成28年4月現在）

建設として中央新幹線が整備され始めている．中央新幹線は昭和48年に基本計画が決定され，交通政策審議会の答申を受けて平成23年に整備計画が決定された．平成27年に東京（品川）－名古屋間の工事が本格着工され，平成39年開業見込みである．全線の総事業費は約9兆円であり，資金制約のため名古屋－大阪間は着工が後回しになっており，全線開業は平成57年の予定になっている．中央新幹線は最高速度500 km/h運転の超電導リニア方式で建設され，開業すれば品川－名古屋間が約40分，品川－大阪間が約67分になり，東西間の移動時間が大幅に短縮される．また，東京－名古屋間で内陸部を経由するため，南海トラフ巨大地震の影響が小さくなると期待されている．

既設新幹線においても，それまでの200 km/h台前半であった運転速度が，平成4年には東海道新幹線で300系電車による270 km/h運転が開始され，平成9年には山陽新幹線で500系電車による300 km/h運転が，平成25年からは東北新幹線でE5系電車による320 km/h運転がそれぞれ開始されており，将来的には

表5・5　長・中距離旅客サービスの向上施策の例（文献4）に加筆・削除）

	高速化	快適性の向上	各種サービスの改善
車両	・より高速化を目指した車両の開発（振子式電車など） ・車両の軽量化 ・車両の低重心化による曲線通過速度向上	・乗心地の改善（空気ばねなど） ・2階建て車両 ・コンパートメント車両 ・お座敷列車，サロンカー ・リクライニングシート ・車内の美化 ・魅力的なデザイン・塗装	・ネット接続サービスの提供 ・PC用コンセントの設置 ・車内整備の徹底
施設・設備	・軌道強化 ・曲線・勾配改良 ・信号・制御方式の改良（デジタルATCや高機能型のATS導入） ・停車場改良 ・電化・複線化 ・環境対策設備の改良	・ロングレール化 ・曲線改良（急曲線，緩和曲線の改良） ・駅のコンコース・通路のゆとりと美化 ・エスカレータ，動く歩道の設置 ・バリアフリー化推進	・座席予約システムの質的・量的改善 ・わかりやすい券売機 ・わかりやすい案内標識 ・機能的・近代的駅設備
サービス	・接続ダイヤの改善 ・航空機との連絡輸送	・車内案内，アナウンスの質的向上 ・車内サービスの改善 ・観光列車における供食	・接客サービスの改善 ・異常時などにおけるきめ細かな情報連絡 ・Web等による運行情報の提供 ・指定席券の電話予約 ・ネット予約システムの導入 ・みどりの券売機 ・ICカードシステムの導入 ・各種の割引制度

東北新幹線において360 km/h運転が目指されている．これらの速度向上により，主要都市間では航空機と十分に対抗できるまでの所要時間短縮が図られている．

また，在来線においても表5･5に示すように，旅客の多様なニーズに対応するために各種の旅客サービス向上施策が取られ，航空機や高速道路に対する競争力の向上が図られている．

現状における都市間鉄道には幾つかの課題がある．政策面では，全国新幹線鉄道整備法（全幹法）は高度経済成長期の新全総を背景として昭和45年に制定されたが，現在は社会状況が大きく異なっている．全国的な新幹線整備のマスタープランである現行の基本計画は決定後40年以上を経ているが，抜本的な見直しがなされていない状況にある．全幹法は全国に新幹線網を建設することが前提であるため，在来幹線の改良・改築に対する配慮がほとんどないという欠点がある．

実際の新幹線網建設においても，整備計画線が次々と完成していく状況下にもかかわらず，比較的旅客が多いことが見込まれる北陸新幹線の敦賀－大阪間がルートすら決まらない状況にあるなど，着工の方針が明確でない．また，既着工区間においても財源が限られているために工期が長い傾向にある．

技術面では，世界的に高速鉄道の運転速度は300 km/h以上になりつつある中，わが国の新規整備される新幹線は260 km/h運転が前提であり，時代錯誤な状況になりつつある．さらに，日本の在来線と新幹線とでは軌間が異なっているため，これを直通運転するための特殊車両（Free Gauge Train）が平成9年から開発が開始され始めたが，20年近くを経ても実用化されていない（図5･4）．

図5･4 軌間変換装置（提供：鉄道運輸機構）

5·2·3 都市鉄道

首都圏・中京圏・京阪神圏等の大都市圏においては，都市鉄道網が発達している．都市鉄道は，衛星都市と都心とを放射状につなぐ近郊路線と，都市内を環状・網状につなぐ都市内路線とに大別できる．前者は，JR 近郊区間や近郊電車と呼ばれる私鉄路線である．後者は，東京の山手線や大阪環状線等の都市内環状路線，および都市内における都市高速鉄道いわゆる地下鉄がこれに相当する．表 5·6 に 3 大都市圏における都市鉄道の現況を示す．

表 5·6 3 大都市圏における都市鉄道の現況[5]（単位：km）

区分 / 圏域	高速鉄道				路面電車	バス
	JR	私 鉄	地下鉄	計		
首都交通圏	887.2	1213.9	357.5	2,458.6	17.2	17,720.6
中京交通圏	238.8	645.2	93.3	977.3	0.0	4,884.8
京阪神交通圏	511.8	800.0	191.7	1,503.5	51.3	8,862.0
3 大都市交通圏計	1637.8	2659.1	642.5	4,939.4	68.5	31,467.4

（注） 1) 平成 23 年 3 月末現在の値である．
2) 首都・中京・京阪神交通圏における高速鉄道および路面電車については，各事業者報告における営業キロを，乗合バスについては各事業者報告における免許キロを計上した．高速鉄道のうち JR には新幹線を含まず，私鉄にはモノレールおよび新交通システムを含む．なお，主に観光遊覧を用途としている交通機関については対象としない．

これらの大都市圏では，昭和 30 年代に入ってからの急速な高度成長を経て，この数十年間に極めて膨大な人口増加とそれに伴う都市圏の膨張・外延化が進んだ．そのため，周辺衛星都市群からの大量の通勤交通が流入することとなり，これに合わせて大量・高速輸送機関としての都市鉄道網の整備が進んだ．整備内容としては既存路線の複々線化・高架化，新線建設，駅舎改造と列車編成の長大化，列車増発，各社線の相互乗入れ等が挙げられる．

図 5·5 は，3 大都市圏の都市鉄道の混雑率・輸送力・輸送人員を示したものである．鉄道各社とも，輸送力増強に伴い混雑率が低下した．近年は，輸送人員が減少傾向にあることによって，いずれの都市圏においても混雑率が低下している．

3 大都市圏以外の都市においても都市鉄道の重要性は高く，地下鉄建設等の整備が進められている．平成 27 年 3 月現在，地下鉄が営業中の都市は札幌，仙台，さいたま，東京，横浜，名古屋，京都，大阪，神戸，広島，福岡の各都市である（一般社団法人日本地下鉄協会 web サイトによる）．

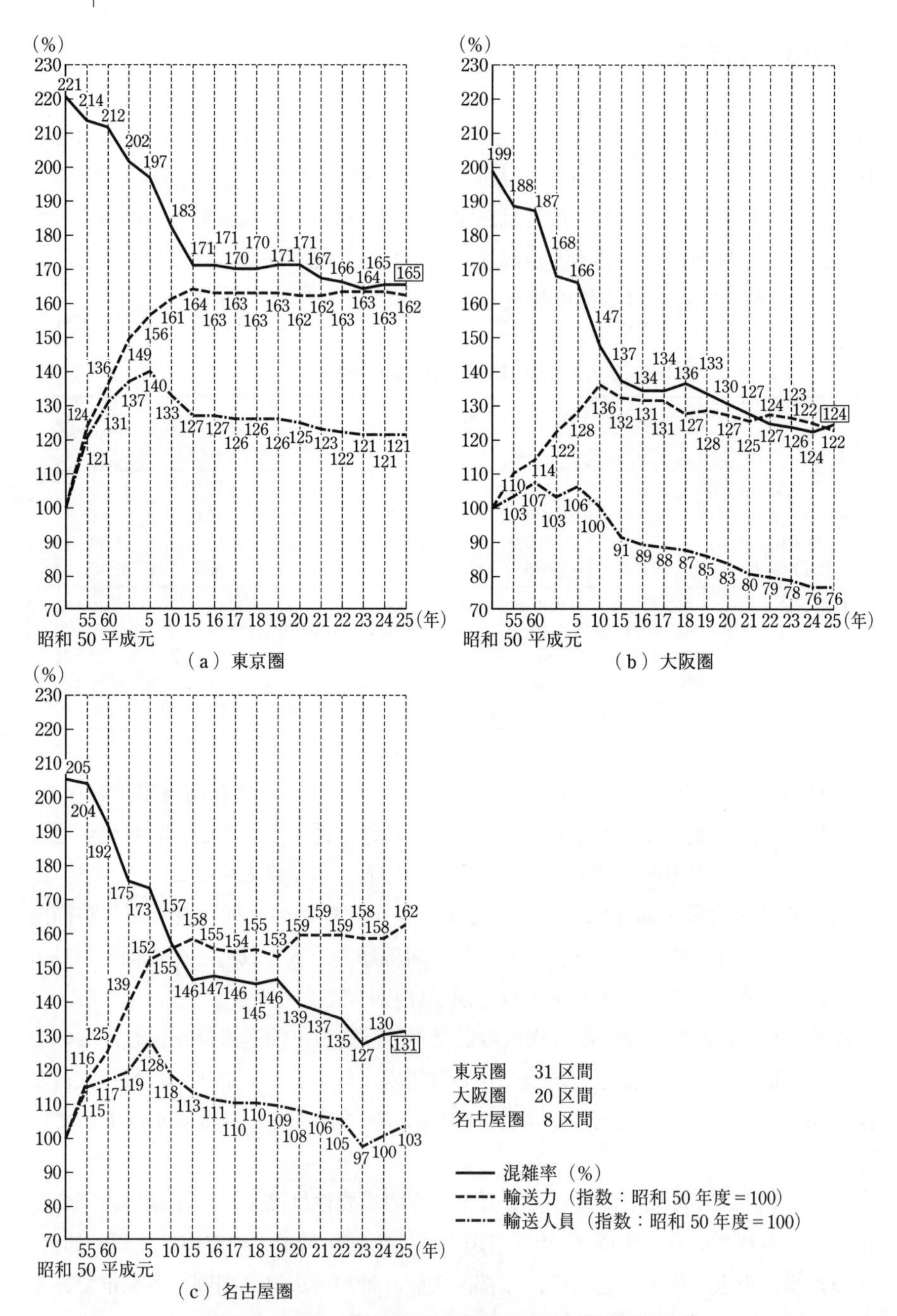

図 5·5　3大都市圏の都市鉄道混雑率・輸送力・輸送人員 [6)]

大都市部における都市鉄道整備は事業費がかさむため，近年では鉄道事業者による単独事業は少なくなっており，例えば，公共と民間が出資する第三セクターが路線整備を行ったり（JR 東西線，おおさか東線，阪神なんば線の一部など），あるいは都市鉄道等利便増進法に基づく上下分離によって公費で路線整備を行って（相鉄・JR 直通線，相鉄・東急直通線など），民間が完成後の鉄道事業を行うといった公設民営方式の路線が多くなってきている．

5・2・4 地方鉄道

JR 地方交通線や中小民鉄等の地方鉄道は，モビリティ確保の面で地域の重要な生活基盤となっている．しかし，都市部と比較すると運行区間は線的であり運行本数も少ない等サービス水準が低く，並行する道路整備と互角に競うことができず，鉄道離れが進んだ．

また，地方部における人口減少ともあいまって運賃収入の低下，人件費高騰により地方鉄道の経営は困難な所が多い．そのため，廃線やバス路線への転換が進められたが，1980 年代～ 1990 年代には地方交通線対策として，旧国鉄から地方自治体が中心となって設立した第三セクターへの転換，あるいは地方鉄道新線建設が進められた．2000 年には鉄道事業法が改正され，バス事業などと同様に鉄道に関する需給調整規制が廃止された．鉄道事業への参入が簡素化されると同時に，鉄道事業からの撤退も比較的容易にできるようになった．この法改正の結果，大手私鉄の支線や第三セクター鉄道などで路線の廃線が進行した[7)]．一方，近年は整備新幹線の建設と開業が進行し，並行する在来幹線が JR から経営分離されて第三セクターに移管される例が増えている（図 5・6）．

衰退傾向にある地方鉄道が多い中，積極的な経営をしている路線もある．例えば JR 富山港線をリニューアルするとともに路面軌道区間を新設することで LRT 路線として再生した富山ライトレールや，いったん廃止になったローカル線を復活させた上で利用者サービスを向上させることで乗客を年々増やしている福井のえちぜん鉄道の例もある．

図 5・6　並行在来線（しなの鉄道）［2013 年 1 月撮影］

5・3　中量軌道系交通システム

5・3・1　新交通システム[1),8)]

新交通システムとは，都市内ないし都市間交通機関のうち，広義には，最新の技術開発により従来の交通機関とは異なった新しい機能・特性を有した交通手段（AGT，モノレール，リニアモーターカー等）および，既存の交通手段をソフトの大幅な改革によって発展させた新しい交通システム（ライトレール，デマンドバス，ライド・アンド・ライドシステム等）の総称であり，主に中量輸送を対象としたものである．また狭義には，上記のうち AGT（automated guideway transit）を指す場合が多い．

AGT とは，小型軽量のゴムタイヤ付き電車をコンピュータで運行管理するもので，無人運転が可能な中量軌道輸送システムである．わが国では東京ゆりかもめ，大阪南港ニュートラム（図 5・7），神戸ポートライナー等が代表例であり，国際空港におけるターミナル間移動で使われることもある．

図 5・7　大阪南港ニュートラム

AGT は 1972 年にワシントン D.C. で開催された交通博覧会で初めて展示された．当時アメリカの Urban Mass Transportation Administration によって行わ

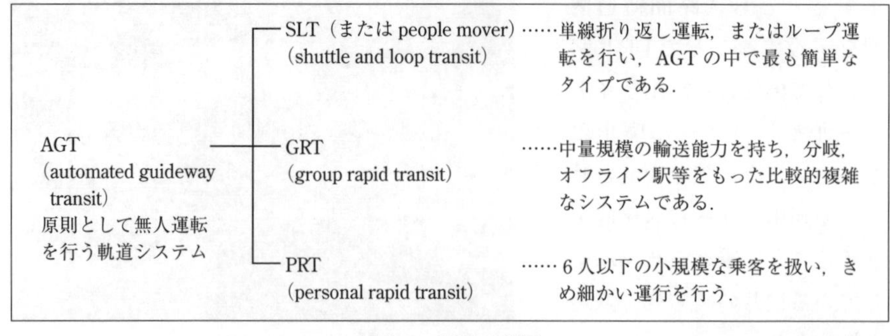

図 5・8　AGT の分類

れたAGTの分類は，図5・8に示すようなものである．

新交通システムは，バスと鉄道との中間的な交通手段として位置づけられ，建設コストも高架鉄道や地下鉄に比較すると安価である．また専用軌道を走行するため，バスや路面電車のように混合交通の影響による速度や定時性の低下が生じにくく，地下鉄建設が可能なほどには需要が期待できない都市や地域における中量輸送システムとして着目されている．

平成27年10月現在，AGTは9社局10路線で運行されている．

5・3・2 都市モノレール

都市モノレールもAGTと同様，バスと鉄道との中間的な交通手段としての特性を有しており，中量輸送システムとして各都市で運営されている．モノレールの型式としては跨座式と懸垂式とがある．平成23年3月現在，東京モノレール，多摩都市モノレール，湘南モノレール，千葉都市モノレール，大阪モノレール，北九州モノレール等10社12路線が営業している[9]．

都市モノレールは，前述の新交通システムと同じく道路の一部として，構造物本体に対して公営地下鉄に準ずる建設補助制度が設けられている．補助が開始された1974年以降，図5・9のようにモノレールや新交通システムの整備が進んだ[10]．多くの区間は道路の一部として軌道扱いで整備されたが，港湾整備の一部や地下鉄として整備され，鉄道扱いになっている区間もある．

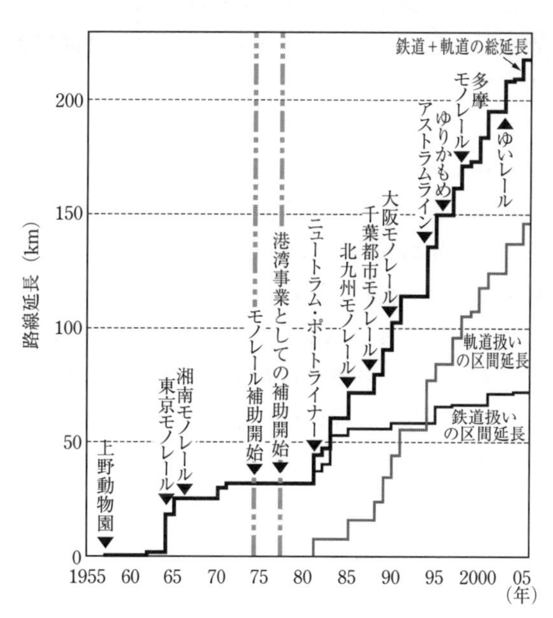

図5・9 モノレール・新交通システムの整備延長の推移[10]

5・3・3 その他の都市交通システム

リニアモーターカーは，推進力をリニアモーターで得る方式の新しい交通手段の総称で，大別すると鉄輪式と磁気浮上方式とがある（表5・7）．鉄輪式リニア

表5･7 リニアモーター鉄道の例

速度 / 駆動方式	中～高速度	低速度
鉄輪式	—	長堀鶴見緑地線（大阪市） 海岸線（神戸市） 大江戸線（東京） Sky Train（バンクーバー）
磁気浮上式	中央新幹線（JR方式，工事中） 上海トランスラピッド（トランスラピッド方式）	愛知高速交通東部丘陵線 ［Linimo］（HSST方式）

モーターカーの車体は従来どおりレールと鉄輪で支えるもので，ギヤ装置が不要のため車両の低床化・小型化が可能である．日本では主としてミニ地下鉄で使用されている．また，磁気浮上式は表5･8に示す3方式があり，磁石間に働く力により反発型と吸引型とがある．表5･8のJR方式は反発型であり，500 km/h運転の都市間輸送用である．HSSTおよびトランスラピッドは吸引型であり，都市交通で用いられるのは100 km/h以下で運転されるHSSTである．HSSTは現在Linimoという愛称で愛知高速交通東部丘陵線において使用されている．

スカイレールは，ロープウェイのゴンドラに似た小型の車両を用いる懸垂型モノレールの一種であり，車両は軌道桁に支持されている．駆動は循環するワイヤロープによっており，建設費が比較的安価で，ロープウェイに比べて風に強いなどの特徴がある[12)]．スカイレールは，広島短距離交通瀬野線においてJR駅と丘陵の住宅地を結んでいる．

ガイドウェイバスは，車両そのものは通常のバスとほぼ同じものを使用するが，ガイドのある走行路では車輪の近傍に設置されている案内輪によって曲線であってもハンドル操作無しで走行できる．日本では名古屋のゆとりーとラインで使用されているが，高架のガイドウェイ走行部分は軌道法に基づいて運用されており，一般道走行時は通常のバス扱いである．

5･4 路面電車

5･4･1 路面電車の役割と課題

（1） 全国の路面電車

路面電車とは，道路上に敷設された軌道上を走行する電車である．ただし，同じ事業者の運行区間の中に，道路上を走行する区間（併用軌道）と専用の軌道を走行する区間（専用軌道）とが混在する場合も多い．ここでは，一部区間でも併用

表5·8 リニアモーターカーの比較[11]

	JR方式（超電導）	HSST（常電導）	ドイツ・トランスラピッド（常電導）
概略の構造	超電導磁石(A) 地上コイル(C)（推進・案内用） 地上コイル(B)（浮上用）	常電導磁石(C)（推進用） 集電装置(DC) リアクションプレート(D) 常電導磁石(A)（浮上・案内用） 支持・案内用レール(B)	常電導磁石（案内用） 鋼板（案内用） 常電導磁石(A)（推進・浮上用） 鋼板(B) 地上コイル(C)
開発主体	（財）鉄道総合技術研究所	（株）エイチ・エス・エス・ティ	トランスラピッド・インターナショナル社
浮上の仕組み	超電導電磁誘導　反発（約10 cm）	常電導　吸引（約1 cm）	常電導　吸引（約1 cm）
推進の仕組み	線路側に電力を供給して推進させる方式 （地上1次LSM） （線路側に電磁石を敷設）	車両側に電力を供給して推進させる方式 （車上1次LIM） （線路側にアルミ板を敷設）	線路側に電力を供給して推進させる方式 （地上1次LSM） （線路側に電磁石を敷設）
集電の仕組み	非接触集電	接触集電	非接触集電
最高速度	目標500 km/h	目標300 km/h	目標400～500 km/h
特徴	①車上磁石に超電導磁石を使用しているため車体と軌道のすき間は10 c m程度と大きい． ②低速では浮上しないため補助車輪が必要． ③電気的な特性（効率，力率）が良い． ④地上制御であるため，列車ごとに変電所からの制御が必要． ⑤車両側は小容量の集電で機能可能 ⑥超電導，極低温等の技術を要する．	①車上磁石に常電導磁石を使用しているため車体と軌道のすき間は実用上1 cm程度と小さく軌道を高精度に維持することが必要． ②低速でも浮上するため補助車輪は不要． ③電気的な特性（効率，力率）は劣る． ④車上制御であるため，車両側に制御装置を搭載することが必要． ⑤車両側での大容量の集電が必要． ⑥既存技術の組み合わせにより実現可能．	①車上磁石に常電導磁石を使用しているため車体と軌道のすき間は実用上1 cm程度と小さく軌道を高精度に維持することが必要． ②低速でも浮上するため補助車輪は不要． ③電気的な特性（効率，力率）が良い． ④地上制御であるため，列車ごとに変電所からの制御が必要． ⑤車両側は小容量の集電で機能可能． ⑥既存技術の組み合わせにより実現可能．

軌道のあるものを路面電車として扱う．

表5･9は，平成26年度末現在の全国の路面電車一覧である．都市名は，その路線が通過する都市の内，代表的なものを示す．

全国16都市，19事業者，総延長219.6 kmの路面電車が運行している．

かつては，東京，名古屋，京都，大阪，神戸，福岡などの大都市も含めて多くの都市で公共交通網の中心を担っていたが，1960～1970年代の自動車交通の増大に伴う道路混雑の激化や経営悪化を主な要因として，その多くが廃止された．大都市では地下鉄に代わったが，地下鉄整備に見合う需要のない中小都市ではバスに代替され，そのことが現在の他方都市での公共交通整備問題につながっているともいえる．

表5･9　全国の路面電車一覧（全国路面軌道連絡協議会資料による）

都市名	事業者	路線延長（km）
札幌	札幌市交通局	8.5
函館	函館市交通局	10.9
東京	東京都交通局	12.2
東京	東京急行電鉄	5.0
富山	富山地方鉄道	7.3
富山	富山ライトレール	7.6
高岡	万葉線	12.8
福井	福井鉄道	3.3
豊橋	豊橋鉄道	5.4
京都	京福電気鉄道	11.0
京都	京阪電気鉄道	21.6
堺	阪堺電気軌道	18.7
岡山	岡山電気軌道	4.7
広島	広島電鉄	19.0
松山	伊予鉄道	9.6
高知	土佐電気鉄道	25.3
長崎	長崎電気軌道	11.5
熊本	熊本市交通局	12.1
鹿児島	鹿児島市交通局	13.1
合計		219.6

（2）　役割と課題

路面電車は，自動車やバスよりも一度に大量の旅客を輸送することが可能であり，また地下鉄等の鉄道よりも駅間隔が短いため都市内の短距離交通に適した交通機関である．中小都市では，都市内交通の骨格を形成し得る．また，道路上を走行し，軌道が敷設されているために交通機関としての認知性，視認性が高く，地下や高架駅への上下移動が少ないため高齢者や身障者にとっても利用がしやすい等の利点を有している．

一方で，道路空間を自動車と共有するために道路混雑の面で，自動車との摩擦が生じ得る．さらに，バスに比較して線路・停留所や車両の新設・整備，維持補修にかかわるコストが大きく，路面電車事業者の多くは経営上の問題を抱えている．

現在の日本の路面電車は，旧来から維持されてきた路線が大半であり，車両や施設の老朽化が進んでいる．しかし，近年バリアフリーやデザイン性の向上を目指して，各地で低床式の新型路面電車が導入され，それがきっかけで乗客増加につながっている例も多い．図5・10は阪堺電車の低床式車両（堺トラム）である．

図 5・10　阪堺電車の低床式路面電車［2013 年 2 月撮影］

5・4・2　LRT（Light Rail Transit）

交通混雑や交通事故等の都市交通問題の解決や，環境的に持続可能な都市づくりの装置としてLRT（Light Rail Transit）と呼ばれる新しい路面電車システムが近年注目されている．フランスやスペインをはじめとする欧州各都市やアメリカなど世界各地で，一度廃止した路面軌道を復活させ，都市交通問題・環境問題の解決と都市の活性化へとつなげる動きが旺盛である．

「路面電車」という表現が交通手段の1つを示すのに対し，「LRT」は路面電車の特徴を活かしながら，車両の改良だけでなく，路線，運行，他の公共交通との連携，中心市街地における自動車の規制，まちづくりとの関連性まで含めて都市交通政策的観点からのシステム全体を示す表現である．

例えば，近年新設トラムの整備が著しい欧州諸都市では，以下のような施策が進んでいる．

① 断新なデザイン，低床でバリアフリーの車両や停留所

② トラム優先信号

③ 中心市街地での自動車の通行規制

④ 鉄道やバス等他の公共交通との運行面，運賃面でのシームレスな接続

⑤ パーク・アンド・ライドと呼ばれる自動車からトラムへの乗り換え施設

図 5・11　セビーリャ（スペイン）のトラム
［2011 年 9 月撮影］

図5･11にセビーリャ（スペイン）の新設トラムを示す.

日本の路面電車事業の大多数は民間事業者や交通局が担っており，総合的な都市交通政策の中に路面電車を位置づける仕組みが十分でないため，多くの都市でLRTの構想・計画はあるが，実現したのは平成27年度末時点で富山ライトレールのみである.

LRT導入の費用は，地下鉄に比べると1/10程度の低いものであるが，それでも地方自治体が単独で整備するには，重い地元負担が生じるため日本での整備はなかなか進んでいない．今後，上下分離方式等の整備制度の充実，財源制度の裏付け，道路空間再配分に関する社会的合意等の課題が克服される中で，人と環境に優しい都市公共交通整備の切り札としてのLRT整備が期待される.

5･5　バ　ス

5･5･1　バスの役割

図5･12は，平成25年度の公共交通機関輸送人員約299億人の機関別内訳である．バスは全体の15%を占めており，都市における端末交通として，地方部における日常生活の足として，また近年では都市間をつなぐ長距離バスとして，公共交通におけるその役割は大きい．バスの特性の主なものを以下に示す[1].

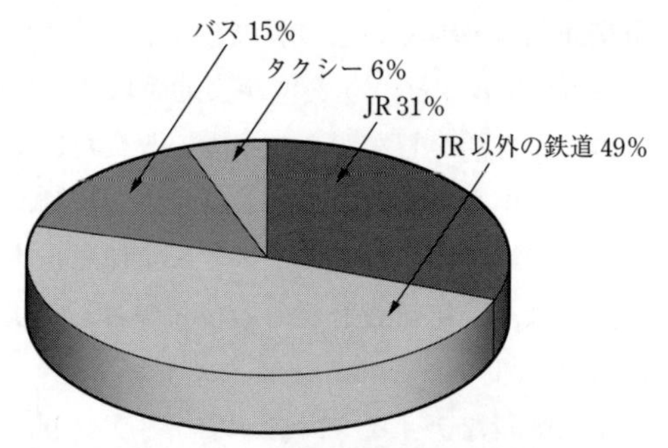

図5･12　公共交通機関別輸送人員構成比
（文献13）に基づいて作成）

① 固定設備はほとんど不要で，道路さえあればどこへでも行ける
- 初期投資が少なくてもよい
- 路線の新設が容易である

② 路線網密度を高くできる（細かいネットワーク）

③ 少量～中量交通機関として多様な輸送が可能である

④ 道路交通渋滞の影響を受けるため定時性の確保が難しい

⑤ バス路線・停留所がわかりにくい

このようなバスの特性，特に鉄道に比較して初期投資が小さく路線が固定的でないという利点から，バスほど多様に利用されている公共交通機関はない.

まず全国的に高速道路網が整備されてきているという条件のもとで，従来のJRや航空機に加えて長距離高速バスが都市と都市，地方と地方を結ぶ比較的安価で利便性の高い乗り物として発達している．これらの路線の多くは，在来の鉄道や航空路線では乗継ぎ・乗換えせざるを得なかった地域間を直通で運行し，このような区間の旅客の利便性を向上させている．バス路線の機動性が活かされた例である．さらに首都圏を中心に，12社36路線の深夜バスが運行しており[5)]，バスの機動性を活かして乗客ニーズに合わせたものとなっている．

都市交通の面でも，都市周辺部におけるフィーダーとして，あるいは都市鉄道の網の目からはずれた都市内地区で，鉄道を補完する輸送手段として通勤や業務・生活等の交通に大きな役割を果たしている．

さらに，鉄道が発達していない地方都市や地方部において，マイカーを利用できない人々の唯一の公共交通手段としてバスは機能している．

5·5·2　バスの課題

このようにバスは多様な利用可能性のある交通手段であるが，図5·13に示すように輸送人員数は減少傾向にある．これにはマイカーの増大とバスサービスの低下が相互に関連している．バスは道路上を他の自動車と混合して運行しているため，交通量の増大による道路渋滞に巻き込まれバスの運行速度が低下する．そのためダンゴ運転等の現象が生じ運行の定時性が確保できず，都市交通機関としての信頼性が低下している．また，鉄道と比較すると一般に運転終了の時刻は早く，夜型の生活が進んでいる都市部では利用しにくいものとなっている．この結果，バスからマイカーへの転換が進み，それがまた道路渋滞を激化させ，ますますバスの信頼性を低下させている．このような悪循環は，公共交通のサービス水準が低い地方中小都市で顕著である．

さらに，経営面からもバス離れが進む中でバス事業の採算性は年々悪化し，それがまた路線の廃止・縮小，運行回数の低

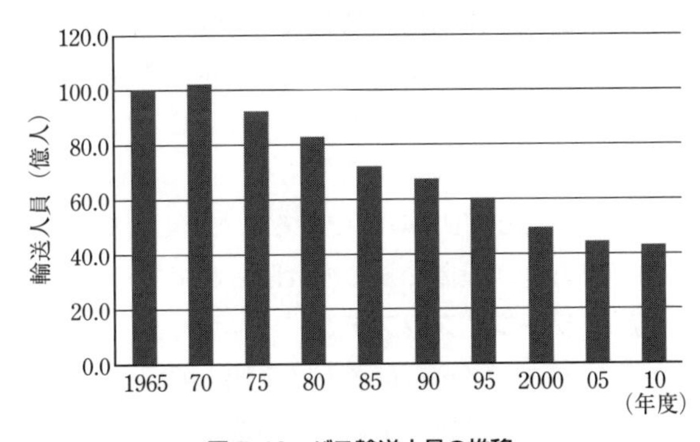

図5·13　バス輸送人員の推移
（文献14）に基づいて作成）

下等のサービス低下をもたらすこととなっている．特に人口の減少・高齢化の進む過疎的な地域でのバス事業は困難であり，バス路線の廃止により唯一の公共交通機関が消滅してしまうという，単なる一バス会社の経営問題にとどまらず，モビリティの確保という面でその地域の社会問題となる事例がみられる．平成12年の道路運送法の改正によるバス事業の規制緩和に伴い，地方部において路線の廃止がさらに加速する懸念が生じている．

このように，マイカーとの競合によりバス輸送はさまざまな困難に直面しているが，バスの公共的使命を考えるならば，総合的・政策的な見地からの改善が課題となっている．

5·5·3 バス輸送サービスの向上

バス輸送の問題点を解決するために，近年，都市部を中心にバス輸送サービスを改善するための各種施策が実施されている．

バス輸送が持つ最も大きな問題点である高速性・定時性の確保については，公共車両優先システム（PTPS；Public Transportation Priority Systems）と呼ばれるバス専用・優先レーン・優先信号の設置に加えて，ゾーンバスシステム，急行バスの運行等がある．また，都市交通網の体系にバス輸送を位置づけた路線網の再編や他の交通機関からの乗継ぎシステム，バスターミナルの整備が進められている．さらに，利便性の向上を図るための施策としては，深夜バス，デマンドバス，バスロケーションシステム等がある．そのほか，総合的なバスサービスの改善を図る都市新バスシステムやBRT（Bus Rapid Transit）などが政策的にも進められている．

ここでは，これらのうち代表的な幾つかについて説明する．

（1） 公共車両優先システム（PTPS）

バス等の公共交通車両が優先的に走行できるようにしたシステムである．バスと他の自動車交通とを分離して走行させる専用・優先レーンの設置や，バスを優先するように信号制御を行うものである．図5·14は，大阪府道大阪和泉泉南線に設置されたPTPSの例である．ただし，道路幅員に余裕がない路線では設置不可能であり，設置できる所は限られている．

（2） ゾーンバスシステム

ゾーンバスシステムは，バス系統を幹線系統と支線系統とに分離階層化することによってバス系統の単純化・明確化を進め，運行の円滑化と利用者の利便性を高めようとするものである．需要量の大きな幹線系統は大型バス，支線系統は

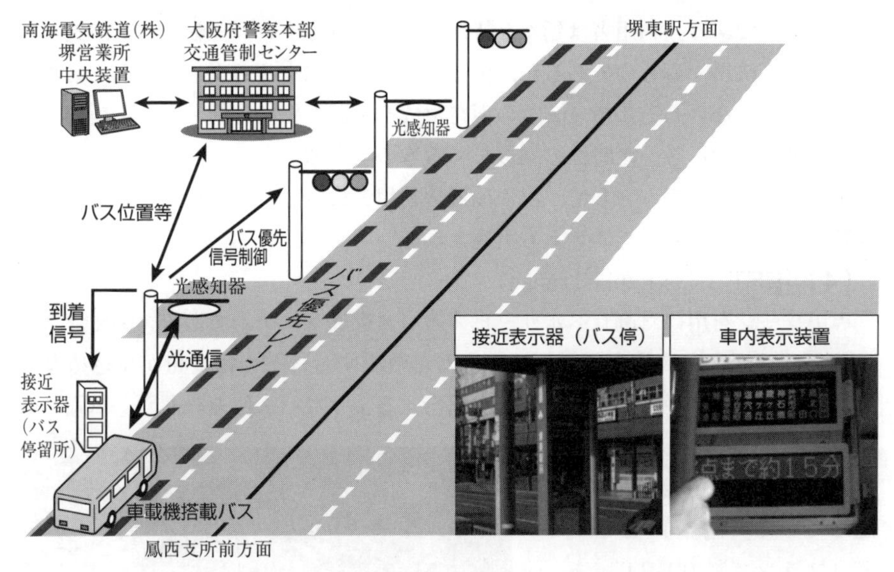

図 5·14　PTPS の例（大阪府道大阪和泉泉南線）[15]

中・小型バスとすることにより，バス車両運用の効率化をも図ることができる．図 5·15 に，ゾーンバスシステムの概念図を示す．

従来は多くの路線が集中する都心バスターミナルから，目的とする路線バスを探して乗車する必要があった．しかし，このシステムでは目的地を気にせず幹線系統バスに乗車し，支線分岐箇所で乗り換える必要は生じるものの，乗客にとっては利用できるバスの回数が増加する．また，1 系統当たりの区間長が短くなるため，混雑による遅れの回復が容易になるなどの利点があるといわれている．

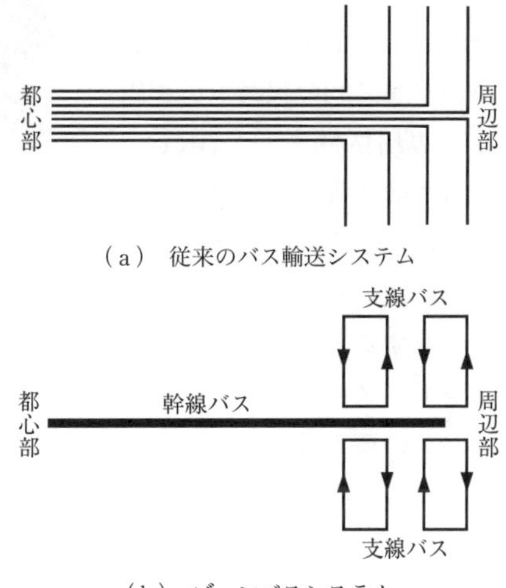

（a）従来のバス輸送システム

（b）ゾーンバスシステム

図 5·15　ゾーンバスシステム[16]

（3）バスロケーションシステム

バスロケーションシステムは，無線技術や GPS（Global Positioning System）等を利用してバスの位置検知を行い，運行の乱れを解消するようにバスに司令するシステムである．利用者は延々と待たされたあげくダンゴ運転でバスが到着すると一層不快になるものであるが，実はバス運転手にもそのような状況にあることは把握できない．そこで，バスの現在位置を確認した上で指令室から運転手に状況と調整を指示し，定時性の回復を図るものである．

また類似のシステムとして，バス接近を利用者に表示しバス待ちのいらいらを軽減するバス接近表示システムも実施されている．

（4）　BRT（Bus Rapid Transit）

専用レーンを用いた高レベルサービスのバス交通システムである．例えばフランスでは，都市内公共交通としてトラムを敷設するほどの需要量が見込めない場合，専用レーンやトラムの停留所に相当するようなバス停を設置し，車両も低床バスや連接バスを用いて大量・高速輸送が可能なものが走っている．図5･16はニーム（フランス）のBRTである．わが国でも，東日本旅客鉄道の気仙沼線で東日本大震災の不通区間の線路敷を利用して専用区間とし，BRTを走行させる等の例がある．

図5･16　ニーム（フランス）**のBRT**［2014年9月撮影］

（5）　その他のシステム

その他のバス運行改善のためのシステムとしては，利用者が迂回ルートで呼び出しをすると，バスが通常ルートから迂回してその利用者の待つ場所に向かうデマンドバスや，バス専用レーン，バス接近表示器，バス停留所の改善，低床広ドアバスの導入等を総合的に組み合わせてバスサービスの改善を図る都市新バスシステム等の導入が進められている．また，従来のバス事業ではカバーしきれない地域において，コミュニティバスと呼ばれる無料ないし低料金の自治体運営路線バスの運行が各地で進められている．

5･6　公共交通システムの計画

公共交通システムの計画は，3章で説明された手続きを経て将来の需要量が予測され，その予測値に基づいて各種の代替案の比較検討がなされて立案される．ここで留意すべきことは，将来の需要量予測は単に過去からの傾向をそのまま将来に延長して行われるのではなく，その地域・都市における公共交通システムの意義を十分に踏まえて，将来に対する期待，展望，政策等がその根底に置かれていることである．

これまでみてきたように，ある地域，ある都市の社会・経済活動における公共交通システムの果たす役割は大きい．そのため，公共交通システムの計画は，個々の交通機関ごとの計画の積み上げだけでは完結しない．公共交通システムのあり方が，その地域や都市の現在・将来を規定する大きな要因となっていることを考えれば，公共交通システムの計画は地域計画・都市計画の一環として位置づけられ，総合的な観点から立案されるべきものである．

また，人・物の輸送に用いられる交通手段の選択は固定的なものではなく，交通主体の置かれている状況や各交通手段が持っている特性等に応じて競合的に決定される．そのため，ある公共交通手段の計画に当たっては，他の交通手段との競合関係・依存関係を十分に考慮したものでなければならない．

［参考文献］

1)　天野光三編：都市の公共交通，技報堂出版，1992.
2)　天野光三編：都市交通のはなしⅠ，技報堂出版，1985.
3)　国土交通省：平成 22 年度国土交通白書，資料 1－16　交通とエネルギー，2010.
4)　天野光三・前田泰敬・三輪利英：図説鉄道工学，丸善，1992.
5)　運輸政策研究機構：都市交通年報（平成 24 年版），運輸政策研究機構，2014.
6)　国土交通省編：平成 26 年度国土交通白書，2015.
7)　波床正敏・山本久彰：「需給調整規制廃止前後における鉄軌道の廃止状況の変化に関する分析」，土木学会論文集 D3（土木計画学），Vol.69，No.5（土木計画学研究・論文集第 30 巻），I_669，2013.12.
8)　Alan Black：Urban Mass Transportation Planning，McGraw－Hills，1995.
9)　運輸政策研究機構：地域交通年報（平成 23 年版），運輸政策研究機構，2013.
10)　波床正敏・塚本直幸：「中量型鉄軌道への支援制度が路線整備に与えた影響に関する考察」，土木計画学研究・講演集 38，CD－ROM，2008.
11)　山下贋行・野竹和夫：リニアモーターカー開発の現状，土木学会誌，Vol.74，No.1，土木学会，1989.
12)　三菱重工業株式会社：「短距離交通システム ― ロープ駆動式懸垂型交通システム“スカイレール”―」三菱重工業技報，Vol.32，No.4，p.292，1995.
13)　国土交通省：平成 26 年度国土交通白書，資料 1－12　国内旅客輸送，2014.
14)　国土交通省総合政策局交通経済統計調査室：自動車輸送統計年報，総括表（3）輸送人員の推移，2016.
15)　日野泰雄：大阪市近郊での PTPS（公共交通優先システム），MOCS（車両運行管理システム）導入に伴う交通安全及び交通流動の影響に関する研究，（財）佐川交通社会財団，交通安全対策振興助成・研究報告書（地域研究），vol.12，pp.7－29，2001.
16)　松井寛・深井俊英：新編都市計画（第 2 版），国民科学社，2005.

6
交通結節点の計画

6·1　交通システムと交通結節点

交通システムの要素の1つである交通路に着目すると，さまざまな交通手段の交通路が構成するネットワークの中に，異種の交通手段間で乗換え・積替えが可能なように交接している箇所がある．このような交接箇所を交通結節点と呼ぶ．交通結節点は交通ターミナルとも呼ばれ，異種の交通手段の協調により交通ネットワークが全体として効果的・合理的に機能するための重要な箇所である．

交通結節点における施設としては，駅（駅前広場を含む），バスターミナル，トラックターミナル，駐車場，空港，港湾などがある．同じ交通手段同士であっても，高速道路と一般道路が交接するインターチェンジや，列車別線が交差する乗換え駅等，交通の性格や交通の流れの方向が大きく変わる所も広義の交通結節点ということができる．

1つの交通手段のみでは完結しない人や物のトリップにとって，効果的・効率的に乗換え・積替えを行うことは，総所要時間や総輸送量等の輸送効率の面から極めて重要である．本章では交通結節点における施設のうち，いわゆるターミナルと呼ばれる駅前広場，バスターミナル，トラックターミナル，および駐車場とその他の施設を取り上げ，交通結節点施設の果たす機能と立地要件等の計画に必要な事項について述べる．

6·2　ターミナル

6·2·1　駅前広場[1),2)]

鉄道駅は，徒歩・バス・自転車・自家用車等と鉄道との乗換えが行われる所であり，交通結節点として最も代表的なものである．鉄道駅関連施設の中でも都市全体の交通システム計画の観点からは，鉄道交通と歩行者交通・道路交通の接点として，鉄道と自動車と人の流れを有機的に結合する場である駅前広場が重要である．

図6･1　駅前広場（JR高槻駅）［2015年9月撮影］

図6･1に駅前広場の1つの事例を示すが，歩行者交通や各種の自動車交通がアクセスできるようにロータリーやバス乗降場，タクシー乗り場が配置され，ペデストリアン・デッキで結ばれている．

（1）駅前広場の機能

駅前広場の機能を集約すれば，表6･1に示すように3つに大別できる．

表6･1　駅前広場の機能

機　能	内　容
交通ターミナル機能	・鉄道とバス．タクシー，徒歩等その他交通との接続
空　間　機　能	・環境空間の形成 ・防災空間の形成
都市活動拠点機能	・地域・地区の玄関口 ・利便施設の集積

最も基本的な機能は，言うまでもなく交通ターミナルとしての機能である．駅はその地域・地区の1つの交通中心として，多くの人が徒歩・バス・タクシー・マイカー等で集中分散する箇所である．駅前広場は鉄道駅にアクセスしてくるこれらの交通を収容し，また特性の異なるこれらの交通が安全・円滑に流れるよう制御し，有機的に接続させる役割を持っている．

駅前広場は，公園，運動場，市民広場等，他の公共空間と同様，都市のオープンスペースとして各種の空間機能も有している．例えば，駅前広場に設置される噴水や花壇，モニュメント等により公園と同様のアメニティ空間として機能し，さらに緊急時には避難場所や緊急車の駐車場，防火帯等の防災機能も果たす．

また土地利用の面からみれば，駅周辺は商業地であることが多く，業務・商業・娯楽などの都市機能が集積している．そのため駅前広場は，玄関口としてその地域・地区のイメージを形成し，またこれらの商業施設への案内や導入を行い，利用者の利便を図るための施設が設置され，都市活動の拠点としての機能も有している.

（2） 駅前広場の構成と計画

駅前広場の持つ機能を発揮させるために必要な施設の主なものを，表6·2に示す.

表6·2　駅前広場の施設

施設の種類		設置される施設の例
交通施設	乗継ぎ施設	バス乗降場，タクシー乗降場，自家用車乗降場
	交通制御施設	ロータリー，車道，歩道，ペデストリアン・デッキ，横断歩道，信号機
	収容施設	駐車場，車庫，駐輪場，待合せ場
環境整備施設	修景施設	緑地，花壇，植栽，噴水，モニュメント，照明
	供給処理施設	上下水道，排水設備
利便施設	商業施設	売店，観光案内所，タウン案内板，レンタカー，宿泊案内所，飲食店
	公共施設	交番，公衆電話，トイレ，ベンチ

駅前広場に必要な施設は，交通ターミナルとしての機能を発揮するための交通施設，快適な空間を提供するための環境整備施設，都市活動の拠点として機能するための各種利便施設に大別できる.

交通施設としては，鉄道交通と道路交通との間でスムーズな乗継ぎを行うためのバス乗降場，タクシー乗降場，送迎用自家用車乗降場等の施設がある.

また，さまざまな方面からアクセスしてくる歩行者や自動車の動線が複雑に交差して，安全性・円滑性が阻害されることのないよう，ロータリー，車道，歩道，信号等が設けられて交通流の制御が図られる．特に，歩行者の安全性を考慮して自動車交通と分離するための歩車分離施設は重要であり，歩道・横断歩道のほか，大規模な駅前広場では1階は車道，2階は歩行者専用道路（ペデストリアン・デッキ）というように上下に歩車分離を行うための施設も設けられる.

駅前広場には多くの交通が集中してくるため，これらを一時的に収容する駐車場・バス車庫・駐輪場・団体待合せ広場等が設置される．なお，交通状況や土地利用状況によってはマイカーを駅前広場から排除するために駐車場を設けないことや，バス・タクシー以外の乗降場を設けないこともある.

環境整備施設としては，駅前広場をゆとりのあるくつろいだ空間とするために，都市内の公園等の公共的なオープンスペースと同様に，緑地・花壇・モニュメント等の修景施設が設置される．また，上下水道や雨水処理のための排水設備等も設置する必要がある．

駅前広場に設置される利便施設は，各種の商業施設およびその他の公共施設とに大別できる．商業施設としては，売店，駅周辺商業地や観光地の案内所・案内板，レンタカー，宿泊施設の案内所，飲食店等がある．また，交番・トイレ等の公共的な施設も必要である．

駅前広場に設置される施設は，停車する列車の種類や利用客の特性，駅勢圏と呼ばれる駅の影響が及ぶ範囲の大きさ，駅に集中してくる他の交通の特性，駅周辺土地利用状況，関連する都市計画等を考慮して計画されなければならない．これらに基づいて駅前広場内に収容すべき交通施設の種類や大きさを決定し，またこれらの交通が円滑に流れるよう動線計画を定め，さらに関連する付帯設備の種類や量を決めることができる．

駅前広場は図6·1の例のように，立体駅前広場として整備されることもある．また，地域・地区の拠点として，周辺市街地の土地区画整理事業や市街地再開発事業等の面的整備にかかわる都市計画事業と併せて実施されることも多い．

6·2·2　バスターミナル

バスターミナルとは，都市内バス，都市間長距離路線バス，観光バスの発着基地として，バス専用の駐車施設・発着施設・車庫・走行路等を持ったものであり，乗客サービスのための待合所や売店，乗車券売り場，案内所等が設けられたものである．

大都市においては一般にバスは，補助的な都市内交通機関として鉄道駅からの端末交通を受け持つことが多い．停留所間隔も短く乗降客数も鉄道に比較すれば少数であり，そのためバスの乗降場は路側のバス停や駅前広場内のバス発着場として設けられることが多かった．しかし，重要な都市内交通機関としてバスを整備するためには，多様な乗客ニーズに対応するためのバス路線網やバス本数の増加が必要であり，専用の発着場とバス車庫等の関連施設を持った本格的なバス基地としてのバスターミナルが重要視され出している．また，近年，高速道路の発達に伴い鉄道との競争力が高い，都市間を結ぶ多様な中長距離定期バス路線が開設されているが，この面でもバスターミナルの必要性が高まっている．

都市規模との関連でみれば，比較的バス本数の少ない地方中小都市では駅前広場内にバスターミナルを設けることが可能である．しかし，バスの発着本数・路線数が多い大都市や中長距離路線の設けられている所では，駅前広場にそれだけのスペースがなかったり，乗客へのサービス水準向上のために，専用のバスターミナルが設置される．

バスターミナルの役割は以下のように整理できる．

① 専用のターミナル施設として拠点化することにより交通結節点としての重要性を高め，鉄道や歩行者交通，他の自動車交通との乗継ぎの利便性を向上させる．

② 専用のスペースを持つことで，駐車，操車，乗降り等の空間的な余裕を持つことが可能となり，バス路線や運行本数の増設等，バス路線の整備が図りやすくなる．また，駅前広場での混雑緩和や交通流動の円滑性の確保，乗客の乗降りの安全性向上等にも寄与する．

③ 上屋を備えた施設での待合せ，案内施設による適切な路線の選択，売店やロッカーの利用等，乗客サービスを向上させる．

バスターミナルの位置や規模は，以下のような点を考慮して決定する．

大都市において都市内バスが多数発着するバスターミナルは，駅前広場内もしくはその近辺に設置することが望ましい．場合によっては駅舎の立体化・大規模化を図り，駅舎内に設置することも考えられる．名古屋駅等にその例が見られる．

空港や周辺観光地等と都市を結ぶ中距離バスのためのバスターミナルは，主要な駅周辺や都心部・副都心部等の人口の集中する箇所にあることが望ましい．また，都市圏間をつなぐ長距離バスについても，このような地区にある方が便利ではあるが，都心地区に入ってくる際の交通渋滞に伴う時間遅れや都心地区での土地の確保の困難さの点から，周辺地域の鉄道駅近辺等の可能な限り交通の利便性の良い箇所に設置すべきである．場合によっては，都心と周辺地域に位置するバスターミナルとを結ぶバス路線の設置も必要である．

比較的用地を確保しやすい地方部では，できるだけ鉄道駅や都心に近い場所に設置することが望ましい．

都市部におけるマイカーによる道路混雑の緩和や，地方部における鉄道の低いサービス水準に伴う低いモビリティの向上の面から，今後，政策的にも公共交通機関としてのバスの役割は大きくなると思われる．そのため，駅前広場がその地域・地区の交通拠点となっているのと同様に，バスターミナルもまた，拠点として整備していく必要がある．大都市においては用地確保が困難であるが，地下鉄や都市近郊電車と協調して効率的な都市交通網を形成する必要性は高い．また，再開発事業等の関連都市計画事業の中でもバスターミナルの整備を考えなければならない．地方都市においても，バスの定時性の確保や輸送効率を改善する上で幹線と支線とに分けるなどバス路線網の再編が必要である．その場合，幹線・支線間の乗換え機能を持つバスターミナルの整備が必要である．

6･2･3 トラックターミナル[2),3)]

わが国では長年にわたって鉄道による貨物輸送が減少傾向にあり，それと相反する形でトラックによる物資輸送が増大した．特に高速道路の整備に伴ってトラックによる大量高速輸送が可能となり，さらに国際物流の増大とも相まって，トレーラ車やコンテナ車などトラックの大型化が進んでいる．しかし，これらの大型トラックが都市内にそのまま乗り入れることは，道路混雑・交通安全・沿道環境等の面から問題が多い．また，社会的・経済的な側面からは，貨物の到着時刻の正確さを要求するジャストインタイム輸送や，宅配便に代表される多様な小口貨物の輸送など，トラック輸送に対するニーズが多様化・高度化している．

このような環境のもとで，都市間輸送は大型トラック，都市内集配送は小型トラック・軽トラックという物資輸送の階層化と，バーコード伝票やコンピュータを利用した貨物管理の高度化・一元化が進んでいる．このような貨物の中継と貨物管理を行う輸送の拠点がトラックターミナルである．

都市間輸送と都市内集配送の中継および貨物管理のためには，表6･3に示すような施設が必要である．これらの施設は，車両を収容するためのスペースや施設，貨物の積み替えのためのスペース・機械，およびこれらの施設・機械・貨物の管理とトラックターミナルで働く人々のための施設に大別できる．なお，トラックターミナルでは貨物の管理を行う必要があることから，流通業務における在庫管理も併せて行われることもあり，その場合，倉庫や配送センター，卸売センター等の流通施設が併設されることが多い．図6･2に，トラックターミナルの

表6･3 トラックターミナルに必要な施設[2)]

施設分類	施 設
車両関係施設	ターミナル出入路，車路，トラック発着スペース，トラック待避スペース，修理整備スペース，洗車スペース，給油所など
荷さばき関係施設	荷降し場，荷さばき場，仕分け用作業スペース，作業員室，リフト，ベルトコンベア，機械置場，便所，水飲み場など
管理関係施設	ターミナル管理事務室，乗務員控室，食堂．売店，理髪店，浴室，シャワー室，宿泊室など

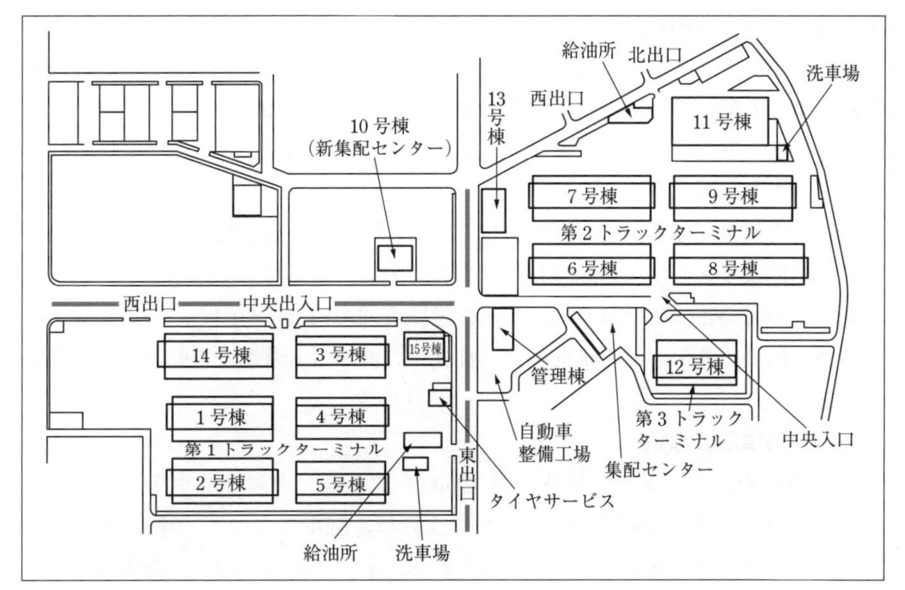

図6·2　トラックターミナルの施設配置例（東大阪トラックターミナル）[4)]

施設配置例を示す．

トラックターミナルの立地要件は以下のものである．

① 都市間輸送と都市内輸送の中継点としての交通条件に恵まれた所でなければならない．具体的には，都市部周辺の高速道路インターチェンジに近く，また都心にアクセスする幹線道路網の発達している箇所が望ましい．

② 車両の出入りや荷役作業に伴う騒音，排気ガス等が近隣地域に与える影響を避けるため，住宅地に隣接する箇所は避けなければならない．

なお，都市計画における用途地域では，良好な住宅地域の内部や隣接した所にトラックターミナルを立地させることが制限されている．

6·3 駐　車　場

6·3·1 駐車場の機能と種類

(1) 駐車場整備の必要性

自動車はいわゆるドア・トゥ・ドアの移動を実現する利便性の高い交通手段であるが，目的とする地点で用を足すには自動車を駐車する必要がある．すなわち，駐車場は駅や空港等のような多機能な施設ではないが，自動車交通と徒歩による交通をつなぐ小規模ながらも重要な交通結節点である．このように，目的とする施設にアクセスするために駐車場は必要不可欠な施設であるが，自動車保有台数の増加と駐車場用地確保の困難さにより，特に都市部における駐車場不足は深刻である．駐車場不足がもたらす路上駐車のまん延は，交通渋滞，交通事故の原因ともなり，緊急自動車の通行阻害，道路沿線施設への出入りや荷物の配送等への障害を引き起こす．また，駐車場整備が困難な市街地部に位置する商店街では，日常的な足としての自動車利用の増大に適切に対応できず，その活力低下が問題となっている．このように，都市の道路交通の円滑化を図り，交通事故の防止や都市防災，あるいは都市活動の活性化等の面からも駐車場整備は重要な課題である．

（2） 駐車場の種類 [5)]

駐車のために路上または路外に設けられた施設を一般には駐車場と呼んでいるが，駐車場の規定を定めた駐車場法によれば，駐車場とは，「一般公共の用に供される駐車施設」を指している．すなわち，各戸にある車庫（自動車の保管場所）や法人等が設置する顧客・従業員のための専用駐車場のように，特定の用に供するものは駐車場法による「駐車場」には相当しない．また，路上に設置されているパーキングメータは道路交通法に基づいて，駐車時間の規制とその実効を確保するために設置されたものであり，やはり駐車場法でいうところの「駐車場」ではない．交通システム計画の観点からは，都市交通全体との関連が強い駐車場法による駐車場が重要であるので，以下では特に断らない限り「駐車場」と

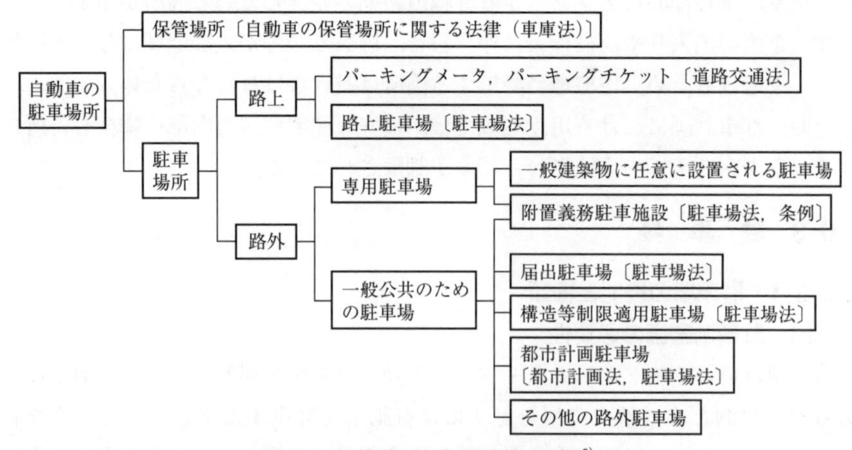

図 6·3 法体系に基づく駐車場の分類 [5)]

は，駐車場法に基づいたものを指すものとする．

駐車場は大きく路上駐車場と路外駐車場とに区分される．路上駐車場とは道路面に設置されるものであり，路外駐車場とは道路の路面外に設置されるものである．路外駐車場はその施設規模，設置位置，関連する建物規模等により規制や届出等を必要とするものがあり，さらに幾つかに区分される．以上の駐車場法などを根拠とした駐車場の分類を図 6・3 に示す．

1) **路上駐車場**

商業地域やその周辺の自動車交通が著しく混雑する地区内で，道路の効用を保ち，円滑な道路交通を確保する必要がある区域については，都市計画法で「駐車場整備地区」を定めることができる．この場合，地区内の駐車需要に応じて必要な路外駐車場を都市計画に定め，その整備に努めるほか，当面の路外駐車場不足を賄うため，道路管理者である地方公共団体が暫定的に道路の路面を利用した路上駐車場を設置することができる（ただし，このような道路法に基づく路上駐車場の新設は今はない）．

2) **路外駐車場**

法的には路面外に設置されるもののうち，一般公共の用に供されるものをいう．路外駐車場の中には都市計画から定められる都市計画駐車場，駐車場規模と駐車料金の有無によって定まる届出駐車場，ある規模以上の建物に設置が義務づけられる附置義務駐車施設がある．

① **都市計画駐車場**：都市計画法の中には駐車場整備地区および都市施設としての駐車場に関する規定があり，ある特定の位置に将来的・永続的に確保すべき駐車場については都市計画において位置・規模・区域を定め，一般の建築物の規制を行うと共に，計画的な整備を進めることが必要とされている．この都市計画に定められた路外駐車場を都市計画駐車場と呼んでいる．広く一般公共用に使用される基幹的な駐車場である．設置主体は地方公共団体，公社・公団，民間等がある．

② **届出駐車場**：都市計画区域内で駐車に使われる部分の面積が 500 m^2 以上で駐車料金を徴収しようとする者は，位置，規模，構造等を都道府県知事（政令市では市長）に届け出なければならない．これを届出駐車場という．

③ **附置義務駐車施設**：駐車場整備地区または商業地域等の中で，延べ面積が 2 000 m^2 以上の建築物を新・増築する者に対しては，駐車場法に基づき条例で，その建築物またはその敷地内に一定規模の駐車施設の設置を義務

づけることができる．また，劇場や百貨店などの駐車需要の大きい特定用途の建物については，2 000 m^2 以下の場合でも条例で附置義務を定めることができる．さらにこのような地域・地区以外の所でも，特定用途に供する部分が 3 000 m^2 以上の建物に対し，同様に条例で附置義務を定めることができる．

6·3·2 駐車実態

（1） 駐車場整備状況

国土交通省調べ[6)]による各年度末時点の駐車場整備状況を図 6·4 に示す．2000 年以降は自動車保有台数が横ばい傾向にあるのに対して，駐車場台数，特に附置義務駐車施設の収容台数は引き続き伸びていることが見られる．

なお，路外駐車場のうち，規模の小さなものについては届け出の義務がないため，図 6·4 の統計には含まれていない．近年は，いわゆるコインパーキングが広がっているが，届け出義務がないため実態は掌握されていない．

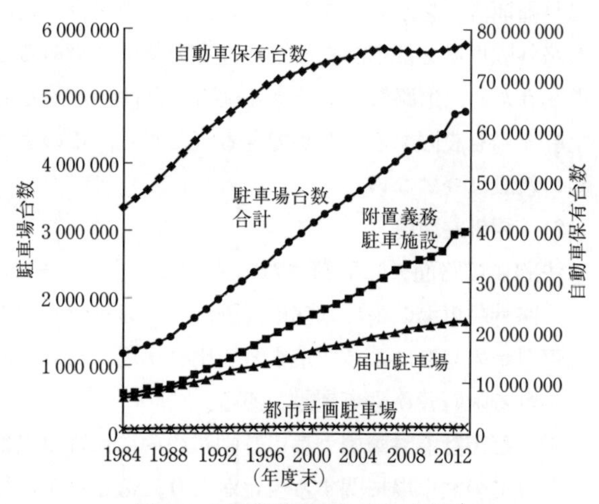

図 6·4 駐車場整備状況（収容台数）[6)]

（2） 駐車にかかわる問題点

駐車場の整備は進み，また自動車保有台数の伸びは収まりつつあるが，都市内外の施設配置やライフスタイルの変化に伴って駐車需給の地域差が顕著になってきている．とりわけ，都市部における路上の違法駐車は図 6·5 に示すとおり減少傾向にあるとはいえ，依然その数は多く，各種の問題を引き起こしている．

路上駐車は道路の交通容量を著しく低下させる．表 6·4 に示すように 2 車線道路の交差点流入部の駐車車両により，容量が 40％も低下するとの推計結果もある．交通容量の低下は交通流を乱し，道路混雑の原因となり，都市の業務機能の効率低下をもたらす．さらに交通事故の原因や緊急車両通行上の障害ともなる．また，中小都市における駐車場不足は商業・業務機能の郊外移転を促し，中心市

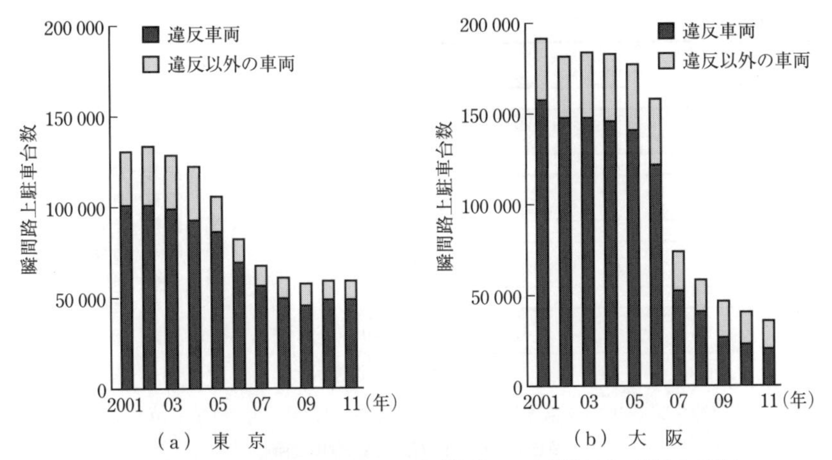

（注）瞬間路上駐車台数は，平日昼間の一定時間帯に一定基準以上の道路を対象に，四輪車の駐車台数を計測したものである．

図 6・5　瞬間路上駐車台数 [7)]

表 6・4　交差点駐車車両による容量低下 [8)]

単路部片側車線数（駐停車帯を除く）	交通容量（台／時）		駐車による交通容量の低下率(%)
	駐車なし	駐車あり	
1	1 000	600	40
2	1 700	1 200	20
3	2 350	1 900	19

街地の活力低下の一因ともなっている．

これらの問題解決のために駐車場整備が進められているが，用地確保等の問題もあり，効果的・効率的な整備が必要である．特に，次に述べる駐車需要特性に配慮した，使われやすい駐車場づくりが不可欠である．

（3） 駐車需要特性 [9)]

効果的・効率的に駐車場を配置・運用するためには，駐車需要特性を把握する必要がある．人々の駐車にかかわる行動は，駐車目的や利用しようとする駐車場の利便性等と強く関連しており，駐車ニーズに対応した駐車場整備でなければならない．

図 6・6 は，駐車目的と駐車場所の関係を調査した結果である．都市の駐車問題との関連では路上駐車に着目する必要があるが，娯楽・買い物といった自由目的のものと業務目的のものに路上駐車の多いことがわかる．これを現象面でみれば，自由目的については商業地区における買い物・娯楽・用足しを目的とした車

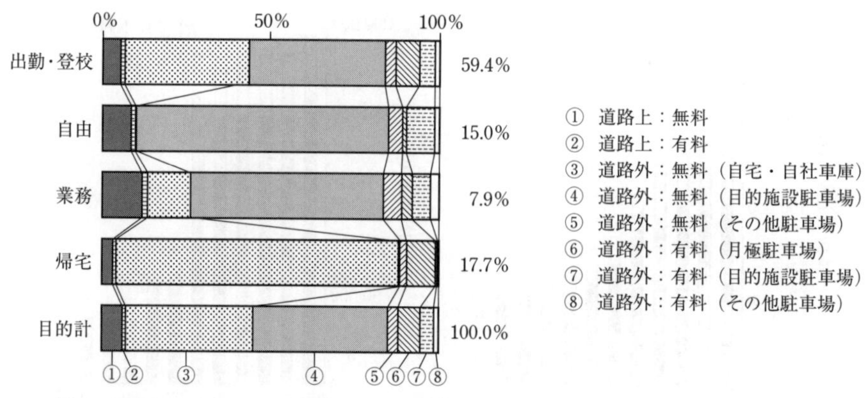

（注） 京阪神都市圏交通計画協議会：第5回近畿圏パーソントリップ調査（2010）から作成.

図6･6　トリップ目的別の駐車場所

両による路上駐車，業務目的については業務地区・商業地区における荷物の搬出入や営業・販売のための路上駐車が相当しよう．これらの駐車目的の特徴としては，駐車時間が比較的短時間で用がすむという点にある．すなわち，必要な駐車時間が短ければ短いほど，遠方の駐車場まで行ったり駐車料金を支払うことへの抵抗が大きくなり，目的地直近での路上駐車につながっていく．例えば，図6･7は駐車場の選択率と駐車料金，距離の関係を調査したものであるが，100 m の歩行距離が駐車場選択に大きな影響を与えていることがわかる．

駐車場の配置・運用等の整備計画上の要件を定めるためには，これらの需要特性を十分に考慮しないと大きな整備効果は得られない．すなわち，駐車場を整備すべき地域・地区の特性により，駐車目的構成比や駐車場の立地条件，あるいは駐車場の回転率等の計画諸元は異なるはずであり，駐車ニーズにマッチさせないと利用状況のアンバランスや使われない駐車場を生み出し，結果として引き続き路上駐車のまん延につながる恐れがある．なお，簡便に駐車需要を求める場合には，「大規模開発地区関連交通計画マニュアル」[11]や「大規模小売店舗を設置する者が配慮すべ

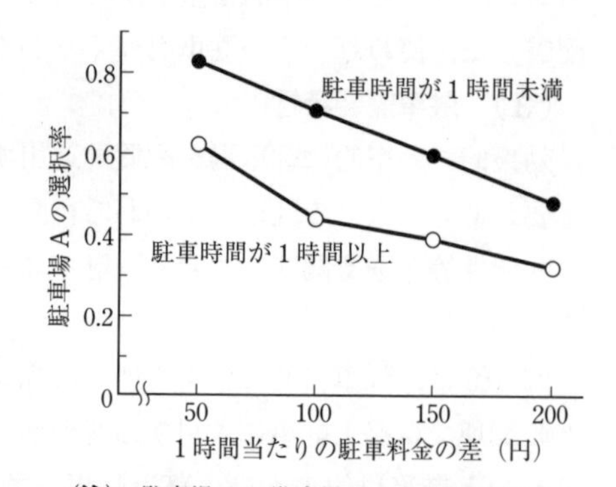

（注） 駐車場Aは駐車場Bより100 m 近い.

図6･7　駐車場選択率と料金・距離差の関係 [10]

き事項に関する指針」[12] が参考になる．

6･3･3 駐車場の計画と運用

（1） 駐車場対策の基本方針

駐車問題の大半は，路外駐車場の不足に伴う路上駐車問題であり，問題の解決には3つの方向性がある．1つは，路上駐車車両を路外駐車場に誘導するために，使いやすい路外駐車場の整備を進めることである．次には，路上駐車需要を抑制するために，都心にまで車を乗り入れる必要がないような施設整備等を行うことである．さらに，路上駐車は一定程度やむを得ないものとして，路上駐車による交通流や周辺地域への影響を最小限のものとするために，短時間の路上駐車需要を吸収するための施設を整備することである．これらの施設整備と併せて，違法駐車の取締りや駐車に関する教育・啓発活動も重要である．多面的な駐車場対策の例を図6･8に示す．

なお，これらの対策を進めるに当たっては，都市規模による問題の現れ方の違いや，地区特性に応じた駐車需要動向，既存駐車施設や周辺土地利用状況等について考慮して計画することが必要である．以下で幾つかのポイントについて述べる．

（2） 駐車施設整備計画

都市計画法，駐車場法に基づき，区市町村あるいは地区の駐車の特性および駐車場の整備状況に応じた駐車場の計画的整備を推進するために「駐車施設整備に関する基本計画」を策定し，それに基づいて駐車施設整備を推進することが求められている．駐車施設整備に関する基本計画は，各区市町村が対象区域全体を見通して駐車施設整備の基本方針や総合的な駐車施設施策を定める包括的な計画である．

この計画の中で公共的駐車場の整備方針や駐車場整備必要量等の方針が定められ，また駐車場の整備を推進し，附置義務条例の適用される「駐車場整備地区」が指定される．なお，包括的な計画であるため駐車場法の駐車場のみならず，法人保有の専用駐車場や個人の車両保管施設も考慮して立案される．上記計画は法定計画ではないが，駐車場法に基づいて策定される「駐車場整備計画」の基本的方向性を示している．

（3） 附置義務条例

各自治体が建築物の新・増築に対して駐車施設の附置義務を課する場合，附置義務条例や駐車場条例を定めてこれを行うが，各都市の実状に合わせて自治体ご

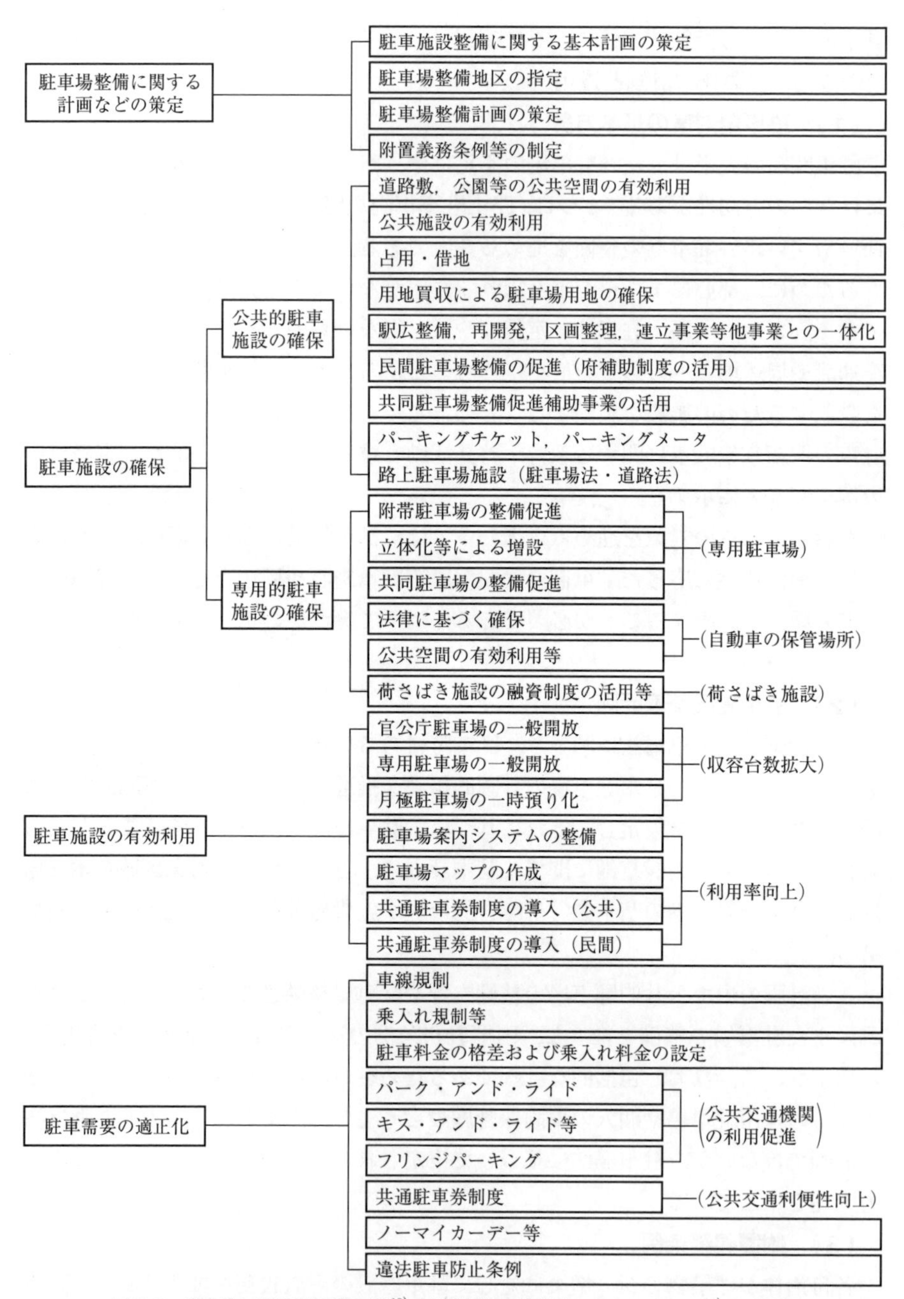

図 6･8 総合的な駐車場対策の例[13]（大阪府駐車場整備マスタープラン[14]を改変）

表 6·5 附置義務基準（標準駐車場条例，平成 26 年 8 月 1 日改正）

地区・地域	用途		都市の人口規模	
			概ね 100 万人以上	概ね 100 万人未満
駐車場整備地区，または 商業地域，近隣商業地域	特定用途	百貨店その他の店舗の用途に供する部分	200 m^2	150 m^2
		事務所の用途に供する部分	250 m^2	200 m^2
		上記以外の部分		
	非特定用途		450 m^2	
周辺地区，または 自動車輻輳地区	特定用途		250 m^2	200 m^2
	非特定用途		対象外	

（**注**） 1） 附置義務基準値：上表の数値は，設置を義務づけられる「駐車施設 1 台当たりの建築床面積」である．
2） 特定用途：劇場，百貨店，事務所その他の自動車の駐車需要を生じさせる程度の大きい用途で政令で定めるもの（駐車場法第 20 条）．

とに条例は異なっている．そのひな型となる標準駐車場条例（国土交通省都市局）に示されている附置義務基準を表 6·5 に示す．

（4） パーキングメータ・パーキングチケット

短時間の用足しや荷物の搬出入等の一定程度の路上駐車は，やむを得ないものと認めて，その代わりに，その影響が可能な限り小さなものとなるよう，パーキングメータ，パーキングチケット等の整備を行うことも必要である．なお，これらは道路交通法に基づく時間制限，駐車区間と呼ばれる．

図 6·9 は，路上駐車時間分布と路上占有時間分布の調査結果であるが，大多数

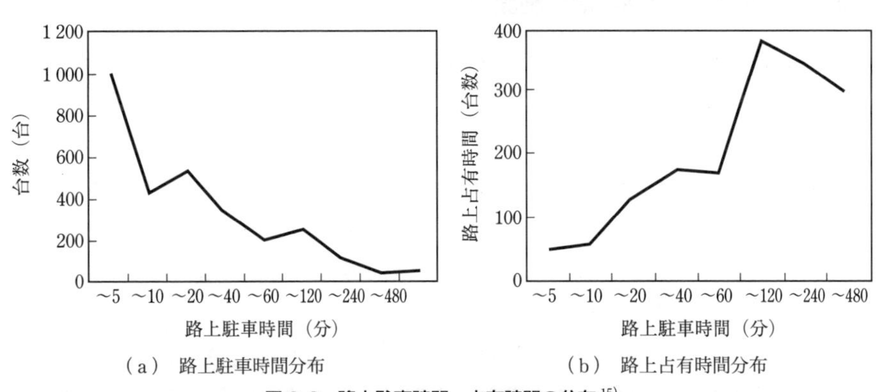

（a） 路上駐車時間分布　　（b） 路上占有時間分布

図 6·9 路上駐車時間・占有時間の分布 [15)]

の車両は10～20分程度の駐車時間であるのに対し，割合としては少数の長時間駐車車両により路上が大部分占有されていることがわかる．すなわち，短時間の路上駐車は認める代わりに，一定の時間を超えたものは厳しく排除することにより，見掛け上の路上占有が大きく減少することとなる．

（5）駐車場案内システム

駐車場問題への効果的な対策のためには新しい駐車場を整備するだけではなく，既存の民間駐車場等も含めた駐車場の効率的な利用も重要である．駐車場案内システムはこのような背景のもとで，空きスペースのある駐車場の位置を情報板やカーラジオなどで案内し，駐車場の利用状況のアンバランスの是正，駐車場探しのための無駄な交通の削減や路上駐車の削減等を目的としたシステムである．システムの概要を，図6·10に示す（ただし最近は，路側に設置された「情報板」に代えてモバイル端末による情報提供が主流になってきている）．

1）情報の収集
駐車場からの電話連絡や駐車場内自動車の存在を検知するセンサー等により，対象区域内各駐車場の利用状況データを収集する．

2）情報の処理
収集された駐車場利用状況に関する情報は，管理センターで処理・加工されて，満空情報，待ち時間情報等としてドライバーに提供される．また，利用の時間変動パターンを考慮した，より的確な情報提供が可能となるよう，各種の統計的処理がなされ記録・蓄積される．

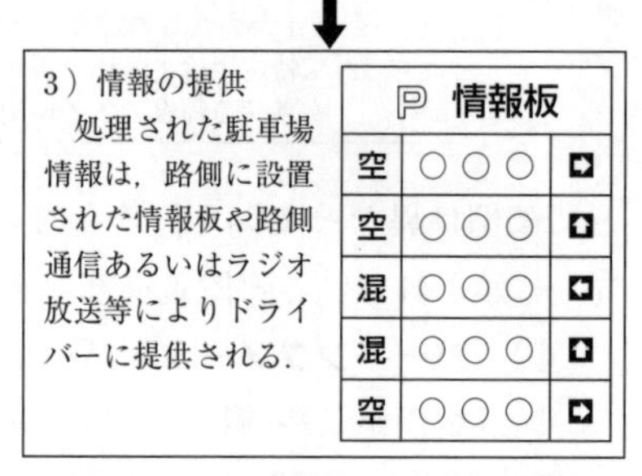

図6·10　駐車場案内システムの概要

6·4　その他の交通結節点施設[16)]

その他の代表的な交通結節点としては，空港および港湾がある．ここではこれらの概要について述べる．

6·4·1　空　　港

空港は，航空機による国際間・国内都市間交通と都市内の陸上交通とをつなぐ交通結節点である．わが国の航空輸送は，社会経済活動の高度化に伴う高速交通ニーズの高まり，および国際化の進展に伴う海外との交流の増大により，旅客・貨物とも急速な発展を遂げている．

これらの増大する航空需要に対処するためには，航空輸送サービスの充実，航空安全の確保および基盤たる空港整備を促進し，圏内・国際航空ネットワークを一層充実することが必要である．そのため，わが国では平成8年度を初年度とする第7次空港整備5ヵ年計画（その後2年延長）などに基づいて，空港整備を行ってきたが，関西国際空港，中部国際空港，その他一般空港の整備は概ね完了し，既存空港の有効活用に施策の重点は移っている．例えば，国際的なLCC（low cost carrier；格安航空会社）の伸長に対応するため，着陸料の引き下げによるLCC路線誘致や，空港運営の民間委託による活性化・効率化が進められている．一方，首都圏空港（羽田，成田）においては発着枠拡大のための整備が引き続き行われている．平成22年度に羽田空港の沖合展開によって第4滑走路（D滑走路）が整備されたほか，滑走路延長やターミナル整備がなされ，平成26年度末には羽田・成田（合計）の年間発着枠75万回化を達成している．さらに平成32年までに年間8万回程度の増枠を目指した機能強化策の検討が進められている．

6・4・2　港　　湾

四面を海に囲まれているわが国では，海外との貿易に果たす外航海運の役割は大きい．また，国内物流においても海上輸送は長距離大量輸送に適した輸送機関である．さらに，旅客輸送の面でも外航客船（クルーズ船）利用者数は増大しており，国内フェリーによる輸送量も大きい．

このような海を挟んだ輸送において，港湾は海上輸送と陸上輸送の結節点として機能している．そのため港湾整備が進められているが，近年では平成22年の国際コンテナ戦略港湾選定（阪神港，京浜港）のように選択と集中が進められている．また，港湾施設のみならずウォーターフロントとして，沿岸地域も一体となった整備が進められている．

[参考文献]

1)　日本交通計画協会編：駅前広場計画指針，1998.
2)　松井寛・深井俊英：新編都市計画（第2版），国民科学社，2005.
3)　交通工学研究会：交通工学ハンドブック2014，15.5　物流システムの計画，丸善，2014.
4)　泉北高速鉄道株式会社：東大阪トラックターミナル「トラックターミナル全体図」，web（2015年10月確認）.
5)　飯田恭敬監修・北村隆一編著：情報化時代の都市交通計画，5.4　駐車場・荷さばき駐車施設，コロナ社，2010.
6)　国土交通省都市局街路交通施設課：平成26年度版　自動車駐車場年報，国土交通省web「駐車場政策担当者会議」，2014.

7)　警察庁交通局：駐車対策の現状，Parking，No.201，全日本駐車協会（web），2013.
8)　国際交通安全学会：新しい路上駐車の秩序を求めて ― 路上駐車政策に関する提言 ―，IATSS Review，Vol.12，pp.247－261，1986.
9)　佐佐木綱監修・飯田恭敬編著：交通工学，10章　駐車場，国民科学社，1992.
10)　塚口博司・鄭憲永：駐車場選択現象の分析に基づいた駐車場の有効利用に関する基礎的研究，土木計画学研究・論文集，No.6，p.259，土木学会，1988.
11)　国土交通省都市局監修：大規模都市開発に伴う交通対策のたて方 ― 大規模開発地区関連交通計画マニュアル（14改訂版）の解説 ―，計量計画研究所，2014.
12)　経済産業省商務情報政策局流通政策課：「大規模小売店舗を設置する者が配慮すべき事項に関する指針」の解説［改定指針対応版］，2005.
13)　都市交通問題調査会：駐車場建設の手引き'95，p.21，都市交通問題調査会，1994.
14)　大阪府：大阪府駐車場整備マスタープラン，1994.
15)　青山吉隆編：図説都市地域計画，丸善，2001.
16)　国土交通省編：国土交通白書2015　平成26年度年次報告，第Ⅱ部第6章第1節　交通ネットワークの整備，国土交通省web，2015.

7
交通システムの評価

7·1　整備効果評価のための考え方

7·1·1　評価の考え方

交通システム整備においても一般の開発計画と同様に，多様な計画の合理的調整の基礎としての根拠を与えるために，計画に対する「評価」が必要不可欠となる．具体的には，トレードオフ*の関係にある要素の序列化や比較等によって，それぞれの計画（代替案）が持つ得失（評価指標値）が把握され，それに基づいて計画案の採否に対する意思決定（decision making）がなされる．その際，評価指標となる各要素がその重要度の違いこそあれ同等のレベルで比較できる場合と，ある要素が計画立案に決定的な重要性を有する場合とがある．前者の場合には，指標値の重みづけ等による要素間の調整が必要となり，後者では，その要素を制約条件として設定することが必要となる．その際，考慮すべき要素が制約となるか目標となるか，あるいはそれらの組み合わせとして検討する必要があるかなど，要素の種類とその取り扱い方については十分な配慮が必要である．また，評価する主体が複数存在することも少なくなく，異なる価値基準を持つ主体間の調整も重要な課題といえる（**7·2** 参照）．

いずれにしても，評価は対象とする計画の目的やそのプロセスの各段階によって多様であるが，その一般的な枠組みは図 7·1 のように 3 つの基本の枠組みで構成される．すなわち，計画の目的に対応した評価の対象を明確に

* トレードオフとは，ある目的指標値を改善すると他の指標値が悪化したり，ある目的を満足させるために他の目的を犠牲にしなければならないなど，目的相互間に逆相関の関係が成立することをいう．

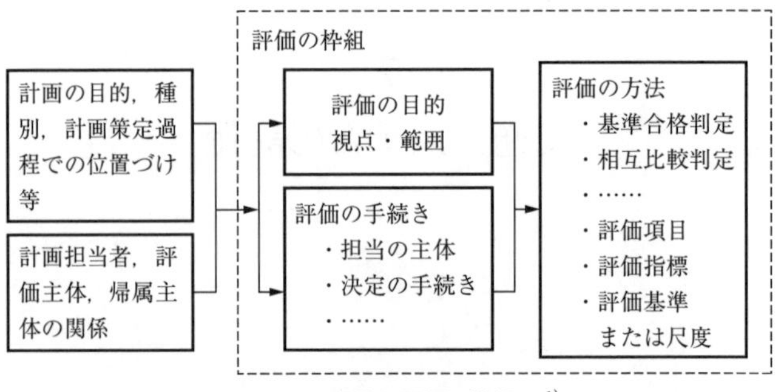

図 7·1　一般的な評価の枠組み [1]

し，これに基づいてその範囲を定めると共に，計画（行政）担当者や住民，利用者など多様な評価主体に応じた手続きが必要とされる．また，その手続きに用いられる評価基準や評価尺度，さらにはこれに基づいた評価の方法が併せて検討される必要がある．

一方，計画のプロセスに対応した評価は，例えば，図 7·2 のような位置づけにあると考えられる．

また，いずれの計画段階においても評価はおおむね，① 評価指標の選定と測

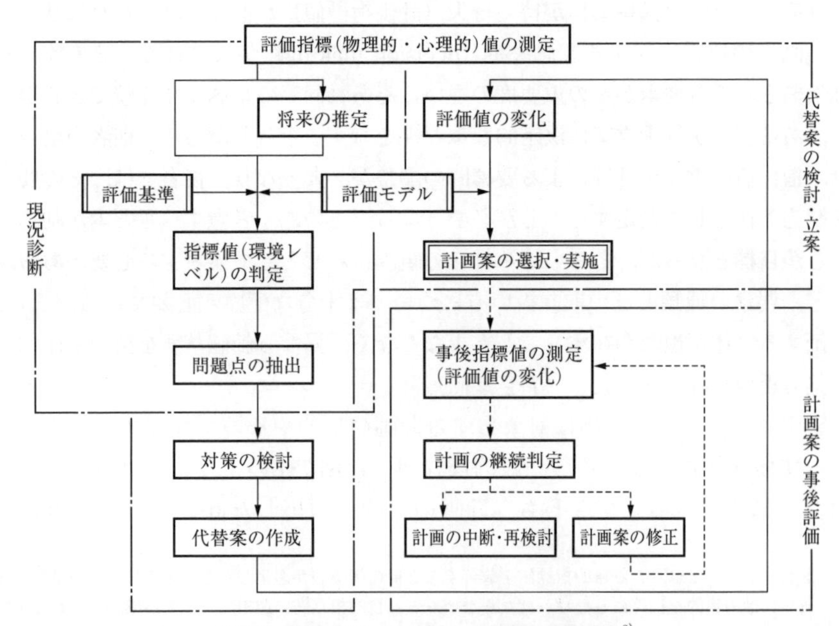

図 7·2　計画プロセスに対応した評価の位置づけ [2]

定，② 評価指標の変化と予測，③ 評価基準の設定と判定のプロセスを経て行われる．

1）　**評価指標の選定と測定**

評価指標とは，各代替案の優劣や計画案の取捨を判定するために利用される指標であり，前述のように，計画の目標として設定される指標（目標指標）と，ある水準を満たすことを要求される指標（制約指標）とがある．前者の場合には，その指標値が目標とする方向に近づくほど望ましいとされる．後者は基準を満たしていない限り計画案としての要件を欠くことになる．整備コストや環境基準などがその代表的な例である．一般には，制約指標の数は複数となることが多いが，その計画の性格によって緩やかな制約と極めて厳しい制約とに分けられる．一方，目標とする指標が複数になるとその評価が難しいため，これをできるだけ統一化することが望まれる．いずれにしても，設定された指標について，目標と制約の適切な組み合わせを検討しておくことが必要となる．

2）　**評価指標値の変化と予測**

評価指標値は現況の問題点を抽出するための基礎ともなるが，計画代替案に伴う効果を測定するためには，その将来値（あるいはその変化状況）を的確に予測することが必要になる．

3）　**評価基準の設定と判定**

評価の最終段階では，予測された各評価指標値について制約条件に対する可否の判定と目標指標値の優劣の判定が行われる．特に，計画案採択の最終判定には総合的な見地からの判断が必要となり，そのために，① 評価基準方式，② 会議方式，③ 投票方式，④ 説得方式などの幾つかの総合化手法が提案されている．これらの詳細については，**7·2·3** で改めて説明することにするが，その考え方の基本は，「制約と目標のいずれを重視するかによって，その一方を緩和する（目標達成度の縮小か制約条件の緩和を図る）」か，あるいは「その両者の総合化を図る」かのいずれかによるものといえる．

7·1·2　システム整備に伴う効果[3),4)]

交通システムの整備効果を評価する場合，特にシステムが大規模で長時間をかけて整備され，長期にわたって利用されるものほど広範囲で，かつ波及的な影響にまで配慮する必要がある．そのためには，そのシステムの整備にかかわるさまざまな影響を抽出し，分類・整理しておくことが重要である．例えば，施設を管理・運営する側の効果（内部効果あるいは内部経済）もあれば，そのシステムが一般に及ぼす効果（外部効果あるいは外部経済）もある．外部効果にはシステム利用者に対する便益のみならず，システム利用によってもたらされる問題（交通問題に代表される外部不経済）も含まれる．また，これらはシステムの利用に伴う直接的な便益（直接効果）と間接的にもたらされる便益（間接効果）とにも分けられる．このように，効果のとらえ方はさまざまであるが，ここではその一般的な分類の例を示すことにする．

1)　**内部効果と外部効果**

道路や駐車場の有料施設の採算性など，施設の管理・運営者からみた効果を内部効果（内部経済）といい，一方，これを直接利用することによって波及する外部の効果を外部効果（外部経済）という．

2)　**直接効果と間接効果**

直接効果とは，システムを利用することによって直接もたらされる走行距離の短縮や速度の向上に伴う効果であり，これには，① 輸送費の節約，② 輸送時間の短縮（効率化），③ 安全性の増大，④ 快適性の向上，⑤ 利便性の向上（モビリティの向上）といった効果要素が考えられる．

一方，間接効果は上記のような直接効果と関連しつつ間接的にもたらされるもので，① 生産，輸送計画の合理化，② 流通過程の合理化，③ 経済圏の拡大，④ 産業開発効果，⑤ 資源開発効果，⑥ 都市人口の分散化などで例示される．

3)　**プラス効果**（効用）**とマイナス効果**（非効用）

システムの整備はプラス効果（効用）のみならず，開発行為やシステム利用に伴うマイナス効果（非効用）をももたらす．この際，プラスかマイナスかの評価は社会通念によっても異なるし，その主体（立場）によっても異なる可能性がある．一般に，2) で挙げたような項目がプラス効果の代表例として挙げられるが，マイナスの効果には，システム整備に伴って生じるものとシステム利用によってもたらされるものとがある．前者の例としては，① 農地等の空き地の減少，② 農産物の減少，③ 自然環境の破壊，④ 景観の阻害などがあり，後者の例としては，① 騒音・振動・排気ガス等の交通公害，② 公害による自然環境の汚染や破壊などがある．

4)　**即時効果と波及効果**

特に直接効果の多くにみられるように，システムの供用開始と同時に現れる効果は即時効果と呼ばれ，間接効果に代表されるような長期的な構造変化に伴って生じる効果は波及効果と呼ばれる．

これらの分類に基づいて評価の主体別に，あるいは時間的，経済的など幾つかの観点から評価のための要素を抽出し，その計量化を図る必要がある．

そういった意味からも，近年では特に環境の汚染や破壊による外部不経済が問題となる場合が多く，その指標化と計量化およびそれに基づく評価が重要となってきている．

いずれにしても，これらの効果（効用・非効用）は先に述べたように，問題に応じて目標指標としてあるいは制約指標として設定されることになる．そこでは，特に整備に伴って生じる上記のような主として経済的な効果（効用）と，その外部不経済性が強いにもかかわらずその計量化が難しい非効用とのトレードオフ関係をいかに評価するかが，合理的計画の立案には不可欠な要件となっているといえる．

7·1·3　評価の要素とその計量

（1）　計画要素の計量化の考え方

これまでに述べてきたように，システムの計画に際してはその整備に伴う影響（効用）を予測し，これに基づいてその計画を評価することになる．その際，原則として評価にかかわるすべての要素が，例えば貨幣価値に換算するなどして同一の尺度で計量化されることが望ましい．しかしながら，上述のように近年特に問題となっている環境の変化などは，指標値そのもの（例えば，騒音レベルや大気汚染濃度など）の計量は可能であっても，その影響の程度を貨幣ターム等の比較指標値に換算することは容易ではない．さらに，人間の意識や価値観などはその定量的計測が難しい上に，評価の主体となる個人や地域によっても多様であるため，個々の評価指標値の計量化のみならず，その評価の基準を明確にするよう心掛けることが重要である．例えば，道路交通騒音に対する評価は同一レベルであっても，商業地域と住宅地域では異なったものとなるであろうし，自動車排出ガスによる大気汚染に対する自動車利用者と非利用者の評価には大きな差が生じることも考えられる．

一般には，これら指標値の変化量（率）によって評価する方法がとられることが多い．その際，システムの整備前後の変化（前後比較法）や同質の地域における施設の有無による比較（地域比較法）などが考えられる．このような方法はインパクトスタディ（impact study）と呼ばれる．なお，主体や地域の特性による価値基準の違いについては，**7·2·3** 総合評価方法の中で触れることにする．

(2) 道路整備に伴う評価要素とその計量化

ここでは，具体的な事例として道路整備を取り上げ，これに関連する評価の要素とその計量化について簡単に説明する．

道路整備に伴ってもたらされると考えられるプラスの効果（効用）には，直接効果として，① 走行時間の短縮，② 走行費用の節約，③ 交通事故件数の減少など，間接効果として，④ 既存道路の混雑緩和，⑤ 沿道開発効果等が考えられ，マイナス効果としては，⑥ 沿道環境の悪化が挙げられる．以下には，それらの評価要素の計量化について述べる．

1) 利用に伴う直接効果

利用者にもたらされる代表的な直接効果は，走行時間の短縮と走行費用の節約である．走行時間の短縮効果は，整備前と同一の交通需要の配分に基づいて，関連するOD交通の平均走行時間（あるいは総走行時間）の変化量として計量される．また，時間短縮は，これに相当する時間価値によって経済効果（時間費用）として計量されることもある．この場合には，個人属性や目的によって異なる時間価値を事前に調査等によって計量化しておく必要がある．

ところで，一般には道路の新設等による走行環境の改善は潜在需要をもたらすと考えられるため，厳密には，潜在需要をも考慮した上で，時間短縮効果を計量することが必要となる．その際，当該施設に関連して誘発される潜在需要は走行時間の短縮効果を減じることになるが，一方で，他の道路や交通機関の需要低減に伴う効果や新たな需要誘発に伴う各種の間接効果を生むことになると考えられる．したがって，このような潜在需要を考慮する場合には，波及効果を含めた総合的な見地からの評価が望まれる．

一方，走行費用は，単位距離当たりの走行経費（円/台･km）と総走行台距離（総走行台距離＝交通量×走行距離）の積で算出されるが，その基礎となる走行距離は経路の設定に基づいて算出される上記走行時間と同時に計量される．

2) 管理運営上の効果

道路を整備・管理する側からみた場合，直接的には交通事故の減少，間接的には既存道路の混雑緩和や沿道開発といった効果がもたらされるものと考えられる．

交通事故は，道路機能（例えば，道路の種類）別に走行台距離当たりの発生件数（事故率）で表現されるのが一般的であり，道路整備に伴う事故件数の減少量は，道路ごとに予測される交通量に基づく総走行台距離にこの事故率を掛け合わせることで算出される事故件数と事前の事故件数の比較によって計量される．また，その評価に際しては，事故種別ごとの平均損失額に基づいて貨幣タームに換算されることが多く，そのために逸失利益や慰謝料など交通事故の損害賠償の実績値が用いられる．

一方，既存道路から整備道路への利用者の転換に伴って，既存道路では交通量の減少，走行速度の上昇，交通渋滞の減少といった効果が期待される．これらの指標値も，①～③と同様に配分経路とそれぞれに予測される交通量に基づいて算出される．また，道路整備は沿道に開発適地を提供し，そこでの経済活動を誘発するといった効果をもたらすと考えられる．その評価に際しては，開発可能な土地の規模（土地供給量）のみならず，生産額，所得，雇用機会，税収等（の増分）も指標として考慮されることになる．

3) 整備に伴うマイナスの効果

道路の整備は交通流に変化をもたらし，これはそれぞれの道路沿道の環境に影響を及ぼすことになる．その際，整備される道路沿道では新たな交通の参入による環境悪化が想定される一方，既存道路沿道では交通量減少による環境改善も考えられる．

このような環境指標には，騒音や大気汚染濃度等の物理指標で表現できるものもあれば，沿道住民等の受ける危険感や不安感等の意識指標でしか表せないものもある．また，このような物理指標についても，関係主体に及ぼす影響は一律とはいえず，いずれにしてもその計量化が大きな課題となっている．

一般に，環境の変化が及ぼす範囲は広く，利用者にとどまらない．そのため，社会的費用（外部不経済）という概念が導入される．この社会的費用とは，環境悪化によって受ける身体的・精神的被害のことであるが，その算定根拠となる影響範囲や基準についての早期の議論が必要であることは言うまでもない．

（3） インパクトスタディ[4)]

インパクトスタディ（impact study）とは，システム整備による効果の計測に必要な指標（評価要素）を選定し，これについて整備前後，または整備（計画）の有無による比較を通して，システム整備の効用を計測しようとするものである．通常，その効用は経済効果として計測・評価される．

国土交通省の高速自動車国道の事業評価手法の事例[5),6)]では，経済・社会・文化・生活に与える影響をできるだけ定量的な指標で表し，これらを用いて総合的・客観的に評価を行うために総合評価点法（式(7･1)）を用いている．この式からもわかるように，間接効果や外部効果については直接便益に算入せずに，直接効果による費用対効果との重みづけで評価する方式となっている．

$$評価点数 = \alpha \times 費用対便益評点 + \beta \times 採算性評点 + \gamma \times 外部効果評点 \quad \cdots\cdots (7\cdot1)$$

ここで，α，β，γ：各評価項目に対する重みづけ（$\alpha+\beta+\gamma=100\%$）

通行料無料の場合は，$\beta=0$ と設定．

1）**直接効果の評価**

直接効果として，主として次の3つの指標が用いられている．

① **走行時間短縮便益**：道路整備が行われなかった場合の総走行時間費用との差として算出する．その際，車種別の時間価値原単位が用いられている．

② **走行経費減少効果**：道路整備が行われなかった場合の走行経費との差として算出され，燃料費，タイヤ・チューブ費，車両整備費，車両償却費等が対象となる．

③ **交通事故減少便益**：交通事故による社会的損失の差として算定される．

一方，高速道路整備に係る費用としては，事業費（工事費，用地費，補償費，間接経費等）と維持管理費（構造物の点検・補修費，巡回・清掃費，除雪等の費用等）が含まれる．

2）**外部効果の評価**

高速道路の整備効果においては，地域経済への波及，生活環境の改善，公共サービスの向上，災害時への対応，環境改善等，貨幣換算が困難な効果・影響もある．そのため，道路事業評価手法検討委員会での審議を経て16指標が設定されている．

① 高速バス等による移動時間の短縮，② 新幹線や空港アクセスの向上，③ 高次医療施設までの時間短縮，④ 地域交流・地域振興活性化，⑤ 公共サービス利便性の向上，⑥ 観光地へのアクセス改善，⑦ 空港・港湾へのアクセス向上，⑧ 農林水産品の流通利便性の向上，⑨ プロジェクト実現による地域経済活性化や雇用創出，⑩ 走行速度向上による NO_x，SPMの排出量削減，⑪ 一般道路の交通量減少による騒音レベルの低減，⑫ 走行速度向上による CO_2，SPMの排出量削減，⑬ 災害時の代替路として距離短縮，⑭ 冬季気象等による通行止め時間の短縮，⑮ 災害時のリダンダンシー効果によるリスク削減，⑯ 地域計画との連携等の効果

7・2　評価の方法

7・2・1　評価方法の考え方

計画案採択の意思決定を行うためには，合理的な評価方法によってその根拠が与えられなければならない．しかしながら，問題の設定（条件）は多様であり，それらの問題を一意的に処理することは容易ではない．そのため，ここではその問題に与えられた条件とそれに対する評価の方法の考え方を中心に述べる．

以下では，評価の基礎となる指標値の予測可能性により場合分けして，評価方法の考え方を概説する．

（1）　不確実性下での評価

システムの整備計画の実施に伴う効果（効用と非効用）が確実に予測される場合には，前述のようなプロセスに基づいて各計画案の評価がなされる（これを確実性下での選択問題といい，その代表的な方法を**(2)**に示す）．一方，結果の生起が確実とは言えないような場合には，次のような考え方に基づいてその不確実性が議論される（これを不確実性下での選択問題という）．

1)　**代替案によってもたらされる事象**(状態)**とその生起確率が予測可能な場合**

この場合には，各状態の生起確率がわかっているため，その数学的期待値を最適化することになる．

2)　**代替案による事象のみ予測可能で，その生起確率が不明な場合**

各状態の生起確率が不明である場合には，基本的には合理的な選択が難しいため，調査等によってできる限り予測の可能性と合理性を高めるための努力が必要となる．そのための方法には，例えば次のようなものがある．

①　**平均値の最適化**：代替案によってもたらされると考えられるすべての結果の平均値に基づいて，最適案を採択しようとする方法で，ラプラスの方法ともいわれる．この場合には，すべての状態が同じ確率で生起すると仮定される．

②　**悲観的選択**：各計画案の実施に伴う最悪の事態を想定して，これを最小にくい止めようとする考え方である．この場合，一般には非効用の最小化を目指すことになるから

$$\min_{i}\left\{\max_{j}(v_{ij})\right\} \quad \cdots\cdots (7・2)$$

ここで，v：非効用指標値，i：計画案の種類，j：状態の種類を示す．

となり，ミニマックス選択（あるいは原理）と呼ばれる．もちろん，効用値で判断する場合には，マックシミン（maxmin）選択となる．

③ **リグレットによる選択**：リグレットとは，将来の各状態ごとに最良の結果をもたらす案と各案の結果の差をいい，その差は各案を採択した場合に達成できなかったことによる「後悔」の大きさ（非効用）を表していると考えられる．ここでも，②と同様ミニマックス原理（minmax regret）により最適案が選択されることになる．

（2） 確実性下での評価

これは基本的には代替案の導入に伴って生じる結果が，各種の指標値として予測可能な場合であり，その代表的な方法には費用便益分析による方法がある．これについては次項で詳述する．

7·2·2 費用便益分析

交通システムに提起された問題の評価基準は，一般的には経済的側面，すなわち貨幣タームで定められることが多いが，この場合，代替案の経済的効率や目的達成の有効度を検討するために費用便益分析が用いられる．

費用便益分析（cost−benefit analysis）は，種々の代替案の優劣を貨幣価値で評価するための方法であり，そこではこれまでに述べてきたように，特に便益をどの範囲でとらえるかが重要な課題となる．一般には，当該システム（施設）の整備に要する資源（資本，労働力，原材料など）が費用として，また，前節に示したように利用者が直接・間接に得る効用（実際にはその効果に対して利用者が支払うと考えられる対価）が便益として扱われる．このうち，勘案すべき費用には，後述するように実際費用と機会費用の2種類がある．

したがって，費用便益分析による評価では，計画の費用・便益の計測とそのプロジェクトライフの予測をいかに的確に行うかが問題となる．以下に，これらについて簡単に説明する．

（1） 費　　用

交通システムの整備が将来の状況に大きな変化を与えることは言うまでもない．そのため，先にも示したように，将来の活動に対する一定の価値判断による評価とそれに基づいた計画に対する意思決定が必要になる．したがって，その意思決定に際しては，目的に応じた適切な費用概念が必要となる．一般的な費用の概念は表7·1のように整理されているが，ここではその主な項目に限って改めて説明する．

表 7·1 費用の諸概念[7)]

	対照		対照の根拠
(1)	実際費用	機会費用	犠牲の性質
(2)	歴史的費用	将来費用	予想の程度
(3)	短期費用	長期費用	生産量に対する適応の程度
(4)	変動費用	不変（固定）費用	生産量の変動に伴う変化の程度
(5)	直接費用	間接費用	費用の帰属可能性
(6)	増分費用	埋没費用	追加活動との関係
(7)	平均費用	限界費用	アウトプットに対する総費用の程度
(8)	支出費用	帳簿費用	支出の即時性
(9)	可避費用	不可避費用	削減可能性
(10)	制御可能費用	制御不可能費用	制御可能性
(11)	取得費用	更新費用	評価の時点
(12)	私的費用	社会的費用	費用の負担区分

1) **実際費用と機会費用**

実際費用は資源の現実の消費量であり，資材費用や賃金など通常用いられる意味の費用である．機会費用は，あるシステム整備に資源が投じられた結果，他の代替案に対して資源が利用できなくなるため，それらの代替案に資源を使った場合に得られると考えられる便益額のことである．すなわち，選択された代替案の結果，見逃された（犠牲となった）代替案のうち最良のものが生み出す価値のことをいう．

2) **直接費用と間接費用**

直接費用は，特定のシステム整備計画に直接関連づけられる費用であり，そのインパクトとして得られるアウトプットに帰属させることのできるものであるのに対して，間接費用は個々のアウトプットとの関連が明らかでなく，その帰属の明確化も不可能かあるいは困難な費用のことである．

3) **私的費用と社会的費用**

私的費用は，個々の経済主体が自ら負担する費用，社会的費用は，個々の経済主体によってなされた行動の結果発生するすべての費用をいう．特に社会的費用には，私的費用のほかに第三者が負担する費用も含まれる．一方，私的費用は内部費用と同じ概念であり，社会的費用は外部費用と内部費用を合わせたものに相当する．

（2） 便　　益

便益は，各代替案によって目的が達成された度合い（効果）を金額表示したものであり，これに対して，金額以外の尺度で表示した場合，これを有効度とい

表 7・2 便益の諸概念 [7)]

	対	照	対照の根拠
(1)	直 接 便 益	間 接 便 益	発生形態
(2)	主 要 便 益	副 次 便 益	プロジェクト目的との関係
(3)	計測可能便益	計測不可能便益	便益の計測可能性
(4)	明示的便益	潜在的便益	明確性
(5)	利用者便益	非利用者便益	帰属主体
(6)	移 転 便 益	非移転便益	移転性

う．便益の一般的な概念は，表 7・2 に示すようである．

(3) プロジェクトライフ

あるシステムの整備計画（プロジェクト）について費用便益分析を行う場合，その評価の計測時間は，計画，建設，使用にわたって効果が持続する全時間（プロジェクトライフ：図 7・3 参照）が対象となる．特に，交通施設の場合には，その耐用年数が極めて長く，しかもその間の社会・経済的環境が変化する可能性があることから，その年数の設定と計測は容易ではない．一般にその期間は，当該システムに対する，① 物理的耐用年数，② 機能的耐用年数，③ 経済的耐用年数，④ 法定耐用年数から規定される．

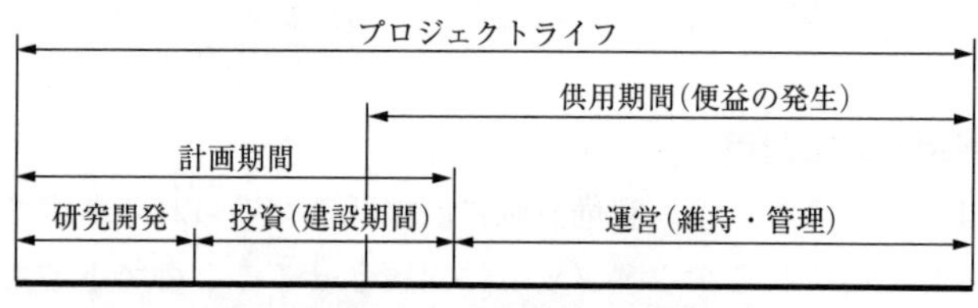

図 7・3 プロジェクトライフの考え方 [7)]

(4) 費用便益基準

費用便益分析における費用と便益は，基本的には次のように記述される．まず，費用は初期投資額（建設費）とその後の運営に係る経費（維持管理費，補修費），およびその施設の償却後の残存価値で表現される．いま，建設時の費用を C_0，運営費を含めた n 年後の現在価値を C_n，資金運用の年利率を i とすると，総費用 C は次のように示される．

$$C = C_0 + \frac{C_1}{(1+i)} + \cdots\cdots + \frac{C_n}{(1+i)^n} \qquad \cdots\cdots (7・3)$$

また，便益について同様に，n 年目に生じる価値を B_n とすれば，その総便益 B は

$$B = \frac{B_1}{(1+i)} + \cdots\cdots + \frac{B_n}{(1+i)^n} \qquad \cdots\cdots (7\cdot4)$$

と表される．

また，交通システムの計画・建設およびその供用期間は長く，その間に発生する便益・費用も一定ではないため，評価する時点での現在価値等に換算することが必要になる．そのため，一般には，次のような方法で時間換算価値が評価される．このとき，用いられる利率は社会的割引率と呼ばれる．

① 評価時点の現在価値（現価）に換算する

② プロジェクトライフの最終年の価値（終価）に換算する

③ 各年で異なる便益・費用を等価価値（年金）に換算する

一方，計画に対する評価は，この費用 C と便益 B から得られる投資効率に基づいて判断されることになる．そのため，計画案の採択に当たっては，この投資効率を評価するための基準が必要になる．以下には，その主な考え方を示す．

1) **費用便益比**（r）**最大化**

投資に対する便益の比をもって表し，その最大化を目指す．

$$r = B/C \rightarrow \max \qquad \cdots\cdots (7\cdot5)$$

2) **便益費用差**（N）**最大化**

便益と投資の差額をもって評価しようとするもので，その最大化が最適選択となる．

$$N = B - C \rightarrow \max \qquad \cdots\cdots (7\cdot6)$$

3) **内部収益率**（＝割引率：R）

便益と費用の現在価値を等しくするような投資の収益率を示すもので，次式の関係を満たすような割引率（R）に等しいと考えられる．すなわち，内部収益率とは，投資プロジェクトの純現在価値を0にするような割引率であるともいえる．

$$\sum_{t=1}^{n}\left[\frac{B_t - C_t}{\left(1+R^t\right)}\right] = 0 \qquad \cdots\cdots (7\cdot7)$$

ここで，t：評価する年数，n：プロジェクトライフを表す．

4) **回収期間**（T）**最小化**

投資額が便益として回収されると考えた場合，その回収時間をもって投資効率を判定しようとする考え方で，その最小化が求められる．

$$\sum_{t=1}^{T}\left[\frac{B_t-C_t}{(1+i)^t}\right]=0$$

$$T=\frac{C_0-S}{b-c}\to \min \qquad \cdots\cdots (7\cdot 8)$$

ここで，C_0：初期投資額，S：残存価値，b，c：定数，t：経過年数である．

5）　**費用一定下の便益最大化**（費用基準）/**便益一定下の費用最小化**（便益基準）

ここでは，投入される費用あるいは達成すべき便益が，それぞれ制約条件として設定されたときの投資効果が評価される．

$$\left.\begin{array}{ll} B\to \max & C\leqq C^* \\ C\to \min & B\geqq B^* \end{array}\right\} \qquad \cdots\cdots (7\cdot 9)$$

ここで，C^*，B^*：費用，便益の制約値である．

7·2·3　総合評価方法

（１）　総合評価の問題とその考え方

システムの整備効果を評価し計画案を選択するために，基本的には評価の要素となる指標が計量化され，これに基づいてある制約下における最適な目標が探索される．しかしながら，その際，単一目標に限定されることは少なく，一般には複数の目標が存在する．また，交通システムの影響範囲は広く，そのため評価の主体も単一の立場であることは少ない．すなわち，複数の立場に立った総合的な評価が必要になる．このように，評価する立場やその価値観に生じる多層の目標を合理的に最適化するためには，それらの総合化が必要となる．ここでは，計画代替案を総合的な見地から評価するために必要となる，「複数目標の総合化」と「複数主体の総合化」を通して，総合評価の方法について概説することにする．

（２）　評価目標の総合化

システム整備の目標となる指標が複数あり，特にそれらの間にトレードオフの関係（図7·4）があるなど，一意的に計画の優劣が判定できないような場合には，これらの目標指標値を一本化するなど，その総合化が必要となる．ここでは，先に述べたような目標指標の制約条件化で対応できないような場合に，合理的判断を支援するための幾つかの方法について説明する．

1）　**目標指標の重要度に基づく順序づけによる方法**

複数の目標指標の重要度に順位をつけ，順位の高い指標から順に代替案の優劣を比較評価しようとする方法であり，重要度の高い指標のみを用いて簡略的に判断されることもある．例えば，最も重要と考えられる指標で優劣が判定されれ

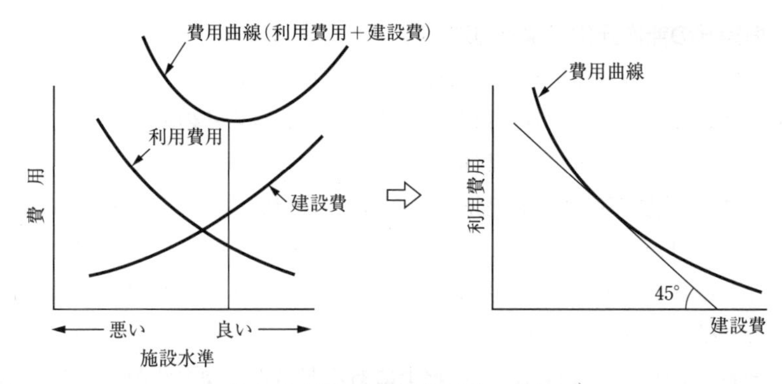

図 7・4　システム整備に伴うトレードオフ[1)]

ば，その時点で計画案が抽出されることになるが，その優劣に差が認められない場合には，次に重要とみなされる指標を用いて優劣が比較される．このように各代替案の優劣を判定し，その順序をつけていくことを指標の重要度による辞書的順序づけという．

また，指標ごとに判定される各代替案の順位や，その評点（順位の得点化）総和などに基づいて計画案を選択する方法もある．

2)　**目標指標間の重みづけによる方法**

異なる尺度を有する目標指標に相対的な重要度を付加し，指標の一元化を図ろうとする方法である．このとき，それぞれの指標に付加される相対的重要度は「重み」と呼ばれ，これによって重みづけされた指標値の総和（加重総和）によって評価値が算出される．

$$G_i = w_1 g_{i1} + w_2 g_{i2} + \cdots\cdots + w_m g_{im} \qquad \cdots\cdots (7\cdot10)$$

ここで，G_i：代替案 i の指標値の加重総和，g_{im}：目標指標 m に関する代替案 i の指標値，w_m：目標指標 m の重みである．

この重み w は，各目標指標の大きさに無関係に一定値として設定される場合と，目標指標の大きさ（すなわち，その目標の充足度）に応じて変化させることによって，各指標の評価に偏りのないように設定する場合とがある．このような各目標指標値と重みの関係は重み関数で示される（図 7・5）．

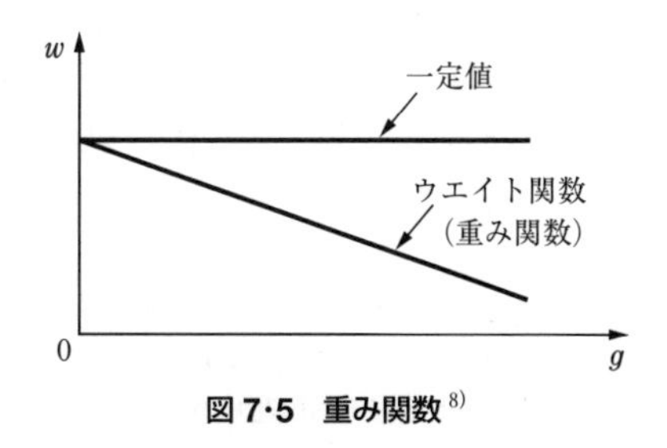

図 7・5　重み関数[8)]

3) 指標値の無次元化による方法

これは，幾つかの目標指標値を共通に評価するために無次元化された指標を導入しようとする考え方であり，目標指標間の効用値からその換算率（代替率）を用いる方法と，各目標指標値の目標達成率を用いる方法とがある．

① （指標）**代替率を用いる方法**：例えば，ある代替案に2つの目標指標 g_1 と g_2 があり，これらの間に g_1 の1単位を g_2 の u_{12} 単位と置き換えても等価であるとき，u_{12} を g_1 から g_2 への代替率といい，その代替率の効用値は

$$G = u_{12}g_1 + g_2 = b \qquad \cdots\cdots (7\cdot11)$$

と表される．すなわち，この線上にあるどの点も効用値が等しく，これらの代替案の優劣がつけられないことになる（図7･6(a)）．また，その効用値は，一般には各指標の値が大きくなるとその限界効用*が小さくなり，代替率も小さくなる．各指標値が小さくなると代替率は大きくなる．このように，指標値の大きさ（その満足度）によって代替率が変化するのが一般的であり，この場合の等効用線は図7･6(b)のように両指標値の関数で表される．

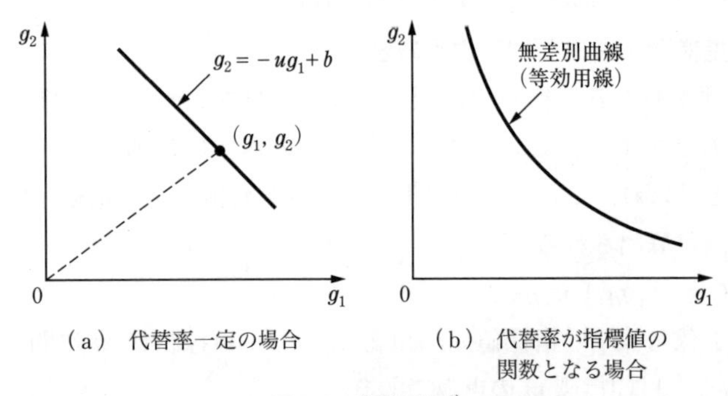

（a） 代替率一定の場合　（b） 代替率が指標値の関数となる場合

図7･6 等効用線[3)]

② **目標達成率を用いる方法**：各目標指標にそれぞれの目標値が設定されるならば，その指標値の目標値に対する比率は目標達成の度合いを表すことになる．いま，ある代替案を構成する2つの指標値 g_1，g_2 の現状値を $g_1{}^0$，$g_2{}^0$，目標値を $g_1{}^*$，$g_2{}^*$ とすると，それぞれの目標達成率 s_i は

---

* 一般に，施設整備による効用値は投資の増加に伴って増加するが，その投資1単位当たりの効用値の増分（増加率）を限界効用という．この限界効用は，投資の総量（財の総量）が増加するにつれて逓減する（限界効用逓減の法則）．

$$s_1{}^0 = g_1{}^0/g_1{}^*, \quad s_2{}^0 = g_2{}^0/g_2{}^* \qquad \cdots\cdots (7\cdot12)$$

と表され，その両者の目標値への方向は目標ベクトルと呼ばれる（図7･7）．この目標ベクトル上に代替案が存在すれば，そのときの各指標の目標達成率は等しく，指標間のバランスのとれた案となっているとみなされる．一方，目標ベクトル上にない2つ以上の代替案がある場合には，等効用線を介してこの目標ベクトル上に各代替案を投影してその優劣を判定する．このとき，一般には図7･7にもあるようなL字型等効用線が用いられる．これによって，常に各指標値間のバランスを図りながら目標値に近づくような代替案が評価・選択されることになる．

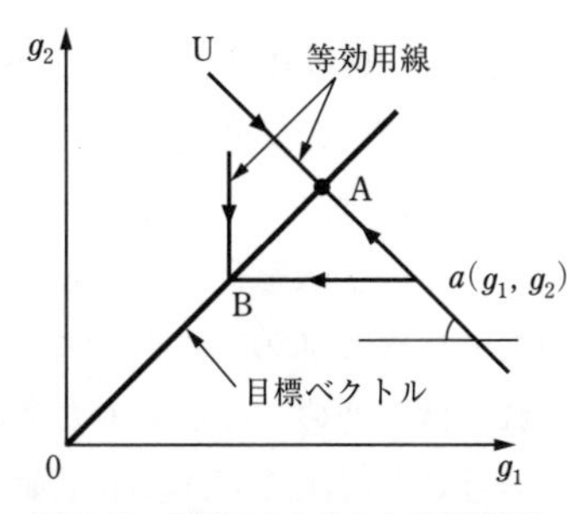

図7･7　目標ベクトルとL字型効用関数 [3)]

（3）評価主体の総合化

近年，さまざまな施設の計画に住民参加が必要とされるなど，複数の主体が計画に関与することが多くなってきている．このような場合，その計画の評価に当たっては価値観の異なる複数の主体間の調整が必要となる．すなわち，評価主体の総合化（共通化）に向けた取り組みが必要となるが，厳密な意味での共通化は難しいため，共通の基準を設定し，各主体の基準との隔たり（不満）を最小にするなどの方法がとられる（**7･2･1** 参照）．そのため，会議方式，投票方式，あるいは説得方式などのいわゆる合議制に基づいて，代替案に対する評価を行うための方法が提案されている．実際には少しでも合理的な決定となるように，これらを組み合わせるなどの工夫がなされる．

7･3　交通システム評価のための新たな視点

7･3･1　交通問題の新たな展開

従来，交通システムはその効率性を命題に整備されてきたため，経済的側面を中心とする投資効率で評価されるのが一般的であった．しかしながら，上述のように，システムの整備に伴うマイナスの効果（非効用）の影響が大きくなるにつれて，その指標化と定量化が合理的評価の重要な課題となってきた．さらに各種の交通問題が顕在化し，環境問題に代表されるように，システム利用者以外の第三者に及ぼす外部不経済が大きくなるに至って，環境アセスメントの制度化などにみられるように，このような視点は交通システム評価に不可欠の要素となっている．

そこで本節では，交通システム評価要素となっている幾つかの代表的な交通問題の状況とその評価の考え方について概説することにする．

7·3·2　評価要素としての交通問題

（1）　都市の交通問題

一般的には，交通の社会面あるいは経済面に対する役割ないし機能が十分に果たされない状態を交通問題として考える．すなわち，迅速性，経済性，安全性等の交通サービスの要件が少なくとも１つでも満たされない状態を指すといえる．これらは交通の主体からみた問題の定義であるが，一方で，交通サービスの低下ということに限らず，交通活動が外部不経済を発生させる状態を交通問題と定義することもできる．特に，後者の場合にはその負担を交通参加者以外の人を含む絶対的多数の人に強いることが多くなってきており，その際には「社会問題」として位置づけられる．交通公害をはじめとする環境問題や交通安全の問題（交通事故の多発，交通事故死者数の増加）などをみても明らかなように，高密度化した都市においてその問題は顕著であり，より深刻となっている．

（2）　交通環境問題

交通施設の整備やその運用に伴う種々の問題のうち，社会的に多大な外部不経済を伴うのが環境問題である．そのため，システム整備に係る評価の対象として欠かすことのできない要素となっている．ここでは，交通公害を中心とした典型的な都市の交通環境問題について概説しておく．

道路の環境問題には，大気汚染，騒音，振動等の道路を通行する自動車によって発生するいわゆる「交通公害」といわれる問題のほか，自動車の排熱とアスファルトの蓄熱による熱環境の悪化（ヒートアイランドや温暖化），さらには，道路自体の建設または存在に伴って生じる自然環境や自然景観への影響などの問題がある．

一方，都市に着目した場合，都市の成長過程においてスプロール化などに伴って都市の環境やそこでの交通環境が著しく悪化することがある．このような場合には，むしろ道路の建設等によって積極的に環境を改善しようとする試みがなされている．そこでは，環境改善の度合いが評価の対象となることは言うまでもない．

ところで，「公害」という言葉は一般にさまざまな使われ方をしているが，「公害対策基本法（昭和42年）」には次のように定義されている．

「……この法律において公害とは，事業活動その他の人の活動に伴って生ずる相当範囲にわたる大気の汚染，水質の汚濁（水質以外の水の状態または水底の底質が悪化することを含む），土壌の汚染，騒音，振動，地盤の低下（鉱物の採掘のための土地の掘削によるものを除く）および悪臭によって，人の健康または生活環境にかかわる被害が生ずることをいう……」

すなわち「公害」とは，第1に「事業活動その他の人の活動に伴って生ずるもの」であり，第2に「相当範囲にわたる」ものであり，第3に「人の健康または生活環境にかかわる被害が生ずる」ものであるとの3つの条件を満たす場合であると定義されている．

また，これら公害のうち「交通公害」については，「道路交通法（昭和35年）」に次のように定義されている．

「……道路の交通に起因して生ずる大気の汚染，騒音および振動のうち総理府令で定めるものによって，人の健康または生活環境にかかわる被害を生ずることをいう……」

さらに「総理府・厚生省令（昭和46年）」では，「……1）道路を通行する自動車または原動機付自転車から排出される一酸化炭素，炭化水素，鉛化合物または窒素酸化物に起因する大気の汚染，2）自動車または原動機付自転車の通行に伴って発生する騒音および振動であって，当該区域において人の健康を保護し，または生活環境を保全する上で維持されることが望ましい限度を超えるもの……」と定められている．

また，法体系の中で示されているように，交通公害による影響度に対して種々の基準が設定されており，これを超える場合にはさまざまな措置が講じられることとなっている．

① **大気汚染**：二酸化硫黄（SO_2），一酸化炭素（CO），浮遊粒子状物質（SPM），二酸化窒素（NO_2）および光化学オキシダントの5物質について，人の健康を保護し，生活環境を保全する上で維持されることが望ましい基準として各種の基準が定められている．また，これらの物質の量が環境基準に適合しているか否かは，継続して測定している常時監視測定局の年間日平均値のうち，上位から2%の値を除外した値（98%値）をその基準と照らして判断することと定められている．

② **騒音**：騒音にかかわる環境基準は，道路に面する地域とその他の地域に分

けて定められている．また，騒音規制法によって別途要請限度が定められている．騒音の測定方法は，環境基準における場合と要請限度における場合とで若干異なっているが，基本的には道路に面する住宅の前面 1 m で，高さ 1.2 m の地点で測定することと定められている．

③　**振動**：振動は公害対策基本法において環境基準を定めるものに含まれていないので環境基準はなく，振動規制法による要請限度が定められている．

7·3·3　交通問題評価の考え方

都市の自動車交通の問題は，原則的には需給バランスの悪さにその原因が求められる．しかしながら，限られた都市空間に都市の持つ外部経済性，文化的魅力などを求めて人口が集中する限り，必然的に需要過多の現象が続くことになる．このとき，当然のことながら集中する人や物の交通手段が問題となっているわけであり，公共交通，歩行者，マイカー等のすべてに便利で快適な交通条件を保つことが理想ではあるが，これらは両立し得ない．したがって，これらをどの程度重視するのか，そのしわ寄せをどこまで我慢するのか，そのバランスをどこに見い出すかが鍵となる．

一方，空間の概念からみれば，都市という公共空間の私的占有の度合いが問題を深刻化させているといえる．言い換えれば，都市交通問題の多くは空間の有効利用と共有空間の拡大によって解決されるはずである．そのためには，移動・手段選択に対する自由（あるいは権利）と受益者（あるいは原因者）としての負担（義務）のバランスをどう考え，それをいかに達成するかが問題となる．

交通問題の対策には，① 無方策，② ハードな対策（施設整備：長時間が必要），③ ソフトな対策（交通運用：比較的短期で実施可能）が考えられる．

このうち，無方策すなわち利用者均衡に任せてはどうかとする考え方は，その外部不経済が利用者間だけで分担される場合，もしくは交通主体間の交通サービス低下が問題となる場合に成り立つのであって，社会的問題といわれている今日の交通問題の対策として位置づけることは難しい．ましてや，公共の利益を守るという計画者（あるいは行政担当者）の立場にあってはなおさらである．しかしながら，これをある対策によってもたらされる状況の変化と比較することによって，その対策の効果を評価することは意義深いといえる．このことは，ある種の対策を講じても事態が改善されないとき，あるいは，他の状態が悪化したような場合に，その対策の効果がなかったと評価するのではなく，対策を講じなかった際に想定される状態（一般的には事態の悪化）と比較して評価する必要があるということを意味している．このような例は，交通事故対策の実施あるいはその評価などによくみられる．

また，施設面に着目したハードな対策の場合，当該問題部分の施設整備だけでは十分とはいえず，関連する諸施設をも含めた総合的な施設整備が望まれるが，その場合には実現の可能性あるいは実現までに要する時間から，適切な対策か否かの判断に疑問が残る場合もあり，さらに，施設整備後の変更は容易ではないため，将来の状況を適切に把握しておく必要がある．これに対しては，欧米諸国で実施されている実験的手法に代表されるような段階的施設整備が望まれる．そういった意味では，実現の容易な交通運用面のソフトな対策が効果的であると考えられる．しかしながら，このようなソフトな対応だけで問題が解決することは少なく，上述した段階的施策の初期段階の施策として位置づけられるのが妥当である．

例えば，道路混雑等の問題に対して，当該道路の拡幅等による容量増強策といった対処療法的対応ではそれが与える交通流動への影響などから，長期的にはむしろ悪化に拍車をかけることも考えられる．しかしながら，バイパスの建設や公共交通施設整備を含んだ総合的施設整備にはかなりの長時間を要することになる．さらに，このようなハードな対策は，整備後の変更は実際問題不可能に近く，併せて交通需要動向や土地利用に与える影響が大きいため，対策の実施に当たっては十分な検討が必要になる．

7・4　総合交通環境整備に向けた評価制度

7・4・1　環境保全から環境整備へ

特に道路交通に起因するさまざまな問題が社会的問題化するにつれ，これに対応し環境を保全すべくさまざまな対策が検討され，それに必要な制度化が進められている．ところが，このような事後処理型の環境保全策では根本的な解決とならず，さらに効率的な整備が難しいことから，事前に環境への影響を評価・検討するための制度が導入されるようになってきた．さらに，近年ではこのような制度に基づいて，むしろ積極的に都市環境を整備するような考え方へと移行しつつあるともいえる．わが国の代表的な制度には，道路環境保全制度や環境影響評価制度（環境アセスメント）が挙げられるが，ここでは環境アセスメントについて簡単に触れておく．

7·4·2 環境アセスメント[9),10)]

(1) 環境アセスメントの目的と手続き

環境影響評価制度（環境アセスメント）とは，土地形状の変更，工作物の新設等の事業の実施前に，その事業が環境に及ぼす影響の内容およびその程度，環境保全対策などを予測し，評価することによって，公害の防止，自然環境の保全について適正に配慮しようとするものである．

1969年（昭和44年），アメリカで「国家環境政策法（The National Environmental Policy Act；NEPA)」が制定され，環境影響評価が一定の事業について行われることになった．その後わが国においても，中央公害対策審議会の環境影響評価制度専門委員会等において検討が始められ，昭和47年6月には，「各種公共事業にかかわる環境保全対策について」の閣議決定により，次のような事項から環境影響評価の意義と必要性が指摘された．

① 開発行為が環境に与える影響を事前に検討すること
② 開発行為と環境保全との調整機能的役割を持つこと

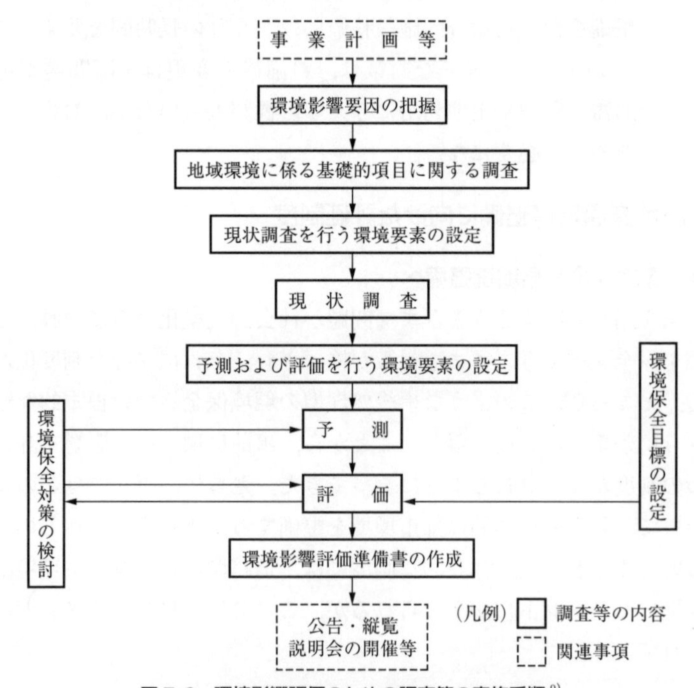

図7·8 環境影響評価のための調査等の実施手順[9)]

③ 代替案の検討により，より良い開発行為を選択できること

④ 情報公開による住民参加が期待できること

なお，道路事業については，「環境影響評価の実施について（昭和59年）」の閣議決定を受けて，「建設省所管事業にかかわる環境影響評価実施要領（昭和60年）」が通達として出された．

表7・3 調査を実施すべき環境要素[9)]

区　分	環境要素
公害の防止にかかわるもの	・大気汚染 ・水質汚濁 ・騒　音 ・振　動 ・地盤沈下
自然環境の保全にかかわるもの	・地形地質 ・植　物 ・動　物 ・景　観

また，環境影響評価は，対象事業を実施しようとする事業者が，図7・8のような手順で行うこととされており，そこで，調査すべき環境要素は表7・3のようである．

（2） 新しい環境影響評価体系[11)]

これまでに示した閣議決定要綱に基づく，いわゆる閣議アセスは，その技術指針にみられるように，あらかじめ定められた環境保全目標に照らして行われる，いわば許認可システムに順応した消極的対応（ネガティブ・チェック）とみられる向きもあり，本来のアセスメントの意義が問われるところとなった．

そのため新しい制度では，その手続きを，①［**アセス実施の判定**］環境影響評価を実施するか否かを決めるために地域の人々や地方公共団体などの意見を聞くスクリーニング（必ず環境影響評価が必要となる第一種事業と，事業者が進んで，実施すると決めた第二種事業には適用されない），②［**方法書の作成**］環境影響評価の項目や方法を決定するスコーピング（平成9年の制度改正における大きな変更点の1つ），③［**準備書の作成**］調査，予測，評価および環境保全対策の検討結果を準備書にとりまとめるプロセス，④［**評価書の作成**］地方自治体や市民・住民の意見を踏まえて準備書の内容を見直し，評価書としてまとめるプロセス，⑤［**報告書の作成**］環境影響評価が確定した後の手続きとして，許認可等の意志決定にその結果を反映させると共に，事業着手後のモニタリング等のフォローアップを踏まえ，必要となる環境保全対策等を報告書として作成する5つの段階（図7・9）を経て実施されることとしており，事業者がさまざまな対応を行う余地のある段階で外部との情報交換を行う環境影響評価方法の手続き等の制度的改善がなされており，長期間にわたって地域住民等の関与が可能になるなど，わが国のアセスメントが大きく変わることが期待されている．

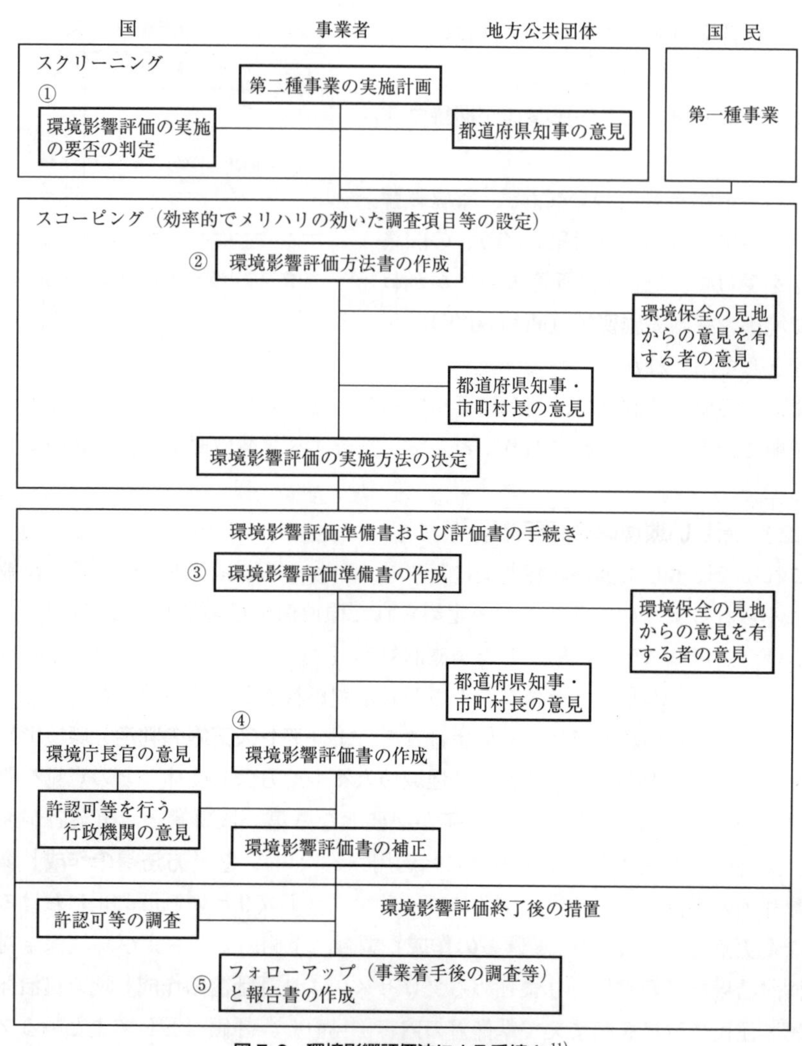

図 7·9　環境影響評価法による手続き [11]

（3） 地方自治体の環境アセスメント制度

環境影響評価法ではアセスメントの対象となる事業や規模が決められている（法アセスと呼ばれる）ことから，それ以外の事業者や小規模の事業で地域にとって影響が大きいことが想定される場合，地方自治体独自で規定する必要があるため，都道府県や政令指定都市では環境アセスメントに関する条例が制定されており，これを条例アセスと呼ぶことがある．

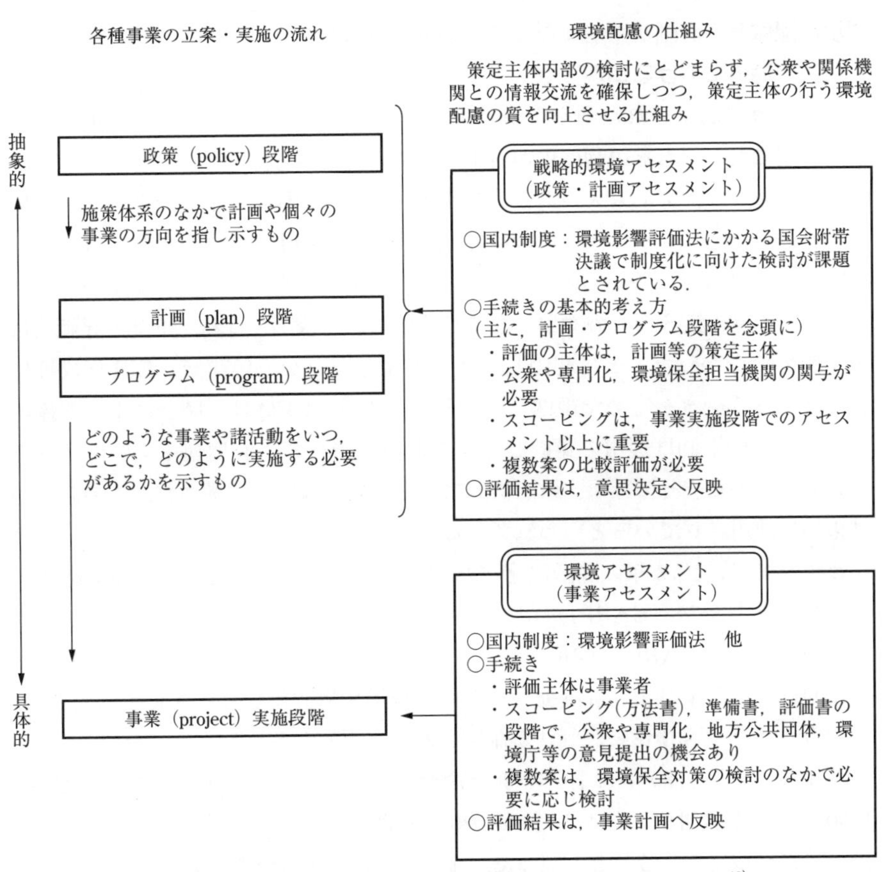

図 7･10　環境（事業）アセスメントと戦略的環境アセスメントの関係 [12)]

（4） 環境アセスメントから戦略的環境アセスメントへ [12)]

戦略的環境アセスメント（strategic environmental assessment；SEA）は，個別事業の実施段階における環境影響評価法等に基づく環境アセスメントに先立って行われる戦略的な意志決定段階におけるアセスメントであり，環境基準法第 20 条の事業アセスメントを補完するだけでなく，同法第 19 条（国の施策の策定等に当たっての配慮）を実体化するものといえる（図 7･10）．そのため，政策(policy)，計画（plan），プログラム（program）の 3 つの P を対象とするアセスメントとされている．

このように，SEA は，第一に構想段階で，第二に複数の代替案を対象として，第三に多様な関係者の意見を聞くことができることから，EIA に対して格段に環境に配慮した計画が可能になることが期待される.

(5) 海外における環境アセスメント[13),14)]

アメリカで制定された国家環境政策法に基づく制度化以降, 以下に示すように, 各国においてもその制度化が着実に進められている.

アメリカでは, アセスメントの実施に当たって, 全体的な監督機関として環境問題諮問委員会 (CEQ) が設置され, さらに環境保護庁をはじめとする多数の専門職員によって, 環境影響評価書 (EIS) の作成や関係省庁との調整が行われている. 当初, EIS 作成の対象となる具体的な政府機関の行為, 予測・評価項目等が明確でなかったことに起因して混乱が生じたため, 1978 年, EIS 作成等に係る詳細な手続きを定めた規則を制定した. また, CEQ は公聴会による関係者からの意見聴取制度運用の見直し作業を進め, 1983 年, 制度運用上のガイドラインを作成した. その結果, 政府機関による手続き規定も整備され, この制度が効果的に運用されているといわれている.

カナダでは, 1973 年に閣議決定に基づく環境影響評価制度 (連邦環境影響評価・審査プロセス (EARP)) が導入され, 1984 年には総督令によるガイドライン命令として EARP が強化され, さらに 1990 年に閣議指令により SEA の実施に向けた「政策および計画提案のための環境影響評価プロセス」が導入され, 1992 年にカナダ環境影響評価法が制定されるに至った.

ドイツでは, 1989 年に EC 理事会命令を実施するための法律を成立させ, 1990 年 8 月から対象となる 16 種類の事業計画について, 環境影響評価が法律によって義務づけられることとなった. また, 2005 年には SEA の内容を踏まえて法の改正が行われた.

フランスでは, 1977 年から自然保護法に基づいた環境影響評価の実施が義務づけられており, 公の審問に関する新たな法律の制定によってこの制度が強化されている. 2000 年には環境法典の改正により SEA が要求されることになった.

また, これらの国を含む欧州共同体 (EC) においては, 1985 年, 環境アセスメントに関する理事会命令が出され, 一定の範囲のプロジェクトについて加盟国の環境影響評価の実施が義務づけられた. その内容は, 対象プロジェクトの範囲, 評価の範囲, 意見聴取の仕組みおよび EC 委員会の役割からなっている. さらに, EU への移行後, 1996 年には欧州委員会が, 一定の計画およびプログラムの環境に及ぼす影響の評価に関する欧州議会および欧州理事会の指令案 (SEA 指令案) が提案され, 2004 年 4 月までに SEA 国内法化が義務づけられた.

ECに加盟していなかったイギリスでは，都市農村計画法の計画認可に際して，環境への影響が評価されていたため，EC理事会命令を実施するための新たな法律の制定は必要とされず，関係規則が1988年より制定・実施されている．2004年にはEUの動きと連動して，計画・プログラム段階の環境影響評価規則（SEAの実施）が制定された．

一方，中国では1979年の試行制定を経て1989年に環境保護法が制定され，2002年にはSEAの考え方を加えた環境影響評価法が制定された．韓国でも1979年に環境保全法の改正によりEIAの実施が規定され，1993年には環境政策基本法を根拠に準SEA制度が導入され，併せて環境影響評価法の制定によって環境影響評価が強化された．また，2005年には環境政策基本法を改正しSEAが強化されるに至っている．

東南アジア諸国においても，フィリピンでは1978年の大統領命令で，事業者によるEISの作成，国家環境保護委員会（NEPC）によるEISの審査，公聴会の開催，環境証書（ECC）の発行等の環境影響評価に関する詳細な手続きが定められており，タイでは1979年，環境主務官庁（NEB）によって，環境影響評価の手続きに関する技術的ガイドラインが作成され，1981年には，対象事業に関する命令が法制化され，マレーシアやインドネシアでもそれぞれ環境質法，環境管理法にしたがって，環境影響評価が実施されるなど，環境影響評価制度が次第に定着しつつある．

[参考文献]

1）土木学会編：土木計画における総合化，技報堂出版，1984.
2）土木学会編：地区交通計画，国民科学社，1992.
3）毛利正光・西村昂・本多義明：土木計画学 ― 理論と実際 ―，国民科学社，1983.
4）吉川和広：地域計画の手順と手法 ― システムズ・アナリシスによる ―，森北出版，1978.
5）国土交通省道路局：高速自動車国道の事業評価手法　説明資料，2003.11
6）国土交通省道路局　都市・地域整備局：費用便益マニュアル，2008.11
7）土木学会編：土木計画における最適化，技報堂出版，1984.
8）西村昂・日野泰雄：複数目標を考慮した場合の代替案の評価について，昭和53年度土木学会関西支部年次学術講演概要，IV－44，1978.
9）金安公造編著・交通工学研究会編：道路の環境，技術書院，1988.
10）環境省：環境アセスメント制度のあらまし，環境省総合環境政策局，2012.
11）「環境アセスメントここが変わる」編集委員会：環境アセスメントここが変わる，環境技術研究協会，1998.

12)　環境アセスメント研究会：わかりやすい戦略的環境アセスメント（戦略的環境アセスメント総合研究会報告書），中央法規出版，2000.
13)　環境庁企画調整課編：日本の環境アセスメント（平成3年度版），ぎょうせい，1991.
14)　錦澤滋雄・多島良：環境アセスメント史　年表，環境アセスメント学会誌　8 (2)，pp.30−33, 2010.

8
都市の交通管理

8·1 交通の運用と管理の考え方 [1)～4)]

8·1·1 交通の運用と管理

一般に，自動車交通を管理・運用するという考え方の基本は，幹線道路を中心に交通の状況を把握し，そこでの問題点を速やかに処理することによって交通の安全と円滑を図ろうとするものであって，特に信号等によって交通の流れを効率的に制御する意味の“traffic control”，あるいは，設備と組織・制度の両面から安全・円滑な交通の運用を図るための“traffic operation”に対応するものとして解釈されることが多い．これに対して近年では，自動車による種々の交通問題が顕在化するにつれ，道路施設や都市規模に見合った交通のあり方が検討されるようになり，既存施設の有効利用や交通需要の抑制を図るための“traffic management”の考え方が一般的になりつつある．さらに，これは後述するように，交通需要の管理を明確に打ち出した“traffic demand management：TDM”（近年，transport demand management と称されることが多い）へと移行してきている．このような考え方は，本来，ヨーロッパでは既成市街地における渋滞等のさまざまな問題に対応して自動車交通を適正に処理する（言い換えれば，適正規模に利用を抑制する）必要性から，またアメリカでは，高需要の自動車利用が与える都市への負荷を軽減する必要に迫られて導入されてきたといわれている．すなわち，交通管理とは自動車の機能とそれが周辺に及ぼす影響の両側面から，自動車交通を適正に運用するための手段として発展してきたと考えられる．

現在では，都市におけるさまざまな交通問題に対応し得る多種の交通運用手段を総合的に組み合わせて実施する，統合的交通管理（integrated traffic management または comprehensive traffic management）の考え方が中心となりつつある．さらに，自動車が交通システムの1つであることから，より広義に人や物の移動そのものを対象とした“transportation system management：TSM”としてとらえられることも少なくない．

8・1・2 交通管理の考え方

交通の管理は，当初，自動車交通による都心地区の混雑緩和とそれに伴う歩行環境や住宅地区の住環境の悪化に対処するために，通過交通の排除や地区内の自動車走行の制限を目的として導入された．このことは，例えば1960年代にブキャナン（C. Buchanan）によって著された「都市の自動車交通（Traffic in Towns)」の中で，居住者がその中心となる歩行者を最優先する居住環境地区と，そこで許容できる自動車交通量の限度としての居住環境容量が定められるなど，自動車交通の抑制が明確に打ち出されていることなどからも知ることができる．このような考え方の流れは，「ボンネルフ（Woonerf)」や「ゾーン30（Zone 30)」といった交通の静穏化（traffic calming）による歩行者優先策へと引き継がれている．一方，都心の地区ではロンドンなどで一部都心部の交通対策として駐車容量を制限するなどの管理の方策がとられたものの，一般的には必ずしも自動車交通が制限されることはなく，むしろ商業用途の荷物の搬出入や来客，業務用途に自動車利用が不可欠と考えられていたともいえる．しかしながら過度の自動車利用は，ますますの混雑に加えて人と車の錯綜を生じさせるなど，地区内の交通秩序の乱れと環境の悪化と共に，むしろ地区の商業・業務活動の停滞化を招くことが指摘されるようになってきた．そのため，ヨーロッパ諸国では，都心部の歩行者専用化（pedestrianization）やトランジットモール区域の設置とその周辺での駐車コントロールシステム（駐車時間および料金と場所による駐車需要の管理など）の導入など，自動車交通の制限と公共交通優先策による交通の管理が一般的となっている．

これに対して，わが国における交通管理は道路管理に対比して称されることが多く，交通の規制と取締りや交通管制といった警察の所管業務としてとらえられがちである．特に，1970年代半ばには，都市部を中心に面的な交通安全（事故防止）対策として地区内の自動車交通を制限することを目的に，生活ゾーン規制をはじめとする都市総合交通規制が実施されるに至って，わが国の交通管理の1つの形態が確立されることになったといえる（**9・2** 参照）．しかしながら，交通規制といったソフトな対応だけでは一定以上の効力が期待できない（あるいは，そのためには取締りの絶対的強化などの法的担保に頼らざるを得ない）ことに加えて，環境改善といった面での有効な方策となり得なかったこともあって，改めて道路機能の分類とその使い分けといった各主体に対応した交通処理の概念が再認識され，より総合的な観点から各種の手法が導入されるに至っている（次項参照）．ただし，わが国では法的制約や経済的背景，さらには自動車利用者のコンセンサスを十分に得られないなど，種々の管理方策の導入が必ずしも容易ではない状況にあると言わざるを得ない．

8・1・3 交通管理の動向

本書の中でもすでに述べてきたように，社会の発展に合わせてモビリティの向上に対する欲求が強まり，その内容も単なる移動から随意性や快適性等の付加的要素が重視されるにつれて，対象となる手段は鉄道，バス等の大量輸送機関から個別手段である自動車へと移行してきた．このような社会的ニーズの高まりは道路整備を進める背景となったが，その整備は自動車利用の急速な増加に追いつけず，むしろ期待されたモビリティが十分に確保されないまま推移してきたといえる．そして，道路整備が十分でないままに自動車利用に対する需要が増え続けた結果，本来，自動車の有するモビリティが十分機能しないばかりか，渋滞，事故，環境悪化等のさまざまな問題を招く事態に至っている．

こういった状況の中，一定の都市空間の中での道路整備には本来限界があると共に，一定水準以上の自動車利用は過度のエネルギー消費と環境悪化をもたらすことが改めて認識されるに至って，自動車の保有と利用を適正規模に管理・運用する動きが活発となっており，近年では表8・1（p.171）に示すように，各地で種々の管理方策が導入されている．戦後から一貫してモータリゼーションが促進されてきたわが国においても，今後，大都市都心部を中心にその効果的方策の具体化が急がれることになろう．

8・2 交通管理の方法と計画

8・2・1 交通管理計画の必要性

近年，道路をはじめとする交通の問題は複雑であり，その影響も広範囲にわたっている．そのため，交通施設の整備やその運用計画の立案に当たってはその影響を十分に予測・評価しておく必要がある（3章，7章参照）．特に，交通の管理・運用計画は従前のような既存施設の効率的運用だけでなく，交通安全や環境保全のための交通需要抑制までを含めた交通問題への基本的な対応策を検討するものとして，交通システムの中でも極めて重要なプロセスとなってきている．

ここで，道路交通を例にその管理・運用の目的を改めて整理すると次のようになる．

① 交通の円滑化による交通容量の確保と増大
② 交通の安全性向上
③ 道路空間利用の多様化（利用主体による公平性の促進）
④ 道路沿道および生活環境の改善

これらの目的を達成するためには交通の管制や規制（利用の制限を含む），施設の改善といった道路利用者に直接作用する方策のみならず，税制等の法制度による自動車保有の抑制，時差通勤制度等の導入による交通の分散化，運賃政策等による交通手段の転換（モーダルシフトあるいはモーダルミックス）などの交通主体全般を対象とした方策まで，多様な手段と方法が検討されなければならない．そこでは，それぞれの目的と手段が一意的に対応するものではなく，複数の方策が総合的に導入されるのが一般的である（パッケージ施策と呼ばれる）．しかも，上述のような社会制度の変化によってその対応が異なったり，また，ある方策を導入したことによって別の新たな問題を生じさせたりすることもあるため，交通の管理・運用方策を導入するに際しては，短期から長期までの状況を踏まえた段階的な計画の立案が望まれる．

8·2·2　交通の運用·管理手法[1),5),6)]

道路交通に端を発するさまざまな問題に対応するため，これまでにも多様な方策が検討されてきている．ここでは，先に述べたコントロール（管制）やオペレーション（運用）からマネージメント（管理）までを含めた各種の手法を整理した上で，近年，特に環境問題を背景に導入されつつある新たな手法についても概説することにする．

（1）　交通流の管制

わが国で道路交通管制という概念が出されたのは，昭和 46 年施行の「交通安全施設等整備事業に関する緊急措置法」の一部改正で，「交通管制センターとは，信号機，道路標識および道路標示の操作その他道路における交通の規制を広域にわたって総合的に行うため必要な施設で政令で定めるものをいう」と示されて以来である．その後，交通事態のますますの悪化に対して，警視庁をはじめ各地でシステムの整備と拡張が図られてきた．さらに，交通の安全と円滑化を図る狙いから，社会問題化してきた交通公害防止のための交通総量抑制に寄与すべく運用の拡大が進められ，近年ではエネルギー対策の一環としての役割も期待されている．そのためには電子機器等の技術革新が必要となるが，これについては**8・3**の情報通信システムの中で若干触れることにする．

ところで交通管制システムの主な機能としては，① 交通情報の収集，② 交通信号制御，③ 交通規制制御，④ 緊急時交通制御，⑤ 交通整理誘導制御，⑥ 広報等が挙げられるが，これらは，強制的に交通の流れを管理する信号制御（系統化信号や広域信号制御など）と，間接的に交通を制御する情報の提供（可変情報による経路案内や誘導）とに大別されると考えられる．以下に，一般街路における交通管制の主な内容について簡単に整理して示す．

1） **交通情報の収集**

交通流の情報を正確かつ迅速に収集し，必要に応じた交通制御の実施や広報活動に反映させることを目的としている．具体的には，車両感知器や交通監視テレビを通じて，主要地点での交通量，占有率，渋滞状況，交通事故発生等のデータが収集される．

2） **交通信号制御**

1）で得られた各種の交通データに基づいて，交通の効率的運用を図るため，最適な信号サイクル，スプリット，オフセット等の信号制御パラメータが設定される．交通データが広範囲に集中管理されることで系統化信号はもちろん，さらに総合的に面的な制御が可能となっている．また，近年では夜間の交通安全や環境負荷を減じるため，むしろ高速で走行できないようなシステム（高速走行抑止システム）を導入するなどの試みもなされている．

3） **交通規制制御**

後述する交通規制のうち，時間別の規制やリバーシブル・レーンの運用，および異常気象などに対応するための制御のことである．

4） **緊急時交通制御**

交通事故や火災など異常事態発生時に，信号現示ステータス，強制的な迂回誘導や可変標識の操作を行うものである．

5） **交通整理誘導制御・広報**

収集された交通情報に基づいて，対象地域内の交通流の適正配分を実現するため，警察官による交通整理，標示・標識や信号機によって迂回誘導するものであり，これらの情報は，可変情報板，ラジオ放送，電話サービス等により積極的に広報される．

（2） 交通の規制

一般に，交通の安全と円滑化を図るため，道路施設の運用に際してはなんらかの規制が実施される．交通規制の手段として，「信号機または道路標識等を配置し，および管理して交通整理，歩行者または車両の通行禁止，または制限その他の道路における交通の規制」を行うことができるとされており，広義には(1)で述べた交通管制の主たる手段となる信号機も交通規制の一部と考えられる．

わが国の交通規制は明治初期に左側通行が開始され，現在の「道路交通法」に当たる「自動車取締令（大正8年)」，「道路取締令（大正9年)」に端を発している．その後，昭和5年に自動信号機の輸入設置，昭和22年には「道路交通取締法」等の交通安全を目的にした規制が実施され，さらに昭和35年には「道路交通法」の中で円滑化が目的に加えられた．現在では，交通公害や交通環境に視点を置いた規制が実施されるに至っている．都市部の一般幹線道路で実施されている交通規制は，① 交差点の交通規制，② 単路部の交通規制，③ 交通公害対策としての交通規制に大別される．

これらの詳細は別途文献に譲るが，いずれにしても速度の規制，路上駐車の規制，バス優先化対策，さらには住環境保全を目的としたゾーン規制（都市総合交通規制）など，道路の効率的運用から交通安全や交通環境に主眼を置いた内容に移行しつつある．次項では，これらと関連して，特に面的交通制御について述べる．

平成7年1月17日，神戸を中心に大きな被害をもたらした兵庫県南部地震(阪神・淡路大震災）でも大きな問題となったように，災害時の交通規制は，救急活動や復旧・復興活動をスムーズに行うために重要な役割を担うものであることは言うまでもない．そのためにも，被害の状況を迅速かつ的確に把握し．効果的規制の早期実施が必要であり，この震災での経験から各都市でのより詳細な検討が期待されるところである．また，災害対策法では通行可能となる緊急輸送車両に対して許可証が発行されるが，その厳正な運用を図るため，この震災を契機に模倣が困難な新しい標章に変更されたことを付記しておく．

（3） 面的交通制御

住宅地区では住環境の保全，商業地区では歩行環境の改善による地区の活性化が望まれるが，そのためには地区内の自動車交通を制限する必要がある．その内容は，主として自動車の流入抑制と速度抑制から構成される．上記のゾーン規制もこの1つであるが，その規制力が取締りに依存するなどその実効性に問題が残される．これに対して，近年ではモール化やコミュニティ道路化あるいはボンネルフ等，施設側からのハードな制御が導入されてきている．これらについては9章で改めて述べるが，ここでは，ヨーロッパなどで定着し，わが国でも実施されつつある幾つかの方策について簡単に紹介しておく．

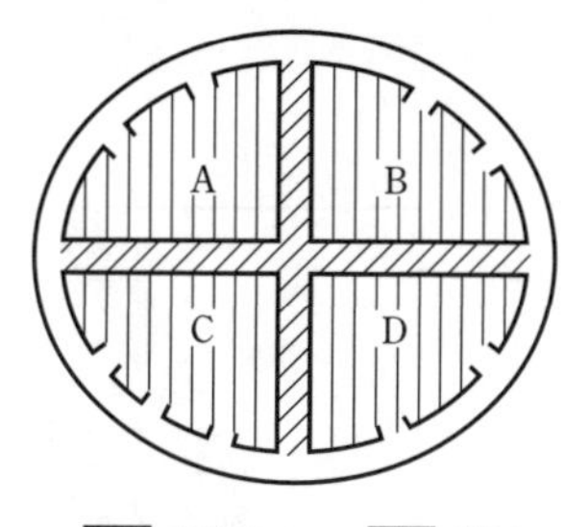

図 8・1 交通セル方式の概念 [5)]

1） 交通セル方式

西ドイツのブレーメンで1960年代初頭に実施された方式で，図8・1に示すような環状道路を配置した1～2 km^{2}の都心部の放射状幹線道路をモール化するなどして自動車の通行を禁止し，これに囲まれたゾーン（セル）間の通過交通を排除するものである．

2） トラフィックゾーンシステム

都心部の通過交通をより広範囲に排除するため，交通セル方式をさらに発展させたものである．その考え方は，都心部内部の幹線道路にバリアを設け，それらの道路に囲まれるゾーン内に交通セル方式を適用しようとするもので，路面電車を実質的なバリアとして活用したスウェーデンのイエテボリの例が有名である（図8・2）．

3） 地区交通静穏化策

ヨーロッパでは，古くから狭幅員道路に自動車が進入することによる問題を懸念して，交通静穏化（traffic calming）の方策が検討されてきた．都心商業地区などで実施されている歩行者専用化やモールなどもその一例であるが，一般の住居地区で具体化された代表的方策はボンネルフであろう．ボンネルフとは，主として住宅系の地区において通過交通を排除し，かつ地区内の自動車は歩行者優先の原則の下に利用可能（歩行者と同じ速度で走行する）とする，歩車共存型の交通運用を目指して，道路をクランク型，蛇行型の形状にしたり，狭窄やハンプなど物的な道路改変などを行うものである（9章の図9・6参照）．これは．1972年にオランダのデルフトで最初に導入され，わが国でもコミュニティ道路と称して大阪市などで実施されている．ただし，その手法が主として道路の構造にかかわるため．整備コストが高くなることやハンプ等では騒音や振動も一部問題となったことから，舗装面の材料や色彩を変えてその効果を期待するような方法が取られている．

一方，ボンネルフの整備には多大のコストが必要となること，特定の道路区

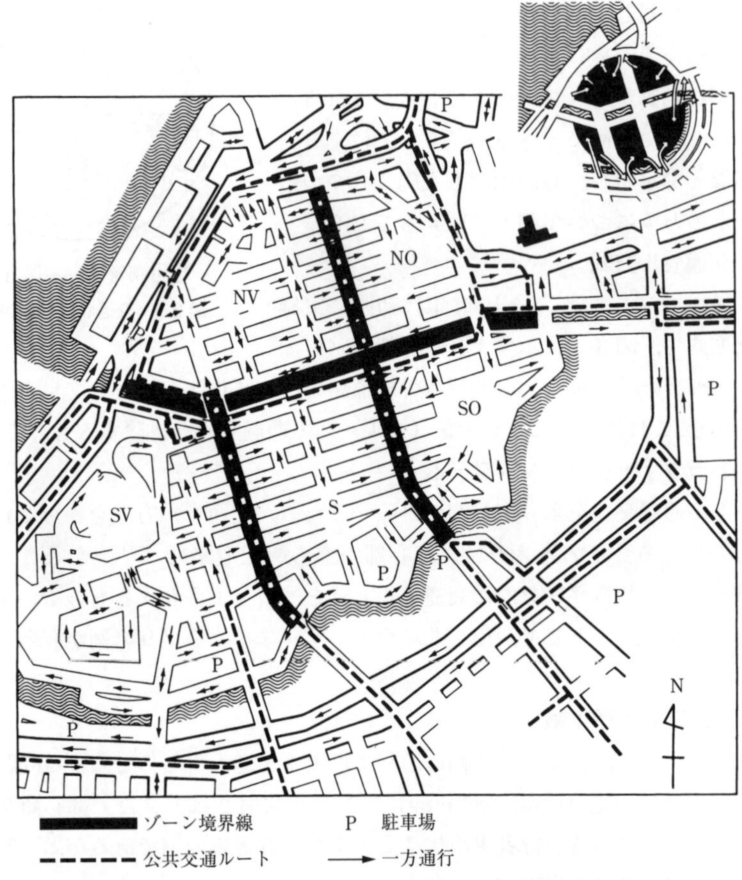

図 8･2 イエテボリ（スウェーデン）のトラフィックゾーンシステム [2)]

間だけ実施しても効果が少ないことなどから，ヨーロッパではドイツを中心に「ゾーン 30」と呼ばれる面的交通静穏化策へと移行しつつある．これは，わが国におけるいわゆる生活ゾーン規制に物的な手法を加えたものとも考えられ，コストを抑えつつ，ボンネルフと同等の効果を期待しようとするものである．また，このような流れを受けて，わが国では警察庁と建設省によって，「コミュニティゾーン」の名称で同様の試みがなされたところである．

（4） 自動車利用の抑制

交通問題の多くは需給の不均衡から生じるものであり，施設整備（供給）に限界があることから，問題の抜本的解決には需要の削減が不可欠の要件となる．そのため，交通需要そのものを抑制・管理することを意図したTDMの考え方が必要になっており，自動車の保有，利用，使用（走行）の3つの観点から制限するための方策が検討されている（表8・1参照）.

表8・1 自動車需要の管理・抑制策の動向（主な事例）[2]

自動車需要管理・抑制策				代表的事例
管理の対象と目的		方策	手法	
道路利用の制限および自動車の走行制限	交通容量・速度の制限	道路空間の再配分	バス専用化	
			二輪車専用化	
		交通静穏化	歩行者専用化	
			歩車共存化	ボンネルフ（オランダ・ライズバイクほか）
		交通管制／規制	ゾーン規制	生活ゾーン規制（大阪，東京ほか）
			ゾーンシステム	トラフイックセル（イエテボリ）
			信号制御	ゾーン&カラー計画（ノッチンガム）
	特定道路の利用制限	交通規制	道路利用対象限定	大型車通行禁止 利用対象の専用化
	地域内道路の利用制限	入域制限	通行許可	許可証による階層的制限（ボローニャ）
			入域賦課金制度	エリアライセンススキーム（シンガポール）
			ナンバープレート方式	ナンバープレートによる入域許可（アテネ）
		混雑の負担	ロードプライシング	エレクトリックロードプライシング（香港） トールリングシステム（オスロほか）
車両の利用制限		利用可能車の制限	ナンバープレート方式	指定番号利用許可（メキシコシティ，ソウル）
			用途方式	ノーマイカーデー（大阪），運輸事業車（東京）
		原因負担による制限	燃料税	ガスカズラータックス（スウェーデン，アメリカ）
		駐車場所による制限	駐車スペース制限	例えば附置義務の強化と地区駐車スペースの制限（ロンドン）
車両の保有制限		保管義務による制限	車庫規制	車庫法の強化（東京，大阪）
		税負担による規制	購入・登録・保有税	関税の強化（シンガポール，インドほか）
		保有制限	世帯保有台数制限	

(注) 参考文献7），8）を基に作成.

保有制限は，専ら税制による保有負担の強化や車庫規制等による保管義務の強化などによって行われるが，特殊な事例として，バミューダで実施されているような世帯保有台数の制限などもある．また，シンガポールでは，1990年から自動車所有にCOE（Certificate Of Entitlement：車両所有権証書）の取得を義務づける制度を導入している．このCOEには10年の有効期限がある上，その発行枚数は政府がコントロールしているため，その価格は政府の政策と自動車の普及台数に左右されることになる．

利用制限には，燃料税の負担強化や駐車場所の限定による間接的制限，ナンバープレート方式による強制的な制限がある．後者には，ギリシャのアテネやナイジェリアのラゴス等での実施例があり，自家用車の利用削減と公共交通の利用増，走行距離と時間の減少，大気汚染物質の削減等の効果が報告されているものの，自動車の複数保有等によって次第にその効果は低下しているといわれている．また，特定の地域で利用できる車両を許可車（商用車．住民や地元企業の自動車）に限定することで，渋滞地域，環境悪化地域，歴史的地域の交通レベルを減らすためのシステムが，ボローニャ，フローレンス，ミラノ（2001年時点ではトラフィックゾーンシステムに移行），ローマ等イタリアの各都市で実施されている．

直接使用する際の制限としては．上記の(1)～(3)の諸施策に加えて，都心部等特定地域へ流入するための負担金（入域賦課金）や特定の道路を走行するための負担金（混雑税やロードプライシング）の徴収がある．これらについては後述する．

また，バスや歩行者に優先的に道路空間を配分することによって，むしろ自動車交通容量を減じて自動車の走行条件を抑制することもその一手段と考えられ，これを積極的に導入しようとした例には，ボルドーでの総合的道路網階層案がある．ここでは道路空間の25%を自動車に，25%をバスや配送車等の公共交通に，50%を歩行者・二輪車に配分することが提案されているが，まだ具体化には至っていない．

（5）　公共交通優先による交通管理

バスレーン（バス専用車線や優先車線）やトランジットモールなどの整備によって公共交通の利便性が高められると共に，自動車利用が制限されることになる．その意味から，上記の自動車走行抑制策の一種とも考えられる．また，自動車から公共交通機関への転換を図ることを目的に，鉄道やバスの利便性や快適性を向上させるさまざまな施策（運行間隔の短縮や車両の増結，パーク・アンド・ライド，バス・アンド・ライド，ゾーンバスシステム，バスロケーションシステム，乗継ぎ料金制度など）が実施されつつある．また，近年，後述のITS（intelligent transport systems：**8・3・5**参照）の内，警察庁が中心となってバス等の公共車両を優先走行させるPTPS（public transportation priority systems）も札幌市や大阪府堺市など40都道府県で導入されている（**5・5・3**参照）．

（6） 交通需要の分散化

交通需要の分散化を図り，そのピーク性を緩和することは種々の交通問題改善に有効な一手段となり得る．その方策には，空間と時間の両面からの取り組みがある．空間的分散の例としては，施設の分散配置（サテライトオフィスや物流システムの合理化など）によるものがあり，時間的分散としては，時差通勤やフレックスタイム制度が考えられる．また，近年導入が始められている在宅勤務は，その両面からの取り組みとも考えられる．これらの考え方は職住近接策による交通総量の削減にもつながるといえるが，その実現化には社会・経済システムの変革が不可欠であり，長期的な方針としての交通政策の提示が必要である．

8・2・3 ロードプライシング[7)～9)]

（1） 理論と運用の基本的な考え方

交通管理の方法等については前項で述べてきたが，ここではこれらのうち，近年，効果的な交通管理策としてその効果が期待され，ヨーロッパを中心にその実施例が増えつつあるロードプライシングについて取り上げることにする．

ロードプライシング（road pricing）とは，上述のように．特定の道路利用に対して直接的に料金を課すことによって自動車交通量をコントロールしようとする方法である．この考え方は，道路利用者にその利用に係る社会的費用を負担させること（料金による外部不経済の内部化：7章参照）によって，道路の最適な利用を図るという交通経済学の理論に基づくものである．当初は，特定の道路混雑を対象に適切な税を賦課することによって交通量を調節しようとする混雑税（congestion tax）に始まるが，ロードプライシングは混雑対策に加えて，環境対策，道路やその他の交通基盤整備のための財源確保などさまざまな目的をもって実施され得るといった点でその概念が異なるといえる．例えば，イギリスでは交通渋滞の解消，ノルウェーでは財源の確保，スウェーデンでは環境改善，オランダではこれらすべてを目的としてその導入が議論されている．また，本来，ロードプライシングでは対象道路の利用量（走行距離や時間などの道路空間占有量）

に応じて料金が徴収されるべきであるが，具体的には次のような運用形態が考えられる．

1）**個々の交差点や道路区間の利用に課金する方法**

特に環境の悪化した局所の改善を目的とするものであるが，迂回路の整備やそこでの新たな環境問題の発生などが考えられるため，その具体例は少ない．

2）**対象区域境界線の通過車両に課金する方法**

コードンプライシングと呼ばれ，境界線（コードンライン）を通過するたびに料金が賦課されるものである．このとき，片道あるいは往復いずれかの料金を設定することが可能である．ノルウェーでの事例がこれに当たる．また，シンガポールのシステム（後述）も，実質的にはこの方法で運用されていると考えられる．

3）**対象区域内での自動車利用に対して課金する方法**

一定期間区域内で自動車を利用するための許可証の購入を義務づけるもので，エリアライセシングと呼ばれる．地域内への乗入れの回数は制限されないという点でコードンプライシングとは異なる．ストックホルムでは，この形態の計画が提案されているといわれている．

4）**渋滞道路区間の利用に対して課金する方法**

混雑税の考え方であり，走行距離や時間，あるいは渋滞に費やした時間の合計に対して料金が課せられるもので，外部費用に直接対応するため費用負担の論理がわかりやすい反面，他の方法に比して，事前に費用の必要性やその額を知り得ないという問題点がある．

これらのうち，すでに実用化されているものや実用化の検討が進み，今後の導入が注目されている幾つかの事例を紹介する．

（2）シンガポールの入域賦課金制度[10)]

都心地域などの交通混雑地域の自動車利用に対して課金することによって自動車利用の抑制を図るための方法には，① 自動車の利用地域によって異なる登録許可税をかける方法（differential excise licensing），② 特定地域内での自動車利用に対して有料の許可証（supplementary licenses）を購入させる方法がある．入域賦課金制度（area license scheme：ALS）は後者に位置するもので，都心部等特定の区域に流入する車両に料金を賦課することによって流入交通量を抑制しようとする手法であるが，都市の規模や形態，社会的・技術的諸問題から，一部の国や地域を除いてまだ一般化するまでには至っていない．

シンガポールで1975年，平日朝のピーク時間帯（7：30～10：15）に都心部混雑区域を規制対象区域（restricted zone：RZ，620 ha）として，そこへの通勤自動車の流入を抑制するために入域賦課金制度が実施された．区域に通じる 29 の道路にゲート（図 8･3）を設け，警察官が違反車をチェックするシステムとなっている．料金は表 8･2 のようであり，自動車登録事務所，郵便局，路側販売所で許可証（図 8･4）が販売されている．なお，この時点では，バス，貨物車，二輪車，警察･軍用車，消防車および 4 人以上乗車の自家用車は対象除外とされた．このシステム導入の結果，交通量が 25%，うち自家用車は 50%減少したのに対して，バスの利用者が 10%増加し，平均速度が 20%上昇すると共に，入域した自家用車の 15%は 4 人以上乗車であったと報告されている（図 8･5）．

図 8･3 規制区域（RZ）のゲート [10)]

また，1989 年には夕方のピーク時間帯（16：30 ～ 19：00）にも ALS が適用され，対象除外となっていた貨物車，二輪車，4 人以上乗車の乗用車にも適用されるなど，その範囲が拡大されることとなった．これに伴って，乗用車の賦課金が日額 S$3（約 220 円），月額 S$60（約 4 400 円）に値下げ，逆にタクシーは乗用車と同額に値上

表 8･2 シンガポールの ALS による入域賦課金（1988 年） [10)]

車 種	日 額	月 額
自家用車	S$ 5	S$100
営 業 車	S$10	S$200
タクシー	S$ 2	S$ 40

（注） 1 シンガポールドル（S$）≒ 73 円．1995 年 11 月現在．

図 8･4 許可証の種類 [10)]

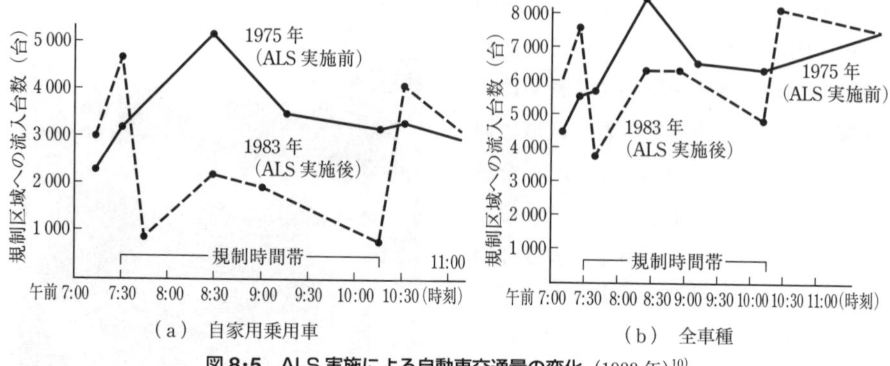

（a） 自家用乗用車 （b） 全車種

図 8・5 ALS 実施による自動車交通量の変化（1983 年）[10]

げ，二輪車は日額 S$1，月額 S$20 を新たに賦課するなど，料金の体系も改訂されることとなった．

このようなシステム拡大化の背景には，総合交通政策の一環*として地下鉄建設やバス運行システム等の公共交通機関が整備されてきたことが挙げられる．さらに，1998 年には IT（information technology）を援用した自動監視システム（electronic road pricing：ERP）が導入・実用化されている（図 8・6）．このシステムは，2002 年からの導入されたロンドンでの CC（Congestion Charge）（図 8・7）などの入域許可システムの基本となっている．

図 8・6 現在の ERP［2015 年 6 月撮影］

* シンガポールでは，地下鉄整備と共に，バスルートの再編成，バス専用レーン（7：30 〜 9：30，14：30 〜 19：00）の設置やピーク時のみに運営される低運賃バス（7：30 〜 9：30，18：00 〜 19：00 → B ライセンスバスと呼ばれている）の導入等によって公共交通の利便性を高める一方，本文に紹介した ALS の導入による自動車の走行制限，高率自動車税による保有制限，駐車場整備の推進と料金値上げによる自動車利用の制限（都心部駐車場の適正利用率を 50％程度と想定）など，都心部を中心とした総合的な交通政策が検討されている．

(3) ノルウェーのトールリングシステム

1986年1月，都心部周辺環状道路等の整備のための財源確保を目的として，ノルウェーのベルゲンで「トールリング」と呼ばれるコードンプライシングが実施された．これは，平日（6：00～22：00）に都心部へ流入する車両（路線バスと50 cc以下の二輪車を除くすべての車両）に対して料金を徴収するもので，そのため，都心流入幹線道路上に6箇所の料金徴収所が設置された．

図8・7 ロンドンでのCC
(https://tfl.gov.uk/modes/driving/congestion-charge より)

また，ノルウェーでは1990年，オスロとトロンハイム（2005年に終了）でも同様のシステムが導入された．いずれもベルゲンのシステムを拡張したものとなっており，特にオスロでは対象範囲も広く，料金所の数も3倍程度と多くなったため，一部，自動車両識別技術（automatic vehicle identification：AVI）による自動徴収システムが導入されている．オスロでの料金は，小型車でNOK（ノルウェークローネ）10（約165円）/回，NOK 2 500（約21 000円）／年，大型車では小型車の2倍となっている．

(4) その他の事例と今後の動向

近年，ヨーロッパでは道路渋滞や環境問題に対応するため，ロードプライシング導入の動きが活発化している．

1) **ストックホルム**（スウェーデン）**のコードンプライシング**

主に環境保全を目的に都心部の自動車交通量を抑制すると共に，公共交通，パーク・アンド・ライド施設，環状道路等の地域交通施設の整備を図るために，都心部に流出入する乗用車と商用車を対象として，コードンプライシングによる料金（1日券SWK（スウェーデンクローネ）25（約400円），1ヶ月定期券SWK300（約4 800円）で許可証を購入し，窓口に提示する方式）を賦課するものである．特に1ヶ月定期券は自動車カードと呼ばれ，公共交通にも共通に利用できるシステムとなっていることが注目される．このシステムは，2006年に半年間の試行を経て，2007年8月から本格導入され，電子システムによるエレクトロニック・ロードプライシングの導入も検討されている.

2) **オランダの地域ロードプライシング**

オランダでは，ランドシュタット地域の道路渋滞緩和と大気汚染の削減を目的として，地域の自動車交通量を削減し道路トンネル建設の財源を確保するため，広義のロードプライシングが計画されている．その運用には，車両に搭載したプリペイドカードによる料金引き落としシステムが検討されている．2001年から，アムステルダム，デン・ハーグ，ロッテルダムおよびユトレヒトの4都市において，平日の7時から9時の間に都心流出入車両に2ユーロ程度（自動徴収以外の場合1.4倍）が課金される走行距離課金が実施されている.[11),12)]

3) **今後の動向**

具体的運用に至っていないヨーロッパ各国においても，ドイツでは他国の大型貨物車の道路使用に料金を課しており，イギリスでは，2000年7月ロンドン市長の諮問により中央ロンドン（Central London）でのERP（electronic road pricing）の導入が検討され，バスをはじめとする公共交通の各種利便性改善策の実施と関係者のヒアリングを経て，2003年2月よりロンドン都心部への流入車に対する課金の開始が決定される[13)] など，ロードプライシングが都市の交通需要管理に果たす役割などについての議論が活発となっている．さらに，ECのDRIVEプログラムの中でもロードプライシングが適用可能となる体系化やこれを促進するための技術開発が支持されており，加盟国間の互換性が検討課題となっている.

アメリカでは，実際の適用には至らなかったものの，大気汚染対策の1つとしてロードプライシングを取り上げ，マディソン，バークレー，ホノルルの3都市をケーススタディとして検討された.

また，アジアではシンガポールでの成功に刺激されて，クアラルンプールやバンコクで本格的な導入計画が進められた．いずれもさまざまな問題が障害となって実現には至っていないが，近い将来再びその適用に向けての議論がなされることになろう．さらに，わが国においても，東京都が2001年6月に渋滞緩和と大気環境改善を目的とした「東京都ロードプライシングに関する報告書」を提出したが，その実施については未確定なままである.

（5） 現状の問題点と新たな展開

上記のように，多くの国でロードプライシングの導入が検討されたが，実際の適用にまでは至っていないのが現状である．そこには，次のような技術面，法制度面，社会的側面の幾つかの問題点がある．

1) **技術面の問題**

シンガポールの例にみられるように，現在では一定規模のエリアに対しては十分実用可能なシステムとなっているが，交通問題が特に深刻化している大都市に適用可能なシステムをいかにして構築するかが最大の課題である．具体的には，① 対象範囲をどのように設定するか（わかりやすいコードンの設定は可能か），② 対象エリアに対して複雑に配置された道路にいかにしてチェックポイントを設けるか，③ 料金徴収や違反取締りのためのシステムの開発は可能かといった点が技術的な課題として挙げられる．特に，③ のシステム開発が重要となるが，これについては車両自動識別の技術や路車間通信技術，ナビゲーションシステム，料金自動徴収システムなどの開発が進められており，ロードプライシング導入の可能性は高まりつつあるといえる（**8·3** 参照）．

また．システム導入に当たっては料金や罰金の設定，それに伴う利用者の行動変化などシステム運用上の諸要素を把握し， システムの効果を的確に測定（予測）するための技術的手法の確立が必要となる（3 章，7 章参照）．

2) **法制度上の問題**

一般に，道路は税金という社会的負担で整備されているため，無料公開が原則となっている．特に，わが国では道路財源制度や有料道路制度との関係から，このような一般道路への料金徴収を行うためにはその根拠を明確にすると共に，これを担保する法制度化が必要となる．この問題の根本は，税制度による費用負担に対する解釈とそれに対する認識にあるため，その対応はむしろ社会的側面からの問題点を解決することで可能になることも考えられる．

3) **社会的側面からの問題**

ロードプライシングのような利用者に負担を要求するシステムの導入には，自動車交通に起因するさまざまな社会問題とシステム導入の必要性に対する社会的合意形成が不可欠となる．特に，① 公平性の確保，② プライバシーの保護，③ 料金使途の明確化に関する議論が重要である．

公平性の議論では，費用負担できない利用者の移動権を侵害することに対する問題が指摘されているが，これに対しては，より利用範囲の広い公共交通の代替手段を提供することで解決されるものと考えられる．特に，その料金の使途を環境保全や公共交通整備等に対する特定財源とした場合は，むしろシステムは受け入れられやすいともいえる．

プライバシーの侵害については，技術的問題を解決するための電子技術の開発に伴うもので，システムの導入にはその解決が不可欠な課題といえる．しかしながら，現在の電話等の通信システムと同様にデータの使用制限等の仕組みを整えると共に，料金徴収に係る利用者の利便性向上という観点からの理解を得ることで，その対応も可能であると考えられる．また，そのような社会的合意が形成されるまでは，例えば，現在検討されている車上搭載プリペイドカードからの料金自動引き落としシステムの導入も実用的であろう．

ロードプライシングはさまざまな目的に導入可能であるため，幾つかの複合的目的に対して導入されることが多いと考えられる．そのことが逆に特定の利用者が負担する費用の還元先が不明確になるという状況を生むことになる．そのため，不利益を受けるとして，費用負担者によるシステム導入への反対が顕在化しやすいという問題があるが，その使途先あるいは配分を明確にする（特定財源化する）ことによってその対応は可能であろう．

このほかに，企業活動への障害とそれに伴う社会経済活動への影響（例えば，費用負担による物価上昇）が反対の論拠とされることも多いが，これについても社会的コンセンサスに依存するものと考えられる．

いずれにしても，現在の種々の対策にもかかわらず，自動車利用増加の動向と交通問題に変化の兆しが見えないとするならば，これらの問題を克服して，より効果的システムの導入が必要不可欠となる．そういった意味から，近年のロードプライシング導入の実験等の検討が活発化していることは，交通問題の深刻化とこれに対する社会的関心の高まりを如実に語るものといえる．

8·2·4　交通管理計画立案のプロセス

これまでに述べてきたように，交通の管理・運用の目的や対象とする範囲によって，その考え方も導入する手法も異なる．基本的な目的は，自動車交通に係る需給バランスの適正化を図るために自動車交通を制限することであり，その対象範囲は次の3つに分けられる．

① 特定の道路区間や道路網の自動車交通を対象とする場合

② 地区の自動車交通を対象とする場合

③ 地域のすべての交通を対象とする場合

また，これらの対象が立地する都市の土地利用や交通施設整備状況などによって適用を検討すべき手段も異なることになる．このような都市構造に関しては，短・中期で変更することは現実的ではないため，交通管理計画立案に際して与件として検討することが妥当と考えられる．しかしながら，問題の規模に合わせて，あるいは長期計画の中では都市構造や法制度までを含めて検討することが必要となる場合もある．

都市の交通管理計画は，交通システムの一般的な計画と同様のプロセスを経て立案されることになるが，ここでは，その概略のみを以下に示しておく．

① 現況の把握と将来状況の予測による問題の抽出
② 問題の規模と対象範囲の特定
③ 検討すべき方策の抽出とその適用可能性の検討
④ 代替案の作成
⑤ 代替案による効果の測定
⑥ 代替案評価による計画案の選定
⑦ 計画案の具体化とその実施
⑧ 事後評価と計画の見直し

先にも述べたように，交通の状況は諸制度や技術革新等の社会的動向によっても変化するため，これらの計画は段階的に立案されるべきであり，一定時期ごとに再検討されることが望ましい．加えて，それぞれの計画段階でフィードバックのプロセスが必要となることも言うまでもない．

また，ロードプライシングをはじめ，利用者に費用負担等を強いる計画が必要となる場合には，上記プロセスの中でも特に，① 問題の程度と計画の必要性，② 計画導入による影響の程度，③ 徴収費用の使途とその効果などについて具体的な量として評価すると共に，併せてシステム運用上の諸問題への対応を検討し社会的合意形成の根拠を提供することが重要な課題となる．そのためには3章に示したような交通需要の推定方法，あるいは7章のシステムの評価方法等の論理的アプローチを拡張・応用すると共に，より現実的には実験的アプローチの実施とその評価が望まれる．

8·3　交通の運用と管理を支える情報・通信システム

8·3·1　情報·通信と交通

広義には，情報の伝達も交通の一種として定義されているように，通信手段で目的が達せられるような場合には，人や物が直接移動する必要がないともいえる．また，道路・交通に係る情報は，迂回によって渋滞を回避したり，交通手段を変更するなど，利用者の交通行動に少なからず影響を与えるものと考えられる．このように，情報・通信は交通活動と密接な関係にある．特に，情報・通信システムの技術的開発とその進展は，これまでにも述べてきたように，交通の管制や規制の運用範囲とその方法に支配的ともいえる役割を果たしてきた．さらに，その技術的革新は，今後の自動車のあり方を左右すると言っても過言ではない．

その内容は主として，① 道路と自動車の双方向の情報伝達をより高度化・効率化することによって，効果的に経路の案内・誘導を図ろうとする，より高度な交通管制システムの開発，② 走行車両の自動識別技術（AVI）に基づく料金徴収や取締りシステムによるロードプライシング等の交通管理システムの実用化，③ ファクシミリやインターネットをはじめ各種情報・通信システムの技術革新とその普及による交通需要の削減（通信による交通の代替）など，多様な側面から自動車交通問題の改善に対してその効果が期待されるものとなっている．そこで次項以降では，これらの各項目の中から幾つかの代表的な事例と今後の動向について紹介することにする．

8·3·2　高度交通管制システム[6)]

（1）　交通管制の高度化を支える情報·通信システム

自動車の機能と道路システムの効用を最大限に発揮させるためには，その対象範囲の拡大を図る一方で，特定の道路区間や時間帯をも対象とし得るようにこれまでの管制システムをより高度化し，自動車交通流を総合的にコントロールすることが必要となる．このようなニーズに応えるには，路側通信システム機能の高度化や道路と自動車の双方向個別通信システムの開発が不可欠となるが，これまでに世界各国で実用化されているプロジェクトも少なくない．

わが国においても，昭和48年～54年度に通商産業省工業技術院で，① 路車通信技術，② 車内表示技術，③ 経路探索手法等について，東京都西南部を対象としたパイロット実験が実施されたのを契機に，その後，建設省や警察庁などそれぞれに開発が進められ，現在では各省庁が調整を図りながら実用化に向けた取り組みの段階に入っている．

（2）　路側通信システム

自動車交通流は，個々のドライバーの状況判断に基づく自動車利用の結果生じる．そのため，ドライバーに合理的な判断を促すことによって道路の効率的運用を図ることが必要となる．特に，自動車交通が長距離化，大型化，大量化している今日では，その判断基準となる的確な情報提供が重要となっている．

これまでの交通情報システムでは，可変情報板，一般放送，トンネルや特定の道路区間での路側ラジオによって情報が提供されているが，上記のように必要とされる情報量が増加の一途をたどっている状況の中では，より迅速に，かつよりきめ細かい情報を随意に提供されることが望まれる．そのため，従来のシステムを補完する手法として路側通信システムが開発された．

このシステムは，一般のラジオで受信可能な中波標準放送帯またはその付近に設定された専用波（通常は 1610 kHz）を利用し，路側に設けた送信装置から情報を提供するシステムである．現在では，高速自動車国道や都市高速道路等の自動車専用道路で主に運用されているにとどまっており，その効果は十分とはいえない状況にある．そのため，道路管理者と交通管理者等関係機関による調整が必要とはなるが，今後，一般国道等の主要幹線道路でも運用が待たれるところである．

一方，アメリカでは，道路支援ラジオシステム（highway advisory radio system：HAR）が 1972 年，ロサンゼルス空港に設置されたのをはじめとして多数の州で実用化されている．このシステムでは，530 kHz と 1610 kHz の 2 波が割り当てられており，また放送形態もモノポールアンテナを利用する広域放送と，中央分離帯に埋設したケーブルアンテナを利用する狭域放送とがある．

ドイツ（旧西ドイツ）では，アウトバーンを中心とする長距離道路網の渋滞対策の 1 つとして，1974 年に超短波 FM 放送を利用するシステム（autofahrer rundfunk information：ARI）が開発実用化された．これは，旧西ドイツを 13 地域に分割して放送を行うというもので，広域放送システムの 1 つといえる．また，このシステムでは交通情報と共に送信している 3 種類の識別信号によって自動選局，自動受信が可能となっている（専用受信機を利用した場合）．

イギリスでは，中波を用いてイギリス全体をカバーする放送システム，CARFAX システムが BBC によって研究開発された．このシステムでは，リングシステムという受信機制御方法が開発され，対象エリアの情報のみを自動的に選局できるようになっている．

この路側通信システムによってよりきめ細かい情報の提供が期待されるが，いずれにしても一方向の情報伝達に過ぎない．そのため，情報の収集は別途行わなければならないし，利用者から必要な情報を要求することはできない．こういったことから，現在では，路車間の双方向通信へとその技術開発は移行しているといえる．

（3） 路車間通信システム

近年，道路側では路側通信システム，自動車側では自動車電話やナビゲーションシステムなどが普及してきたものの，いずれも一部の利用者が特定の情報を利用するにとどまっている．しかしながら，これからの自動車交通にはハイモビリティが求められる一方で，交通全体の安全性，快適性，利便性の向上や交通管理の効果的実施が必要となる．そのためには．自動車側にも情報通信機能を持たせたインフォモビリティが基本要件とされる．

その際，ネットワーク形状等の短時間では変化しない静的情報を自動車側があらかじめ保持した上で，事故・渋滞等の動的情報が道路側から提供されることになる．また，通信システムは，道路側の情報を自動車側に伝えるために機能するが，さらに最近では車両からの情報（速度や旅行時間等の走行状況）を道路側にも伝えるといった，双方向の個別通信機能を有するシステムへと移行しつつある．このように，ナビゲーション徴能を中心としたシステムから，公共交通の運行管理やロードプライシングによる交通管理にも対応し得るような高度交通管理システム（図8•8）の開発が進められるに至っている．

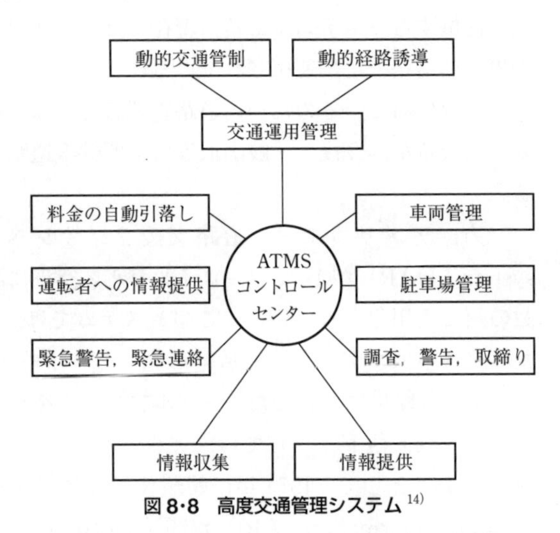

図8•8　高度交通管理システム[14)]

このような技術開発はわが国のみならず，ヨーロッパやアメリカでも活発に行われている（以下は1990年代後半の状況）．

ヨーロッパでは，EC加盟国を中心にRTI（road transport informatics）と呼ばれるシステムが開発中であり，その内容は，民間自動車産業が自動車側に重点を置いて進めているプロメティウス計画（PROMETHEUS）と政府サイドが道路側に重点を置いて進めているドライブ計画（DRIVE）の2つに分かれている．

アメリカでは，IVHS（intelligent vehic1e highway system）と総称される実地実験を中心としたプロジェクトが各地で進められており．将来的には自動運転を目指したシステムの開発が検討されている．

わが国の状況をみてみると，VICS（vehic1e information communication system）連絡協議会を調整機関として，建設省が主導するRACSと警察庁が主導するAMTICSが開発中である．建設省（現国土交通省）では，平成8年春から試験運用が開始されている（**8･3･5**参照）．

8･3･3　交通管理システムを支援する情報･通信システムの開発[9)]

（1）　自動車交通の情報化による交通管理システムの支援

混雑等の自動車利用に伴う外部不経済を内部化するために負担すべき料金は，本来，混雑地域への進入や地域内での走行と滞留，特定地点の通過などの個々の車両の行動に基づいて決定されることになる．そのため，個々の車両を識別し，自動的に課金されるようなシステムが必要となる．このようなシステムの開発は前述のように，特にロードプライシングの適用可能性を大きく広げることになると期待される．

このシステムはまた，ロードプライシングだけではなく，① 有料道路や駐車場等の料金の自動徴収を可能にすることで，ドライバーの料金支払いの煩わしさや料金所渋滞が解消されること，② OD交通量やそれらの走行時間等交通流の諸元を計測することによって，より効果的な交通の管理が可能になること，③ 特定車種の識別によって，緊急車両やバス等の優先通行のための交通管理が容易になること，④ 交通違反の取締りや犯罪車両の発見に大きく寄与することなど，交通の管理全般を強力に支援するものとなり得る．

（2）　ロードプライシングと車両識別システム

1960年代にイギリスのTRRL（Transport and Road Research Laboratory）でロードプライシングのシステムが議論された際，① 地点課金方式（対象地域の流出入地点等を通過した車両に課金する方式）と，② 地域課金方式（対象地域内に滞在した時間や走行した距離に応じて課金する方式）の2つの課金方式が検討されたが，いずれの場合も個々の車両からの料金徴収が技術的な問題とされたことは言うまでもない．そのため，通過車両を自動的に識別する技術（automatic vehicle identification：AVI）の開発と，これを用いたエレクトロニック・ロードプライシング（electronic road pricing：ERP）システムの運用が検討された．その後，香港での実験を経て，現在アメリカの有料道路やノルウェーのオスロでも実用化されている．

香港の実験では，2 600台の車両に電子式ナンバープレート（ENP）と呼ばれるユニットが装着されると共に，対象地区の道路18箇所に電磁ループを埋め込んだ料金加算所とテレビカメラが設置され，車両の識別，違反車の補捉，中央コンピュータによる情報処理などの性能がテストされ，実用化の可能性の高いことが示された．ただし，香港では実験の成功にもかかわらず，社会的・経済的理由により実現化にまでは至っていない．

(3) 自動車両識別システム

AVIは，自動車が特定地点を通過したときに道路側で個々の車両を識別する技術であるが，本来は鉄道車両の運行管理に役立てるためにアメリカで開発されたとされている．そのシステムの概要は図8･9のようであり，その基本となる車両識別には幾つかの方式が提案されている．1970年代には，① 光方式，② マイクロ波方式，③ 誘導波方式などが，さらに1980年代に入ると，④ 路車間通信方式，⑤ 画像処理方式などの技術が開発され．車両側に特別の装置を付けずにAVIを行えるようなシステムへと発展してきている．

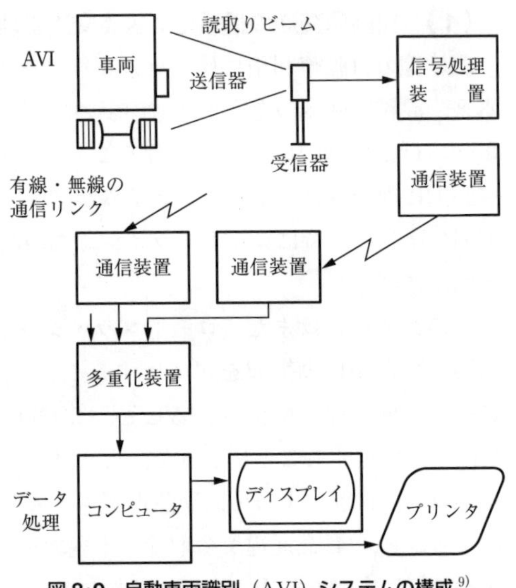

図8･9　自動車両識別（AVI）システムの構成[9]

8･3･4　情報通信による交通の代替

上述したように，近年の情報・通信技術の進展と一般社会への普及は著しいものがある．特に，ファクシミリやインターネットによる情報の伝達量は目覚ましい伸びを示している．また，行政システムの中でも水道の自動検針システムなど，通信技術を援用したシステムが次第に実用化されつつある．これらのことは交通の発生にも少なからず影響していると考えられるが，例えば一般企業へのアンケート調査の例[15]によると，ファクシミリの利用によっておよそ25%の交通削減が想定されており，また，大阪府水道局では自動検針導入に伴う検針等の業務用走行距離の削減を10%程度と試算している[16]．

さらに，通信技術の革新は都心の地価高騰を背景とした企業の合理化や消費活動等のライフスタイルにも大きな影響を与えており，その結果として，交通活動にも変化が生じているといわれている．例えば，サテライトオフィスやバックオフィスと呼ばれるオフィス機能の分散化による通勤距離の短縮と顧客サービス交通の削減，テレコミューティング（tele-commuting）を導入した在宅勤務による通勤交通の削減など，さまざまな事例が報告されつつある．

しかしながら，道路や鉄道の整備が新たな需要を生むことが少なくないように，通信サービスにも滞在的需要を顕在化させる側面があるため，すべての通信技術が交通需要の削減に寄与するとはいえない．また，このような通信による情報の伝達が一般化するにつれて，フェイス・トゥ・フェイス（face-to-face）によるコミュニケーションがより一層重要になるとも考えられる．したがって，情報通信システムの普及によって交通問題が根本的に解決されるとはいえないものの，情報・通信システムは，**8･3･3** で述べたように交通管理に直接寄与するばかりでなく，間接的にも交通問題の改善に貢献していると考えられる．

8･3･5 高度道路交通システム[17)]

ITS（intelligent transport systems）とは，最先端の情報通信や制御技術 IT（information technology）を活用して，人と道路と自動車の間で情報の受発信を行うことで，安全，快適で効率的な移動を実現し，道路交通が抱える事故や渋滞，環境対策などの様々な課題を解決するためのシステムとされ，1996 年に当時の関連 5 省庁（警察庁，通商産業省（現 経済産業省），建設省と運輸省（現 国土交通省），郵政省（現 総務省に編入））が連携して「ITS 推進に関する全体構想」が策定された．この構想では，ファーストステージとして 9 分野（① ナビゲーションの高度化，② 自動料金収受システム，③ 安全運転の支援，④ 交通管理の最適化，⑤ 道路管理の効率化，⑥ 公共交通の支援，⑦ 商用車の効率化，⑧ 歩行者等の支援，⑨ 緊急車両の運行支援）の 21 サービスについての実用化が進められた．これを機に，カーナビゲーションシステムが一気に普及し，有料道路の自動料金収受システム（electoronic toll collection：ETC）や公共車両優先システム（PTPS：**8･2･2**（5）参照）なども実用化された．これらの内，PTPS など主に信号制御と光ビーコンを活用した警察の高度システムを新交通管理システム（universal traffic management systems：UTMS）という．

2004 年の日本 ITS 推進会議では，セカンドステージの「ITS 推進の指針」として，「安全・安心」「環境・効率」「快適・利便」を支えるために ITS を普及させ社会還元を加速させることとされた．また，2013 年の ITS 東京世界会議で「ITS 総合戦略 2015」が提示され，次世代 ITS としての「ITS 長期ビジョン

2030」が策定されている．

このようなITSの進展の中で，近年自動車メーカー各社が力を入れているのは，先進技術を利用してドライバーの安全運転を支援するシステムを搭載した先進安全自動車（Advanced Safety Vehicle：ASV）の開発であり，カメラやレーダーを利用し，前方の障害物との衝突を予測して警報を鳴らし自動ブレーキを作動させる衝突被害軽減ブレーキ，車線からはみ出さないようにハンドル操作を支援する車線維持支援装置（レーンキープアシスト），先行車との車間距離を一定に保つ車間距離制御装置（adaptive cruise control：ACC）などが実用化されている．また，これらの技術の先には自動運転（automated/autonomous driving：AD）も見据えた議論が始められている．現在，アメリカの運輸省道路交通安全局（National Highway Traffic Safety Administration：NHTSA）がそのレベルを4段階（Function-specific automation，Combined function automation，Limited self-driving automation，Full self-driving automation）に分けているが，レベル3や4では，事故時の責任や不可避に生じる事象の倫理的問題，情報セキュリティなど，技術開発以外にも解決が必要な事柄が少なくない[18)]．

[参考文献]

1）交通工学研究会編：道路交通の管理と運用，技術書院，1987.

2）土木学会編：地区交通計画，国民科学社，1992.

3）片倉正彦：交通管理政策の現状と評価，都市計画，No.130，1984.

4）例えば，D. Starkie（UTP研究会訳）：高速道路とクルマ社会―英国の道路交通政策の変遷，学芸出版，1991.

5）交通工学研究会編：交通工学ハンドブック2014，交通工学研究会，2014.

6）佐佐木綱監修・飯田恭敬編著：交通工学，国民科学社，1992.

7）Peter Jones：Traffic Restraint and Road Pricing in European Cities：The Current Situation, IATSS Review，Vol.15，No.4，1989.

8）太田勝敏：ロードプライシングの意義とその適用性，IATSS Review，Vol.15，No.4，1989.

9）高羽禎雄：ロードプライシングと関連技術の開発動向，IATSS Review，Vol.15，No.4，1989.

10）Public Works Department，Singapore："Singapore Area Licensing Scheme"，1988.

11）Ministre van Verkeer en Waterstaat，Road Pricing in the Netherland：Lessons lerned，2010（http://ut cm.tamu.edu/mbuf/2010/presentations/pdfs/4−21_Jongman.pdf）.

12）Erik Verhoef，Mark Lijesen and Alex Hoen：THE ECONOMIC EFFECTS OF ROAD PRICING IN THE RANDSTAD AREA，（http://papers.tinbergen.nl/98078.pdf）.

13）Great London Authority：The Mayor's Strategy，4G street for all：improving London's roads and street，2000.

14）竹本恒行・高橋秀喜：米国におけるIVHSの動向，高速道路と自動車，Vol.34，No.8，pp.44−48，1991.

15)　西村昂・日野泰雄・水越茂樹：ファクシミリの利用動向と交通代替性に関する一考察．平成2年度土木学会関西支部年次学術講演概要，Ⅳ－40，1990.
16)　前岡秀紀・西村　昂：通信設備導入による交通合理化についての一考察．平成7年度土木学会関西支部年次学術講演概要，Ⅳ－39，1995.
17)　ITS　Japan：ITSとは，(http://www.its-jp.org/about/)，2015.
18)　今井猛嘉：自動化運転を巡る法的諸問題，国際交通安全学会誌，Vol.40，No.2，pp.56-64，2015.

9
地区交通計画[1)]

9・1　地区交通計画の考え方

9・1・1　地区交通計画のとらえ方

交通システムには，国土レベル，地域レベル，都市レベル等の種々のレベルのサブシステムが考えられる．このような交通システムにおいては，個々の人々の日常生活に密着した住宅周辺の道路，鉄道駅，あるいは業務地区の職場周辺の道路等において生じる交通，すなわち地区レベルの交通も1つのサブシステムを構成することを忘れてはならない．従来は，広域的な交通システムに重点が置かれてきたが，わが国では1970年前後に交通事故による死者数が16 000名を超える事態となり（4章　図4・5参照），交通安全対策を講じる必要性から具体的に地区交通に目が向けられるようになった．

交通システムを真に安全・快適で利便性に富んだものとするためには，地区レベルの交通施設の充実が非常に重要である．このような考え方は人流だけに留まるものではない．すなわち，物流に関しても幹線的な物資輸送だけでなく，地区レベルの集配送システムも非常に重要である．商業業務地区において，物資輸送に伴う駐車問題が，かなり改善されたとはいえ，依然として交通マネジメント課題として残されているのも，地区レベルにおける交通計画に改善の余地があるからである．

地区交通計画では，必ずしも都市における地区だけを扱うわけではなく，地方部における地区も対象となり得るが，都市における地区の問題の方が大きいので，ここでは都市における地区について考えることにする．都市における交通計画は，幹線交通体系計画（都市全体を対象とした交通計画）と地区交通計画（個別地区の交通計画）に分けることができる．両者には互いに密接な関係があり，幹線交通体系計画は地区交通計画にフレームを与え，逆に地区交通計画は幹線交通体系計画に種々の条件を与えるというように整理することができる[2)]．

地区交通計画の対象は，一般に地区に発着する交通，あるいは地区を通過する交通を地区内において適切に処理すると共に，これらの交通を地区外周の幹線道路へ誘導するための道路整備計画，地区における公共輸送に関する施設計画，ならびに地区における交通管理・運用計画と考えられる．このように地区交通計画の対象を示すことができるが，幹線交通体系計画において処理しきれない諸問題は一般に地区レベルで顕在化することが多いから，ややもすると，これらの問題はすべて地区交通計画で受け持つべき課題であるというようにとらえられやすい．例えば，幹線道路の未整備に起因する多量の通過交通の地区への流入等である．しかしながら，通過交通の削減に対しては地区レベルの計画だけで対応することはできないから，このような見方は適切ではない．この種類の問題は，広域的な視点からしか解決方法を見いだし得ないからである．このように考えると，地区交通に関する研究課題には広く地区に生じる種々の交通現象や交通問題が含まれるべきであろうが，地区交通施設整備計画と地区交通管理・運用計画から構成される地区交通計画の対象としては，地区レベルでの対応が可能な問題が中心となることに注意する必要があろう．

ところで，幹線交通体系計画と地区交通計画は具体的にどのように区分したらよいであろうか．本来，両者を明確に区分することは難しく，また必ずしも厳密に区分する必要もないのであろうが，地区交通計画の概念を平易に説明するために有用な議論とも考えられる．例えば，地区の外郭となる幹線道路は地区交通計画の対象となるであろうか．本書では，幹線交通体系計画はネットワーク上の交通の流れを主たる対象とするが，地区交通計画では交通と都市空間との直接的なかかわりの議論，すなわち空間論としての交通論と位置づけることにしたい．このように考えると，ネットワークとしてみた幹線道路は幹線交通体系計画の対象であるが，同じ幹線道路であっても，これを個別の道路空間としてとらえて議論する場合には地区交通計画の対象となる．

近隣住区論，ラドバーン方式，居住環境地区，ペデストリアン・ゾーン（歩行者区域），ボンネルフ，あるいは交通静穏化等々，地区交通あるいは地区交通計画の分野において，我々が欧米諸国の経験や研究に学んできたことは非常に多い．しかし欧米諸国においては概して交通抑制手法，歩行者交通施設整備，あるいは駐車対策等というように，課題の内容によって区分することが多く，地区という空間的な切り方に基づいて，種々の特性を持った地区のそれぞれに対して，そこに生じる多種多様な交通現象を地区交通として一まとめにして取り扱い，さらにこれに関する交通計画を地区交通計画という範疇(はんちゅう)にまとめることはまれである．このような扱い方は，わが国の交通計画研究の特徴の１つではないかと考えられる．

空間的なまとまりを重視したとらえ方は個々の事象の相互関係を考慮しつつ，地区における交通問題の解決策を具体的に探ることができるという点においてメリットも大きい．もっとも，地区交通というテーマの下に個々のテーマを包括するような体系を確立することは，対象とする空間的広がりの小ささとは裏腹に，非常に難しい取り組みである．そのため，地区交通の分野は，既往のかなりの知見の蓄積に基づいて計画の体系化が図られるべき時期にあるものから，研究の緒についたばかりのものまでさまざまであるといえよう．

9・1・2　地区の分類

地区交通計画を扱う場合には，「地区」の概念を明確にしておかなければならない．

まず，近隣住区単位(neighborhood unit）について述べておく．C.A. Perryによって提案された近隣住区単位は，これを施設計画の観点からみると，住区内の安全性，利便性，ならびに快適性を確保することを目的とするもので，次のような原則を持っている（図9・1）．

① 1小学校区程度の規模であること

② 十分な幅員を有する幹線道路で囲ま

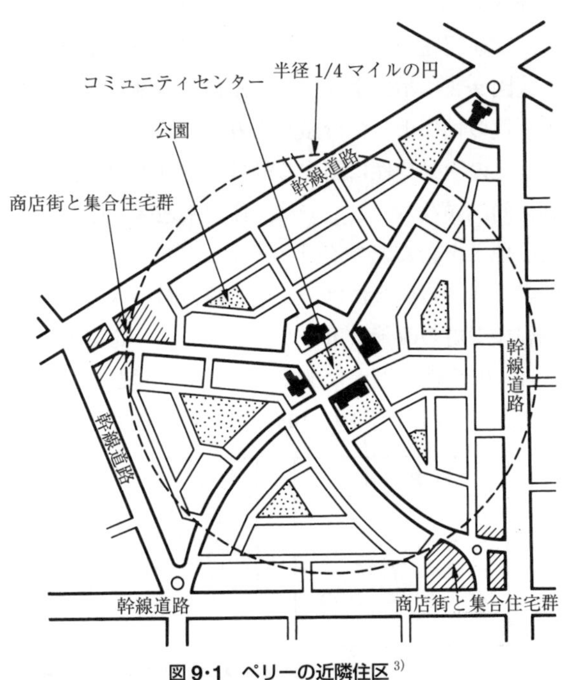

図9・1　ペリーの近隣住区[3)]

れていること

③　街路網は住区内へのアクセスを容易にするが，通過交通を防ぐような街路の階層構成を持つこと

④　小公園とレクリエーション・スペースが体系的に整備されること

⑤　公共施設が住区の中心部か公共地の周囲に配置されること

⑥　居住者にサービスする店舗が道路の交差点等に配置されること

我々が地区交通計画において扱う地区は必ずしもこのような特性を備えているとは限らず，地区を明確に定義することは容易でないが，おおよそ幹線道路，鉄道あるいは河川等によって区分された，交通計画を考えるに当たってまとまりのある範囲ということができる．近隣住区単位は地区の1つの望ましいあり方を示すものとして重要である．

地区における交通状況は，その地区の特性によって大きく異なっているから，対象とすべき計画課題や利用可能な計画手法も同じというわけにはいかない．そこで，地区交通を論じるに当たっては，地区交通への取り組みの基礎となるべき地区分類が必要となる．

地区分類にはさまざまな方法があろうが，地区交通計画において重要なことは，交通問題の解決策を検討する際に便利な分類であるということである．そこで，図9·2に示すように，活動特性の軸，地区が立地する都市内の位置の軸，都市規模の軸によって分類してみる．

地区の活動特性に関する軸は最も基本的な軸であり，これらの特性によって計画目的が異なる．ここでは，住居系地区，住商混合地区，商業・業務系地区，歴史的地区を含んだレクリエーション地区およびターミナル地区に区分している．住居系地区の場合には，交通処理の面からみた安全性・快適性等の地区交通環境や居住環境の改善に重きが置かれるが，商業・業務地区，ターミナル地区の場合には，安全性の確保に加えて，都市空間としてのアメニティの向上，地区の活性化，交通の円滑化等の目的が掲げられることになる．さらに，歴史的地区におい

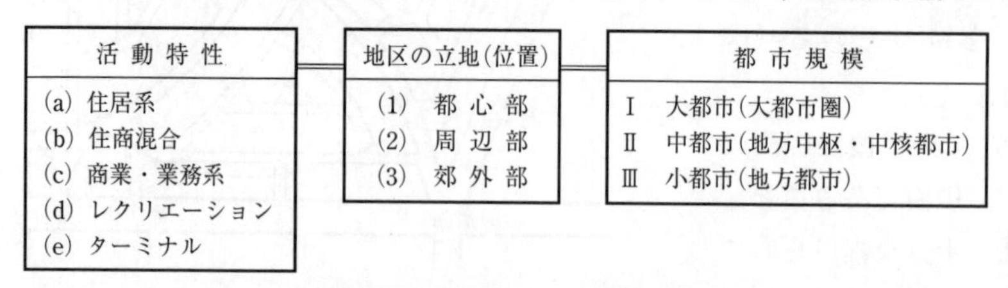

図9·2　地区分類のための基本軸[1)]

ては，保存と施設整備との共存を図りつつ，地区景観にも一層の配慮が求められる．

ところで，活動特性が同様であっても，そこに生じる問題や対策が同じとは限らない．例えば，商業・業務系地区の場合には，大都市都心部の高密なオフィス群やショッピング街から大都市周辺地区の商店街，郊外のショッピングセンター，さらに地方のアーケード商店街等が含まれる．また，大都市と地方都市とでは自動車交通の役割が異なるため，都市規模に応じた対応も必要となる．以上のことから，活動特性に関する分類軸に地区における集積の度合いを表す都市内の位置，都市規模の軸を加えた3つの軸を組み合わすことによって，地区の特徴を明確にすることができると考えられる．

一方，地区特性のみに注目していると，交通安全，歩行者交通，自転車交通等，すべての地区に横断的に重要となる課題が見過ごされかねない．例えば，歩行者の問題はその時々の社会を反映してアプローチの方法は異なるかもしれないが，常に重要なテーマとして位置づけられよう．また，高齢化や情報化等の社会動向とそれに伴って変化しつつあるライフスタイルや価値観の多様化が，地区交通計画に大きな影響を与えることは容易に理解できるところである．特に，身障者・高齢者対策は，その多くが地区レベルで扱われるものであり，また，これらの対策が一般の健常者に対しても，ゆとりと快適性のある施設を提供するものであるから，今後も地区交通計画の戦略的テーマの1つに位置づけられよう．

9・1・3　計画の視点

（1）目標設定

現状においては地区交通計画に限らず，多くの交通計画は課題対応型の計画である．それだけ問題が多く，その解決に奔走せざるを得ないためであろう．この場合には，その課題の解決が目標となる．もっとも，今後は当面の課題に対応するだけでなく，一層水準の高い交通環境の創造が地区交通計画の課題となろう．そのためには長期的な展望に基づいた明確な計画理念が必要であり，さらに都市計画で定める将来の都市整備の方向へつながることが望まれる．

（2）計画手法の汎用化と個性的な計画案

地区交通計画の研究目的の1つは，計画手法の体系化，すなわち何らかの標準化を行うことである．しかしながら，計画手法の効率化は画一化された計画案を生み出す危険を有するため，一方では地区の発展経緯，地区の実情と住民の意向に根差した個性的な計画案の作成という，汎用化と一見相反する事項を満足させるように留意しなければならない．

（3）　計画のレベル

計画案は，新たな街路空間を生み出す事業，既存の街路空間内の整備事業，ならびに物的変更をほとんど伴わない生活ゾーン規制等の事業により実現されてきた．また，近年，地区内の街路整備に適用できる新たな事業手法も増えてきた．しかし，そもそも地区交通計画は事業化される場合にのみ必要となるものではなく，次の2つの側面を持っている．一方は，事業化によって地区の交通環境を改善したり良好な環境を保全したりするものであり，他方は，事業化とは一応無関係に当該地区における望ましい交通のあり方を提示するものである．したがって，少なくとも当面は事業の必要性やその予定がない場合であっても，当該地区のガイドラインとしての地区交通計画は非常に重要であり，このような場合には，特に地区計画との連携が図られることが望ましい．

（4）　計画の柔軟さ

当該地区の土地利用の熟度もまた地区交通計画の立案上重要な要素である．特に市街化が進行中の地区における計画には，将来に対する確固たる方向性に加えて柔軟性が求められる．すなわち，地区交通計画は固定された計画であってはならず，むしろ動的にとらえなければならない．このことは発展段階にある地区のみに当てはまるのではなく，かなり成熟した地区の場合であっても，地区の実情と生活様式の変化等に対応した住民の意向を種々の段階で反映できる柔軟性が必要である．

9·1·4　計画の手順

課題対応型の地区交通計画を考えるとき，あるいは何らかの事業を念頭に置いて考えるとき，地区交通計画の流れは図9·3のようになろう．基本的には1章で示したシステムズ・アナリシスの手法に基づいていることがわかる．

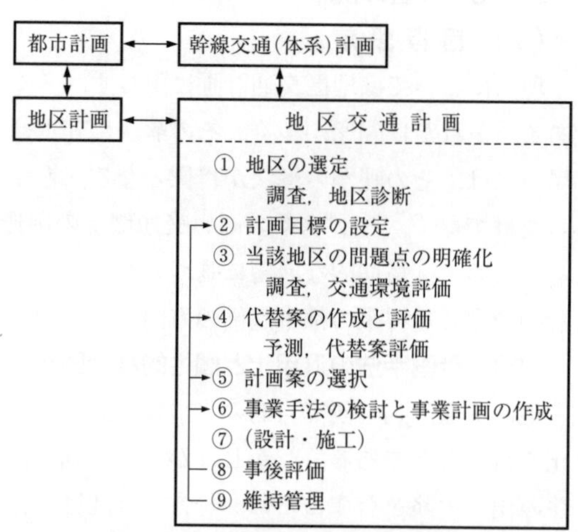

図9·3　地区交通計画の一般的手順 [1)]

地区交通計画の範囲としては，図中の①～⑥までにとどまらず，事業等が行われた

後の ⑧ 事後評価システム，および ⑨ 街路空間等の維持管理システム，さらにこの段階から ② ～ ⑥ の段階へのフィードバックに基づいた計画案の修正も広く地区交通計画のプロセスに含まれる．なお，規制・誘導等の手法を用いることにより，事業を伴わないときには，① ～ ⑤ までの過程より構成されることとなる．また，課題対応型ではなく，より高い水準を目指して計画を構築する場合の問題点の明確化プロセスは，計画目標を達成するための具体的なテーマの抽出を意味することとなる．

ところで，先に述べたように，地区交通計画と狭義の都市交通計画（幹線交通体系計画）は，後者が前者にフレームを与え，逆に前者が後者に条件を設定するという関係にある．したがって，地区において顕在化している問題であっても，その本質が都市レベルの交通対策の不備にある場合には，これらをすべて地区の課題として取り込まず，狭義の都市交通計画へのフィードバックを検討することも必要である．また，いま1つの抜本的対応は，交通計画の枠にとらわれることなく，まちづくりや都市計画にもフィードバックすることを考えてもよい．すなわち，街路空間の効果的運用あるいは街路空間の拡大について検討した結果，妥当な計画案を見いだせなかった場合には，当該地区の物的施設整備の現状に見合った地区のあり方の検討が必要となる．

なお，地区は住民の生活に密着した空間であり，住民の意向を踏まえない計画は成立しえない．しかしながら，地域エゴ等の問題もあり，住民の意向にゆだねてしまうことも妥当ではない．わが国の道路整備事業においては，計画を試みに実施し，その結果の良否によって当該事業を本格的に行うか否かを決定するという制度は確立されていない．しかし近年，必要に応じて交通社会実験が行われるようになり，特に地区交通計画においては，住民の意向を反映させながら実験や試行を行うことが定着してきた．

9・1・5　地区交通計画の内容

本書では，地区交通計画を交通と都市空間との直接的なかかわりの議論，すなわち空間論としての交通論と位置づけたが，地区交通計画の具体的内容を示すと以下のようである．

① 地区における街路網計画

既成市街地の街路網計画
非計画的市街地の街路網計画
新市街地の街路網計画

② 地区における交通管理計画
住区における交通管理計画
都心地区における交通管理計画
③ 地区街路の設計
歩行者・自転車のための街路設計
交通抑制のための各種方策の設計
地区街路景観の設計
④ 駐車管理・駐車施設計画
駐車需要の推定
駐車場計画，駐車管理計画
駐車場案内システムの計画
地区物流に関する計画（荷さばき駐車施設計画等）

このように，以下で述べる事項以外にも，地区交通計画には数多くの研究分野がある．これらの詳細は文献1）を参照されたい．

9·2 地区交通計画の変遷

地区交通計画の範疇（はんちゅう）に入る個別のテーマの起源については種々の見方があろうが，通常は自動車交通が発達し，これが社会に影響を与え出した時期とみるのが一般的であろう．すなわち，C.A. Perry によって提唱された近隣住区理論は自動車社会における地区交通計画の考え方を最初に確立したものと位置づけられる．近隣住区理論における交通計画の原則は，地区内に通過交通が流入しないようにすること，地区内の道路では自動車が高速で走行できないような道路線形等に工夫すること，その一方で，住民の車利用を極端に不便なものとしないこと等である．もっとも，近隣住区理論は，アメリカの郊外における中産階級のコミュニティ形成を物的計画によって促進するという社会学的意図が大きかったといえる．同時期に Clarence Stein と Henry Wright によって設計され，アメリカのニュージャージー州ラドバーンにおいて実現されたラドバーン方式は徹底した歩車分離方式をとっている．すなわち，ラドバーン方式は住宅地を幾つかのスーパーブロックに分け，各ブロックから通過交通を排除すること，ならびに自動車と歩行者を完全に分離し，自動車のためのクルドサックと歩行者専用道路を交互に配置して住戸をその両方に面させること等を特徴としている（図9·4）．ラドバーン方式は近隣住区理論の具現化ともいえるが，道路計画として具体的であるから，地区における道路計画のその後の展開により大きな影響を与えたといえよう．

近隣住区理論は新しく住宅地を開発する場合に適用されるものであるが，既成市街地に関する計画論の大きな転機となったのはブキャナンレポート（Bucanann report）である．ブキャナンレポートの内容は，それまでの知見に基づいて集大成されたものであり，必ずしも新しい理論ではなかったが，居住環境地区（environmental area）と呼ばれる自動車から居住環境を保護する「都市の部屋」と，幹線道路からなる「都市の廊下」とに区分する考え方と，道路の段階的構成の考え方は現在でも地区交通計画の基本理念として通用するものである．このレポートにおける道路網構成の基本的な考え方は4章の図4·1に示したとおりである．ブキャナンレポートはわが国の地区交通研究に大きな影響を与えただけでなく，居住環境整備事業等の事業手法の基本的考え方ともなっている．

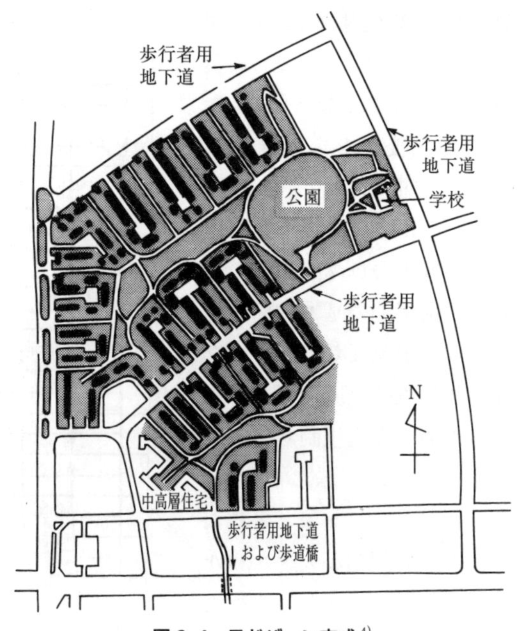

図 9·4 ラドバーン方式 [4)]

ブキャナンレポートが種々の特性を持つ地区における交通計画の考え方ならびに計画案を提示しているのに対して，1970年代後半から1980年代前半にかけて展開されたアップルヤードの計画に関する考え方は，最終的な計画案だけでなく，実践論の立場からの地区交通計画プロセスを重視している．すなわち，問題点の特定とニーズの分析，代替案の作成，計画案の採択，計画案の実施，計画案の事後評価，ならびに必要ならばプロセスのフィードバックという地区交通計画プロセスを設定し，そのすべての段階で住民参加が必要であるとしている [1)]．

わが国における地区交通計画の発展経緯に目を転じてみよう．わが国がようやく自動車社会の入り口にさしかかった1950年代後半より，ニュータウン等の新開発地区における街路計画が実践されてきたが，地区に生じた交通問題に対して具体的に対処するために課題対応型の計画が積極的に実施されるようになったのは，1960年代後半からの交通事故の急増期以降のことである．このため，先に挙げた地区交通計画の具体的内容のうちで，街路網の基本的構成等に関する議論よりも，まず交通事故対策や通過交通を排除するための交通規制といった地区交通管理が論じられた．ここで主として対象とされたのは，一層問題が大きかった住居系地区であった．歩行者を自動車交通から保護するための交通安全施設整備が最大の課題であったが，ここでは歩道の整備等，主として歩行者と自動車を空間的に分離する施策が中心であった．また，この時期から時間規制や一方通行規制等の交通規制を面的に導入する生活ゾーン規制（図9･5）が実施され，これらの施策が4章の図4･5に示した1970年代後半の交通事故死者数の大幅な減少に大きく寄与することとなった．

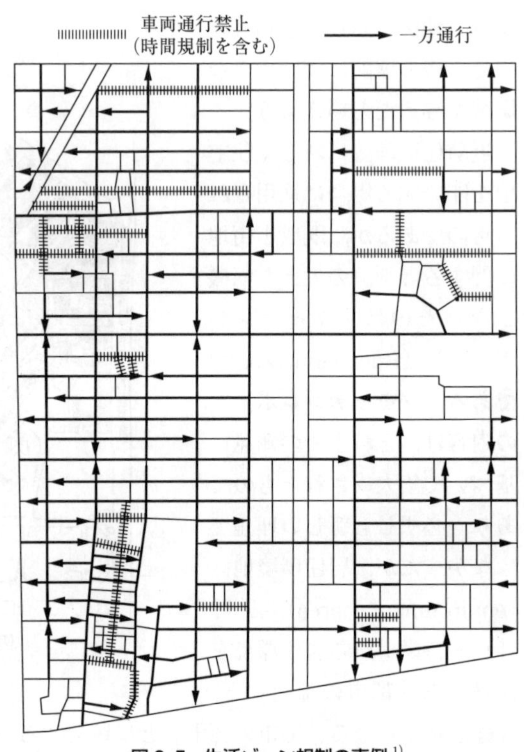

図9･5 生活ゾーン規制の事例[1)]

1971年にオランダのデルフトで初めて導入されたボンネルフは，わが国の地区交通計画に大きな影響を与えた（図9･6）．これまでの歩車分離思想に対して，歩車分離を行わずに，速度が抑制された自動車と歩行者との共存を具体的に実施していたからである．ボンネルフを参考にしつつ，わが国の実情を踏まえたコミュニティ道路が導入され，歩車共存の思想が定着してきた．なお，ボンネルフは歩車共存道路であるが，コミュニティ道路は厳密には歩道と車道の区分を有する道路である．わが国のコミュニティ道路の一例を図9･7に示す．

ボンネルフが紹介された後，歩車分離が望ましいのか，あるいは歩車共存が良いのかに関する議論がかなり行われたが，現在では，分離および歩車共存のいず

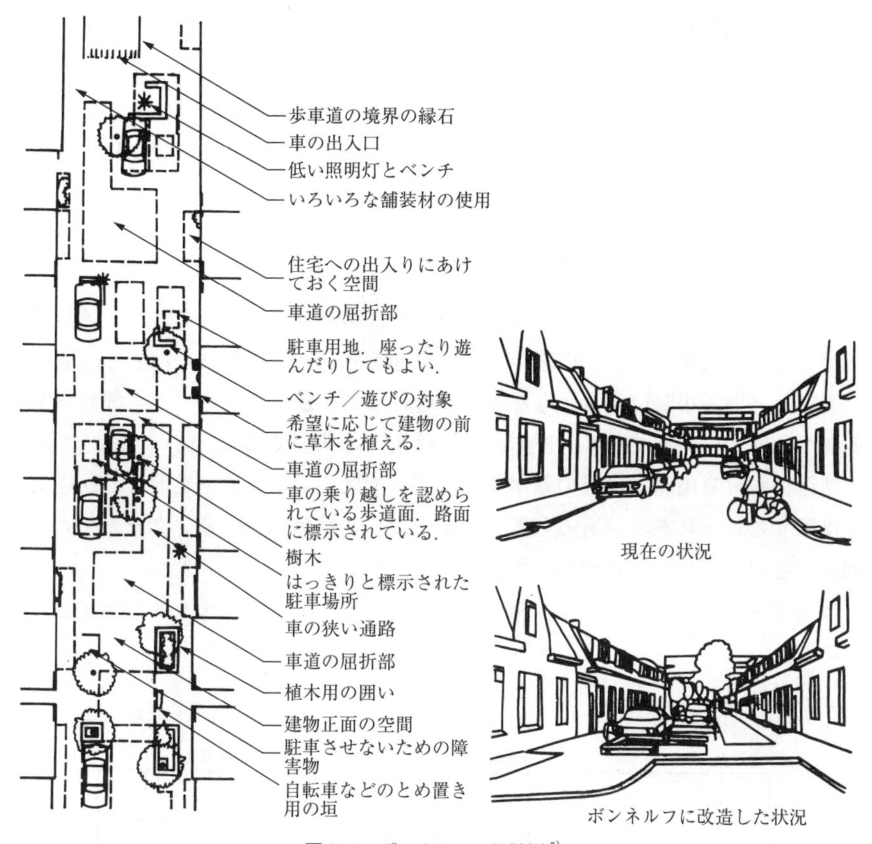

図 9・6　ボンネルフの設計例 [5)]

図 9・7　長池町（大阪市阿倍野区）**のコミュニティ道路**［2015 年 10 月撮影］

れも，人と車の“おりあい”をつける方法の一形態として考えられている．

住居系地区と共に，都心地区は種々の問題を抱えた地区である．都心地区における地区交通計画はわが国ではやや遅れた分野であり，1970 年代の歩行者天国等のように歩行者空間の時間的拡大が図られたが，これらが恒久的なモールとして定着した事例は多くはない．なお，総合都市交通施設整備事業による長野市都心部等における試みは，トラフィックゾーンシステム（**8·2·2**(3)参照）の適用事例である．

9·3　地区における街路網構成論

地区は先に述べたように，そこで行われる都市活動の種類等によって区分されるが，これを大別すると，地区へ多くの交通を呼び込む開かれた地区と，地区への交通を必要最小限にするような地区に分けることができよう．都心部の商業業務地区は前者の典型であり，住居系地区は後者の典型である．

地区における街路網構成の基本理念は当該地区の発生交通を処理し，通過交通を排除することにある．もっとも，上記のように自動車によるアクセスを大きく抑制する場合と，その程度が少ない場合とがある．

通過交通を抑制するための街路網構成の主なパターンは，図 9·8 に示すとおりである．

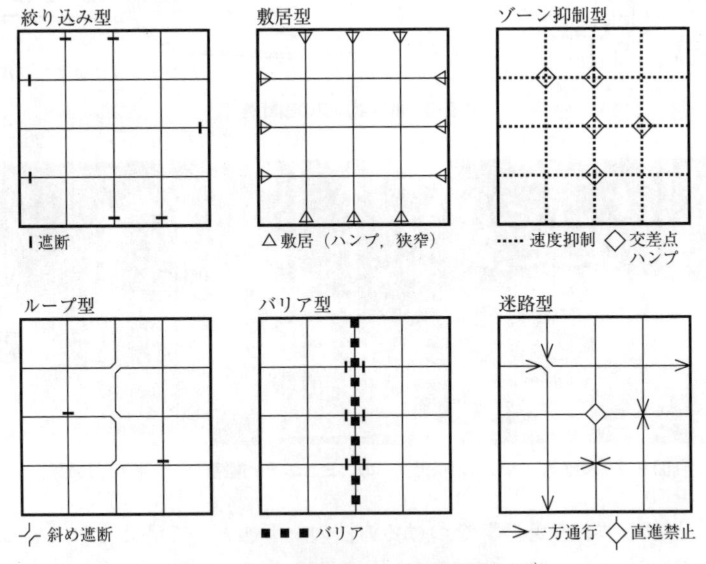

図 9·8　通過交通抑制のための街路網構成 [1]

9・3・1 都心地区における街路網構成計画

都心地区は，交通を呼び込む開放性が高い地区である．このような地区に関しては自動車によるアクセスを厳しく制限することは妥当ではないが，地区における街路網の基本理念に基づけば，都心地区における自動車の自由な移動を保証することは必ずしも必要ではない．このような状況を出現させるための1つの方法として，地区を幾つかのゾーンに分け，自動車によるこれらのゾーン間の移動を認めない方法が考えられる．このような方法はトラフィックゾーンシステムあるいは交通セル方式と呼ばれている．8章の図8・2に示したスウェーデンのイエテボリは，トラフィックゾーンシステムの導入事例として有名である．トラフィックゾーンシステムを成功させるためには，ゾーン間の移動を受け持つ環状道路の存在が重要な位置を占めている．

9・3・2 住居系地区における街路網構成計画

住宅における街路整備の原則は，不必要な自動車交通を排除することである．しかし，現在では自動車は生活に欠くことができないものとなっており，住宅地といえども自動車を排除することは不可能である．したがって，住区へ進入した自動車を速やかに幹線道路へと誘導する道路，すなわちガス抜きとなる道路が必要となる．これを自動車系道路と呼ぶことにする．このような自動車系道路で囲まれた一定の小地区は，ほとんど自動車交通の進入する必要のない範囲と考えられる．これは歩行者化単位と呼ばれている[5)]（図9・9参照）．すなわち，歩行者化単位は自動車系道路で囲まれたエリアであり，このエリア内には自動車は入りにくくなっている．歩行者化単位内にはトラフィック機能よりもアクセス機能やスペース機能が重視された生活系道路が配置され，必要に応じて自動車の進入を防ぐために歩行者化単位の出入り口にはハンプや狭窄を設けることによって，そ

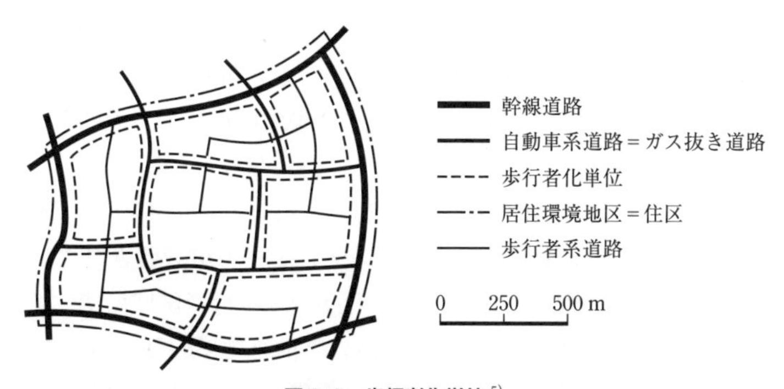

図9・9 歩行者化単位[5)]

のエリア内では自動車の利用がその他の場所とは異なっていることを運転者に理解させることになる．このような歩行者化単位は，先に述べたブキャナンレポートに示された居住環境地区内の街路網構成に言及したものと位置づけられる．

一方，歩行者は，歩行者化単位を繋ぐように配置された歩行者系道路を通行することになるが，歩行者系道路と自動車系道路とを完全に別のシステムとする必要はない．ちなみに，両者が完全に分離されたシステムは先に述べたラドバーン方式である．このような方式は新規開発地には適用できるが，既成市街地の場合には非常に困難であり，歩行者系道路は歩行者専用道路と自動車系道路に整備された広幅員歩道を組み合わせて構成されることになる．

9･4　地区における交通管理計画

交通管理計画に関しては，すでに8章で詳しく述べたとおりであるが，交通管理に関する具体的施策は地区のレベルで実施されるものが多い．そこで，本節では改めて地区における交通管理計画について若干述べることにする．

地区における交通管理は，前項でも述べたように2つの流れに整理できる．すなわち，一方は，住宅地区の住環境の保全を図るために通過交通の排除や地区内の自動車走行の抑制を目的として導入されるものであり，他方は，都心地区のように多くの人が集まる開放性が高い地区において，自動車によるアクセスを前提としつつ，通過交通をできるだけ抑制しようとするものである．

例えば，ブキャナンレポートでは住宅地区における居住環境地区ならびに，そこで許容できる自動車交通量の限度としての環境交通容量が定められるなど，自動車交通の抑制が明確に打ち出されている．その考え方の流れは，ボンネルフ，ゾーン30といった最近では交通静穏化（traffic calming）としてまとめられる歩行者優先政策に引き継がれている．これらの交通静穏化において使用される各種デバイスは地区交通管理の主要な施策であり，図9･10に示すとおりである．最近では，各種交通規制と共にこれらのデバイスが用いられて，面的な交通管理が行われることが多い．

都心地区においては，上記の目的に適した施策として，トラフィックゾーンシステムの導入や，歩行者区域やトランジットモールが設置されている．トラフィックゾーンシステムに関しては8章の図8･2，歩行者区域に関しては4章の図4･18を参照されたい．なお，歩行者区域の整備を効果的なものとするために，周辺部における駐車場整備と公共交通機関の整備が同時に行われるべきことを忘

＜道路区間での走行速度の抑制方策＞

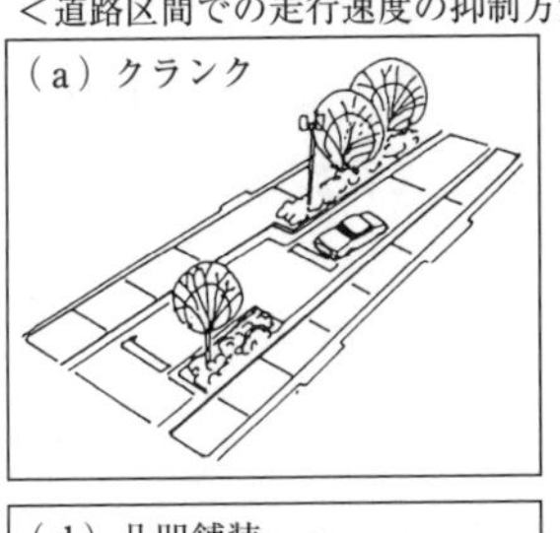

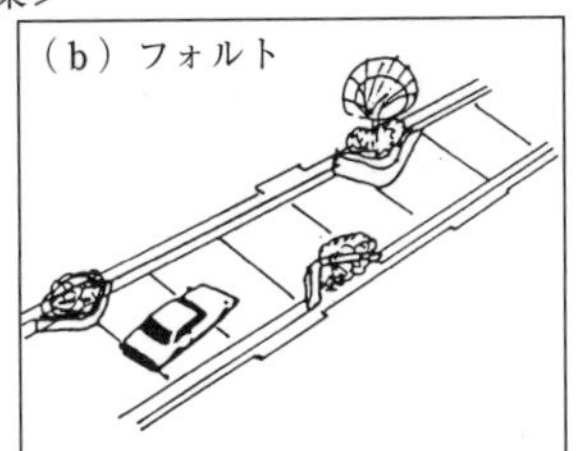

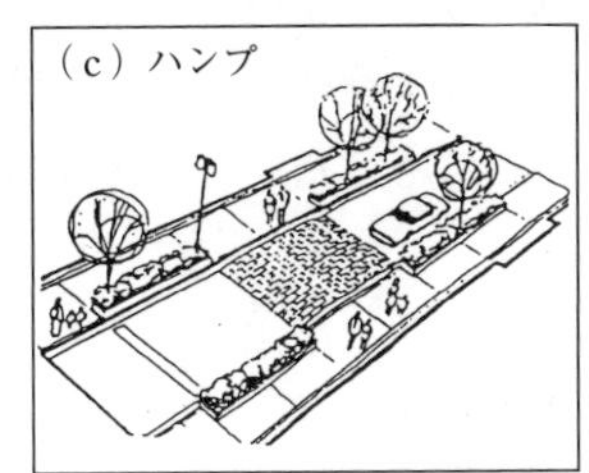

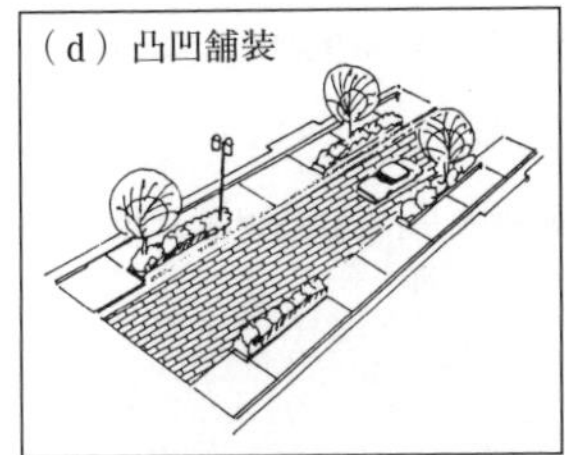

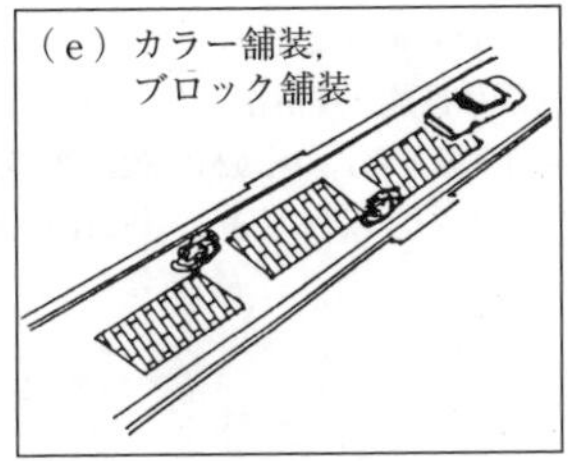

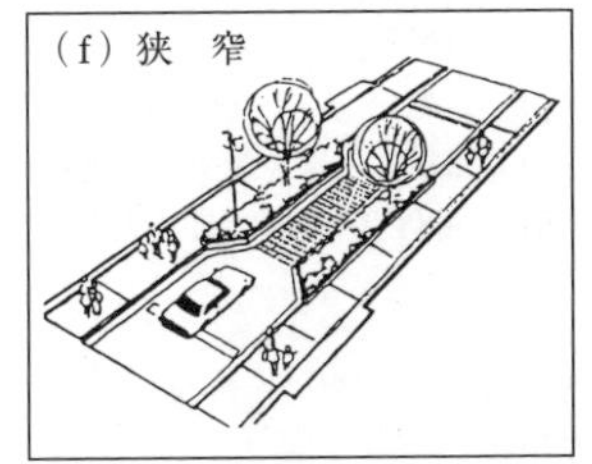

＜交差点での注意走行のための方策＞

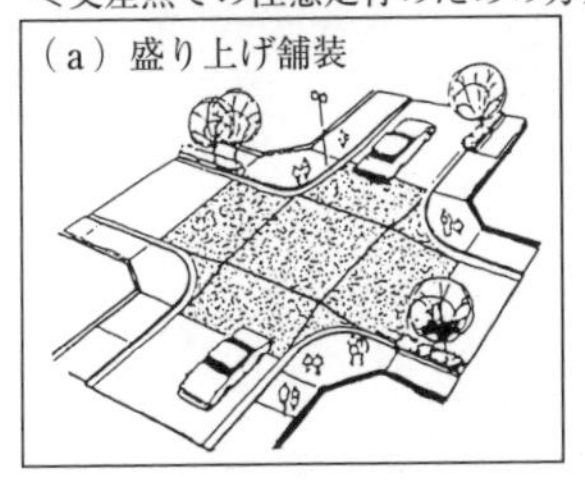

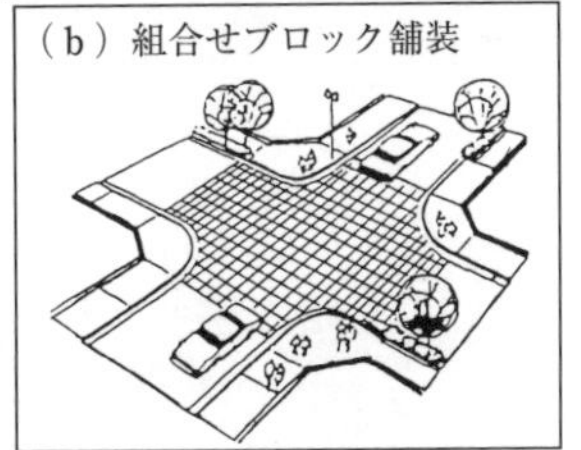

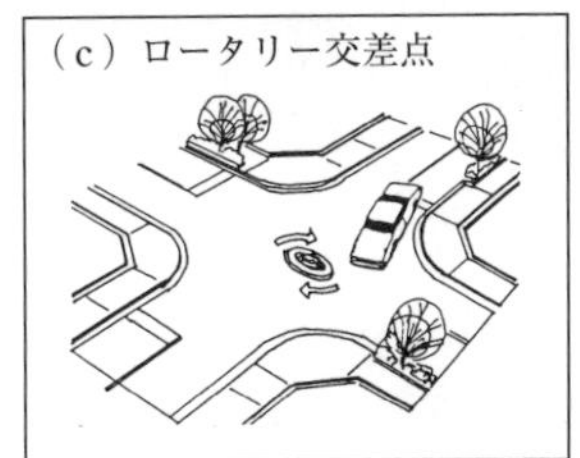

＜自動車交通量の抑制方策＞

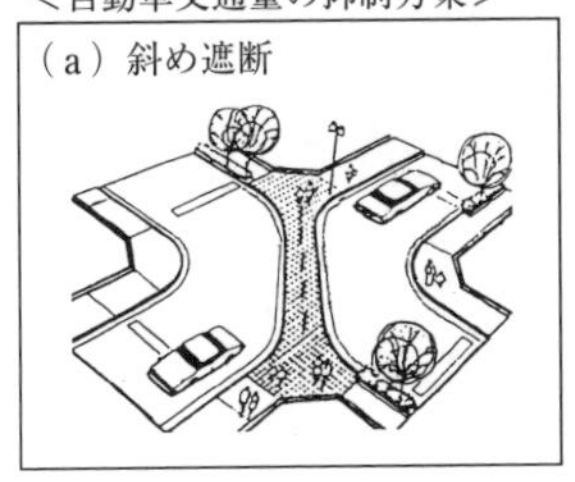

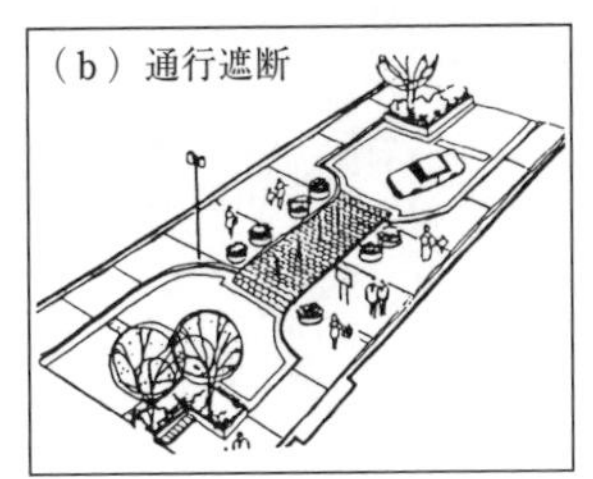

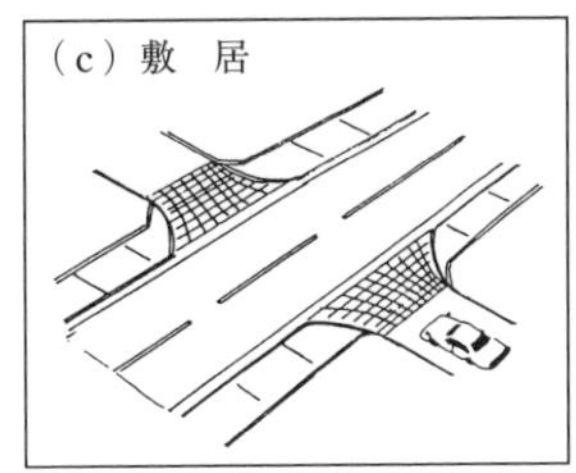

＜路上駐車の抑制方策＞

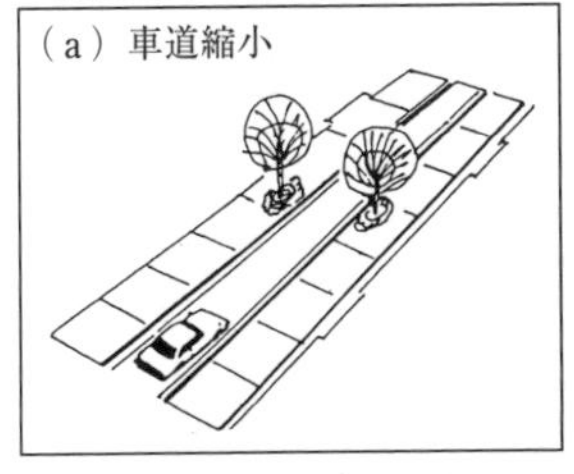

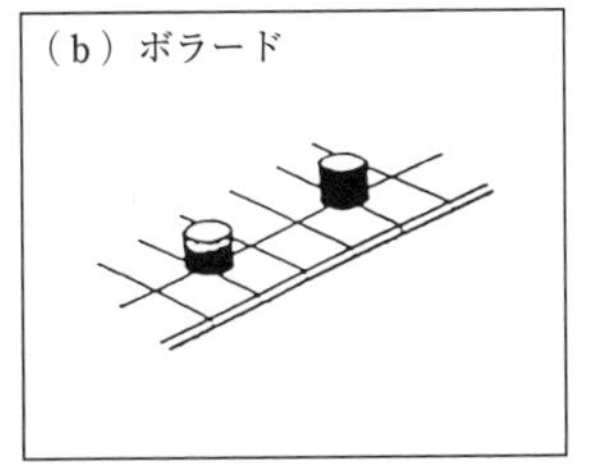

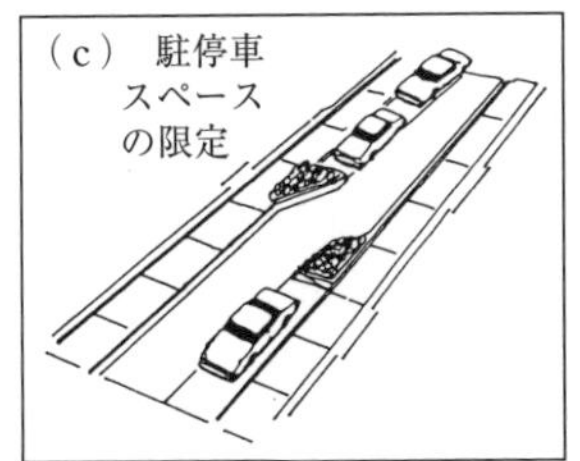

図 9・10　交通制御方策（デバイス）**のイメージ図** [1)]

れてはならない.

このように，地区における交通管理計画は街路網計画と一体となって，地区の特性に応じたアクセス性の確保と良好な環境の創造を目指して実施されている.

[参考文献]

1)　土木学会編：地区交通計画，国民科学社，1992.
2)　浅野光行：地区交通計画の考え方（1）地区交通計画「概説」，交通工学，Vol.20，No.4，1985.
3)　C.A. ペリー，倉田和四生訳：近隣住区論，鹿島出版会，1975.
4)　松井寛・深井俊英：新編都市計画（第2版），国民科学社，2005.
5)　住区内街路研究会：人と車［おりあい］の道づくり ― 住区内街路計画考 ―，鹿島出版会，1989.

10
これからの交通システム

10・1　社会動向と交通システム

行きたいところへ，行きたい時に，好きな手段で行けることは人々の本質的な欲求であり，交通システムはこのような欲求が動機となって大きく発展してきた．移動に対する欲求は普遍性の高いものであり，今後も安全・快適でモビリティの高い交通システムが求められよう．ただし，交通は人々の社会・経済活動から派生的に生じる行為であるため，社会の変容に伴って，人々の移動に対する欲求の内容やそれに応える交通システムのあり方は，これまでとは異なったものとなり得る．すなわち，これからの交通システムを考えるに当たっては，将来の社会の動向に対する十分な洞察が必要である．

交通システムに影響すると思われる今後の社会動向をどのようにとらえればよいかについて，本章では，その必然性の高さから，次の3つの動向に注目してみた．

①　高齢化の一層の進行

②　種々の局面でのボーダレス社会の到来

③　ライフスタイルの変化

これらの社会動向に加えて，これからの交通システムを考える上で．地球規模での環境問題を制約条件としてとらえることも必須の要件である．

第1に，今後の社会動向の中で最も不可避なものとしては高齢化の進行がある．21世紀初頭において65歳以上人口の構成比が25%を超えており，この状況がその後数十年続くことが予想されている．このような高齢社会においては，健常者中心の交通システムの一部に高齢者に対する配慮を加えるといった従来の取り組みでは不十分であり，高齢者あるいは身障者等の交通弱者を含む，誰もが利用しやすい交通システムとすることが不可欠である．

第2の動向は，いわゆるボーダレス社会の到来である．これには幾つかの側面があるが，これを空間的にとらえると国際化であり，時間にとらえると都市活動の24時間化と考えることができる．交通面から国際化をとらえれば，国境を越えた人的・物的輸送の増大を示すものだけではなく，国際競争の激化に伴う国内輸送コスト低廉化の要求増大，産業施設の立地の見直しに伴う交通流動の変化，国際的にもわかりやすく使いやすい交通システムへの要求等の動向が今後の交通システムのあり方に大きく影響するであろう．また，国際化に関連して生じる都市活動の24時間化は，必然的に交通システムの24時間化をもたらすものとなり，その機能に大きな変化が求められることとなろう．情報化はボーダレス社会を技術面で支える重要要素であり，高度な情報システムに支えられた各種の交通システムが実現するであろう．

第3に，価値観の多様化に伴う人々のライフスタイルの変化もまた，交通システムを考える場合の重要な要素である．経済面では高水準にあるわが国で，人々が本当の豊かさを実感しようとするならば，選択の多様性の価値が一層重視され，人々の多様な活動が増大すると考えられる．これらは当然のことながら，人々の交通行動にも大きな影響を与えることとなる．また，情報化のさらなる進展はライフスタイルにも大きく影響するであろう．このような社会では，交通ピークの分散化が可能となり，交通システムの評価も速達性等の効率性指標に加えて，快適性や交通手段選択の多様性等がより一層重要な価値として認められるであろう．

以上のような3つの代表的な社会動向と共に，近年重大な課題となってきた地球規模の環境・エネルギー問題は，これからの交通システムを考えるに当たっても必須の要件である．環境・エネルギー問題のある部分は今後，技術革新によって解決できるものと期待されるが，持続性ある発展（sustainable development）*を可能とする社会における交通システムを考えるためには，環境負荷の低減，エネルギー効率性の向上等がやはり非常に重要な制約条件となると思われる．

このような今後の社会動向や環境問題等の制約条件を考慮すると，これからの交通システムに求められるイメージは以下のようなものになろう．

1)　**ゆとりある交通システム**：①安全性・快適性・信頼性等の高いシステム，

② 災害・事故に強いシステム，③ モビリティの高いシステム

2) **人と環境にやさしい交通システム**：① 環境負荷の小さいシステム，② 誰にもわかりやすいシステム，③ 誰にも利用の容易なシステム

3) **選択自由度の高い交通システム**：① 誰にもモビリティが確保されるシステム，② 豊富な選択肢のあるシステム

以下では，このような交通システムについて比較的身近な将来を念頭において論じる．

10・2 交通システムの将来像

10・2・1 基本的な考え方

以上述べたような基本的特徴を有する交通システムがどのようなものになるのかを構想するために，各地に分散した都市，あるいは都市圏内におけるそれぞれの都市核を合理的な手段で連絡する国土基幹システム（以下，基幹システムと称す）と，この基幹システムを生活者の身近な行動にまで連結させる地域ローカルシステム（以下，ローカルシステムと称す）とに区分して考えてみる．ここで，前者に関しては環境負荷の低減に配慮しつつ，高性能・高信頼のネットワークによって構成されるモビリティの高いシステムに重点が置かれる．一方，後者はヒューマンスケールの視点から誰にも容易に利用でき，地域環境に負荷の少ないシステムの整備に力点が置かれるべきであろう．

10・2・2 モビリティの向上を図る基幹システム

基幹システムにおいては，国土レベルの交通および広域交通を対象として，そのモビリティの向上を図るためのシステムが検討される．ただし，ここでも環境負荷に対する配慮が必要条件となろう．

国土レベルでの交通に対応したシステムには，阪神・淡路大震災による混乱をみるまでもなく，信頼度の高いネットワークを形成する上で，新たな国土軸の導入による複数の国土軸の形成が望ましい．その際には，新たな環境問題を招くこ

* 持続性ある発展とは，国連のブルトラント委員会（World Commission on Environment and Development）報告（1987）により，「将来の世代が自らのニーズを充足する能力を損なうことなく，今日の世代のニーズを満たすような発展」と定義され，① 貧困とその原因の除去，② 資源の保全と再生，③ 経済成長から社会発展へ，④ すべての意志決定における経済と環境の統合が4つの柱とされている．このように，当初環境問題から端を発したが，現在では環境，社会，経済の3側面からの議論が不可欠となっている．

とがないように，環境負荷の小さい交通システムの導入や，基幹システムの側における重点的な環境対策の実施が必要である．

広域交通に対応したシステムは，自動車交通と鉄軌道等とのバランスのとれたシステムとすることが必要である．このシステムは，既存の都市核ならびに新たに重点的に整備される地域からなる都市圏構造の検討を踏まえたトータルネットワークを構成しており，ここでは，原因者・受益者負担の原則に従って自動車の適切な利用を図ると共に，各交通手段の有機的な連絡を密にするための結節点の整備が重視される必要がある．

幹線道路の整備に当たっては，郊外部においては現状以上に緩衝緑地帯をとり，都市内においては交通空間の立体・複合利用（特に地下利用）を促進し，地上空間を環境整備のために利用するような制度を検討することも必要であろう．さらに，広幅員平面道路の役割については次のような見直しが必要となろう．すなわち，道路空間を自動車の交通需要に対応するという視点ではなく，例えばパークウェイ的な環境空間として整備するなどして，日常は一見冗長な施設と思えても，平常時には環境インフラとして機能することが期待されると共に，緊急時の避難救援活動にとってより有効に機能するような道路システムとすることが望まれる．

鉄軌道については，建設中のリニア新線も含めて，都市間をつなぐ大量輸送交通システムとして，高速性・安全性・快適性等の面でより一層の高性能化が期待される．これに加えて，鉄道で連絡可能な都市の組み合わせの多様化，駅等結節点での利便性の向上，発着本数の増加等により，自動車交通との競争力を向上させ，環境負荷・エネルギー効率面での優位性を発揮させるような整備が必要である．鉄軌道の有効利用は，旅客輸送のみではなく，現在は大多数がトラックに頼っている貨物輸送についても進める必要がある．

次に，関西都市圏を例にして，このような基幹システムのイメージを考えてみる．関西は地形的な特徴から，もともと多極型の地域構造を持っていると考えることもできるが，多極型都市構造の形成を政策として積極的に位置づけるには，それぞれの地域間の交通インフラの一層の充実が不可欠である．そこで，多極分散型都市構造とそれを支える交通システムとして，環状ラダー構造*の交通軸を提案してみる．その特徴は以下のようである．

---

* ラダー構造とは，はしご状となった交通ネットワークの構造であり，環状ラダー構造とは，ラダー構造の中にループ状の構造が明示的に示されたものを意味する．

① 現国土軸のほかに太平洋国土軸および日本海国土軸を設定し，これらを相互に連絡する交通軸からなるラダー構造を有する交通軸を構築する．これらの交通軸はモビリティを高めるために不可欠なものであるから，これらが通過する地域においては．特に環境対策に留意することが重要である．さらにリニアモーターカーの整備等によって，高速，低公害型のシステムとすることが望まれる．

② これらの交通軸は当然のことながら複数の交通手段，複数の経路から構成されており，交通軸の内部にさらに小さなラダー構造を有している．すなわち，入れ子構造を持つラダー構造となるべきである．このことは，交通処理能力の面からだけでなく，交通インフラの信頼性の側面からも重要である．

③ これらの交通軸は，複数の交通機関それぞれの特性を十分に発揮させ，連携を強化することを目指したモーダルミックス的視点から整備される必要がある．

④ 上記のラダー構造は，見方を変えれば複数の環状構造を内包しているとも考えられる．例えば．ベイエリアループあるいは両国土軸を含むループ等の環状構造が考えられる．

以上のような交通軸を持つ交通システムは，多極分散型の都市構造へと誘導し，またそれを支えるためにも非常に重要である．

10・2・3　使いやすいローカルシステム

地域や都市内の交通を対象とするローカルシステムは，誰もが容易に利用でき，しかも環境への負荷が少ないシステムでなければならない．そのため，鉄軌道等の公共交通機関の整備に重点を置くと共に，道路交通には種々の交通管理・運用手法の導入が望まれる．また，地方部においては，道路交通が主となろうが．このような場合には，広域行政圏的視点から各市町村相互を結ぶ地域の骨格となる幹線道路を整備すると共に，バス等の公共交通の維持・充実を図ることが重要である．このような道路の整備によって，各市町村に存在する施設をネットワーク化して広域的に利用する可能性が高まると考えられる．

都市内の交通は比較的トリップ長が短く，あまり高速性が要求されないことから，環境負荷の削減を具体的に検討することが可能である．例えば，電気自動車やメタノール車等の低公害車の利用や，都心部のように交通需要の大きな場合には，大規模な歩行者区域の設定と短距離輸送システムといった，発生源対策を施した交通手段の採用を中心に考えるべきである．

ローカルシステムは，それぞれの地域の特性とそこで生活する人々の意向に根差したものでなければならない．そこで．例えば大都市都心部でのローカルシステム，大都市圏内の諸都市におけるローカルシステム，あるいは地方部のシステムというように，種々の空間的広がりを持つシステムが考えられる．なかには，基幹システムとの間で階層性を持つと共に，ローカルシステム間においては重層構造を有する場合もある．ローカルシステムは，鉄軌道の駅，高速道路のインターチェンジ，港湾，空港等の幾つかの結節点で基幹システムと密接につながっている必要がある．

これらのことから，ローカルシステムの主な特徴は

① 低公害型の交通システムである公共交通システムの充実
② 自動車交通の効果的管理・運用
③ ヒューマンスケールの歩行者・自転車交通が中心の場とその他の交通機関中心の場とのめりはりのきいた共存

の3点に集約される．以下では，ローカルシステムのイメージを具体化する幾つかの整備の考え方を示す．

（1） 大規模歩行者区域の整備

ゆとりがあり，わかりやすく，自然と共生した都市におけるシンボル的存在として，歩行者ゾーンは今後特に大都市都心部をはじめとして積極的に導入されるべきであると考えられる．すなわち，このような整備を通して，都心部の最も人が集まりやすい空間はヒューマンスケールであるべきであり，その効果的運用のために自動車等の交通手段を補完的にうまく利用するという基本理念を明確にできる．

具体的には，公共交通機関の整備，フリンジパーキングの整備，さらには高齢社会に対応した短距離輸送システムの導入が望まれる．また，歩行者ゾーンの設置に当たっては，フルモールと，バスやタクシー等の公共交通機関が通行できるトランジットモールを適切に選択することになろう．

（2） 公共交通機関の一層のサービス向上

都心部における公共交通機関の課題は，公共交通システム内部の技術革新，道路交通と公共交通との結節点整備，ならびに運賃制度等であると考えられる．特にLRT等のにぎわい創出につながる交通システムの導入，短距離輸送システムの効果的整備等による乗り換えシステムの導入，共通運賃制度や交通分散化を推

進するためのオフピーク時の割引運賃制度等の導入が必要となる.

また,周辺部では,鉄軌道や新交通システムと一体となったバス路線の再編(ゾーンバス化),乗り継ぎが容易な結節点整備と運賃制度,LRTやBRT等の交通システムの導入等が望まれる.特に,バスには低公害車を利用することとし,これらを優先するための道路整備やその運用が望まれる.また,これらの公共交通相互の乗り換え施設に関しては,交通弱者に配慮したわかりやすく利用しやすい構造とする必要がある.さらに,郊外の地域にあっては,採算性の問題を度外視するわけにはいかないが,財政面での何らかの工夫によって,公共交通機関の維持・充実を図ることが必要であろう.この場合,バスだけでなく,新交通システム等の導入が考えられ,LRTも検討対象となり得る.これに関しては,例えばパリ郊外におけるバイパス整備に伴う路面電車の復活,周辺緑化,沿道の景観整備の事例等が参考になろう.

公共交通機関について検討するに当たっては,これら公共交通を社会全体として維持すべきものであると位置づけ,助成金のあり方を再検討し,それぞれの地域の実情に応じた助成を当該地域が行うことも必要であり,その判断は当該地域に任されてよいのではないかと考えられる.さらに.公共交通機関整備に伴う開発利益の還元等の考えも今後さらに重要となろう.また,パーク・アンド・ライド等による道路交通と公共交通との機能の相互補完を図るために,結節点の整備が重要である.

(3) 道路インフラの整備

今後,交通を分散させる環状道路整備や地下空間等を利用したバイパス道路の整備が望まれる.そのため,例えばガソリン車を前提とした場合,希薄な濃度のガスの処理技術等の技術開発に積極的に取り組むことも必要であろう.このようなインフラ整備は.自動運転システム等に関する技術開発にもつながるものである.高度道路交通システム(intelligent transportation system:ITS)に関係した情報提供によるサービスの向上と交通管理の重要性は言うまでもない.ITSの導入は,道路交通だけでなく,今後の交通システム全体のあり方を大きく変える可能性がある.なお,情報提供に伴う交通の整序化は人流だけでなく物流にも効果的であり,例えば集配送トラックに対してナビゲーションシステムを整備することにより,大幅な輸送の効率化を図ることができると考えられる.

周辺部や郊外部では,都市の骨格を形成する道路の整備が遅れている場合が少なくないので,特に環境に配慮しつつ,沿道の地域整備と一体化した道路整備を行うことが効果的である．また，公共交通，相乗り車，低公害車等を優先する仕組みや，ナビゲーションンシステム等による道路交通の円滑・効率化を進めるなど，自動車交通のマネジメントを積極的に実施する必要がある．

（4） TDM* を念頭に置いた交通システム整備

環状道路としての機能を有する道路あるいは環状鉄道の内部等においては，ロードプライシングあるいはナンバープレート方式等の導入等によって，自動車の流入をコントロールするエリアを設ける．その際，低公害車を許可車に含め，積極的にその普及を図ることも重要である．また，このエリアでは，物資輸送の共同化を促進しこれを支える物流センターを都心部周辺以遠に配置し，共同集配用のトラックには電気自動車等の低公害車を用いる．

10･3　交通システムと環境問題

最後に，近年きわめて重要な課題となっている地球レベルの環境問題について，交通システムの側からの対応策について現在での状況を整理して以下に示す．

交通システムが環境に与える負荷を小さくする方策は，大別すれば次の3つに整理することができる．すなわち，① 発生交通量の総量を削減できるもの，② 自動車交通の発生量を削減できるもの，および，③ 交通量自体に変化はなくても排出ガス等の直接の負荷を減少させられるものである．

①　総交通発生量等が削減されるもの

- 通信による交通の代替
- 都市構造の改編
- 物流システムの改善
- 成長管理型都市への転換

②　自動車交通発生量が削減されるもの

- ロードプライシング
- ナンバープレート方式等による流入抑制
- 駐車コントロール
- ride sharing
- パーク・アンド・ライド

* 8章の8･1参照．

・都心等における大規模歩行者ゾーンの設定
・交通手段の適切な組み合わせ（modal mix）
・水上交通の活用

③　自動車交通量に変化はなくても環境負荷が小さくなるもの

・低公害車の開発等の自動車に関する技術革新
・道路沿道における緩衝緑地等の拡大
・地下物流システム
・道路の地下化

これら以外にも，今後さまざまな有効な対応策が考えられるものと思われる．人々にとって交通システムは必要不可欠なものであることは論を待たないが，従来ややもすると効率性のみに重点を置いて進められがちであった交通システムの整備は，環境・エネルギー問題や人々の価値観の多様化を契機として，新たな視点から進められなければならない時代に入ってきたといえよう．

索　引

英数字

ア 行

カ 行

サ 行

タ　行

ナ　行

ハ　行

マ　行

ヤ　行

ラ　行

ワ　行

<著者略歴>

塚口 博司（つかぐち ひろし）

1974年　大阪大学工学部土木工学科卒業
1979年　大阪大学大学院工学研究科博士課程研究指導認定
1982年　工学博士（大阪大学）
　　　　大阪大学助手・講師、京都大学講師・助教授を経て
1993年　立命館大学理工学部教授
2016年　立命館大学特任教授

塚本 直幸（つかもと なおゆき）

1974年　京都大学工学部交通土木工学科卒業
1976年　京都大学大学院工学研究科修士課程修了
1991年　京都大学博士（工学）
　　　　（株）長大、日本アイ・ビー・エム（株）、大阪産業大学助教授を経て
1997年　大阪産業大学工学部教授
2001年　大阪産業大学人間環境学部教授

日野 泰雄（ひの やすお）

1975年　大阪市立大学工学部土木工学科卒業
1977年　大阪市立大学大学院工学研究科修士課程修了
1990年　工学博士（大阪市立大学）
　　　　大阪市立大学助手・講師・助教授を経て
2001年　大阪市立大学大学院工学研究科教授
2017年　大阪市立大学名誉教授

内田　 敬（うちだ たかし）

1986年　京都大学工学部交通土木工学科卒業
1988年　京都大学大学院工学研究科修士課程修了
1994年　京都大学博士（工学）
　　　　京都大学助手・講師、東北大学助教授、大阪市立大学助教授・准教授を経て
2011年　大阪市立大学大学院工学研究科教授

小川 圭一（おがわ けいいち）

1993年　東京工業大学工学部土木工学科卒業
1998年　東京工業大学大学院理工学研究科博士後期課程修了
1998年　東京工業大学博士（工学）
　　　　岐阜大学助手・講師、立命館大学講師を経て
2007年　立命館大学理工学部准教授
2017年　立命館大学理工学部教授

波床 正敏（はとこ まさとし）

1991年　京都大学工学部交通土木工学科卒業
1993年　京都大学大学院工学研究科修士課程修了
1998年　京都大学博士（工学）
　　　　（株）三菱総合研究所、大阪産業大学助手・講師・助教授・准教授を経て
2011年　大阪産業大学工学部教授

本書籍は，国民科学社から発行されていた『交通システム』を改訂し，第2版としてオーム社から発行するものです．オーム社からの発行にあたっては，国民科学社の版数を継承して書籍に記載しています．

交通システム（第2版）

1996年6月 1日　第1版第1刷発行
2016年4月 5日　第2版第1刷発行
2020年5月10日　第2版第6刷発行

著　者　塚口博司・塚本直幸・日野泰雄・内田　敬・小川圭一・波床正敏
発行者　村上和夫
発行所　株式会社 **オーム社**
郵便番号　101-8460
東京都千代田区神田錦町3-1
電話　03(3233)0641(代表)
URL　https://www.ohmsha.co.jp/

印刷・製本　平河工業社
ISBN978-4-274-21866-8　Printed in Japan